신재생 에너지 변환공학

김일송 著

21세기사

화석연료의 고갈과 전기에너지에 대한 의존도가 높아지는 현실에서 태양광 발전과 같은 신재생에너지의 연구와 보급은 국가적으로 매우 중요하게 여겨지고 있다. 태양광 발전은 태양전지의 개발과 같은 소재, 재료적인 분야도 중요하지만, 발생 전력을 변환하여 계통연계를 수행하는 시스템에 대한 이해와 전문지식도 매우 중요하다.

이러한 전문 지식을 습득하기 위하여 태양전지의 전기적 특성, 태양광 인버터의 구성과 설계 방법, 그리고 시험 항목에 대해 서술하였다. 또한 이론적인 지식을 바탕으로 실제 시스템에 적용 가능하도록 컴퓨터 시뮬레이션과 실습을 통해 이론과 실전능력을 동시에 향상시키도록 구성되었다.

또한 전기자동차나 스마트 그리드를 위한 전력 저장장치등 향후 신재생 에너지 분야에서 가장 Hot 할 것으로 여겨지는 배터리 응용분야를 집중적으로 다루었다. 고출력 리튬 이온 전지 관리시스템(BMS)은 산업적인 많은 수요와 연구개발이 진행되고 있으나 지금까지는 마땅한 교재가 없던 차에 시스템 구성을 위한 많은 내용을 다루었다.

이 교재는 이러한 기술 발전에 부응하여, 전기 및 전자공학을 전공하는 학부 3,4 학년 학생이나 대학원생, 혹은 태양광 발전시스템을 기초지식부터 체계적으로 공부하고자 하는 연구소나 산업체에 근무하는 연구원 및 기술자들을 대상으로 쓰여졌다. 단순히 기존의 이론을 나열하는 것이 아니라 실제 양산에 적용되고 있는 기술과 핵심기술을 상세히 분석하여 NCS(국가직무능력표준 : National Competency Standards)를 만족시키는 내용으로 구성되었다. NCS란 산업현장에서 자신의 업무를 성공적으로 수행하기 위해 요구되는 직업능력(지식, 기술, 소양)을 국가가 산업 부문별 · 수준별로 과학적이고 체계적으로 도출하여 표준화 것으로 교육부 산학협력 활성화 10대 중점 추진과제의 하나로 도입되었다. 내용은 산업체 맞춤형 인력 양성을 위해 국가직무능력표준(NCS)에 기반 한 일자리 중심 교육 강화가 필요하며, 이를 통해 직무수행 능력과 현장 적응력을 갖춘 인재를 양성하는데 목표를 두고 있다.

이 책의 구성은 다음과 같다.

1장 : 태양광 발전시스템의 구성과 태양전지의 특성 그리고 태양광 인버터의 내용과 세부 기술에 대해서 다루고 컴퓨터 시뮬레이션을 통해 서술된 이론적인 내용을 실전에 적용하여 설계 및 분석할 수 있도록 구성되었다.

2장 : 직류전력변환 회로에 대한 부분으로 1장에서 소개한 태양광 인버터를 구성하는 직류변환기술과 제어기를 설계하는 방법에 대해 소개하였다. 역시 컴퓨터 시뮬레이션을 통해 이론과 실전능력을 동시에 향상시키도록 구성되었다.

3장 : 교류 전력변환회로에 대한 부분으로 태양과 인버터의 교류변환 기술에 대하여 이론적인 내용을 덧붙여 자세히 설명하였다. 컴퓨터 시뮬레이션을 통해 이론적인 내용을 확인할 수 있다.

4장 : 전기자동차나 전력저장장치등에 사용되는 고출력, 대용량 배터리 관리 기술에 대해 다룬다. 배터리에 대한 기본 소개와 리튬이온 전지를 응용하는 방법, 그리고 배터리 관리장치에 대한 하드웨어적인 설계방법에 대해 설명하였다. 알고리즘이나 소프트웨어 개발을 위한 배터리의 수학적인 모델링 기법에 대해 자세히 다루었다.

1

태양광 발전 시스템

1.1 개요

전기를 만드는 가장 일반적인 방법은 발전기를 돌려서 만드는 것이다. 이 방식을 회전형 발전시스템이라 하고 발전기를 돌려주는 에너지원에 따라서 수력과 풍력, 그리고 원자력과 화력발전으로 구분되어 진다.

이와는 다르게 회전부위 없이 정지 상태에서 전기를 만들어 내는 방법을 정지형 발전시스템이라 하고 대표적인 방법이 태양전지와 연료전지이다.

회전형 발전시스템에서는 교류(AC)를 만들어 내고 정지형 발전시스템에서는 직류(DC)를 만들어 낸다. 정지형 발전시스템 중 태양전지 발전은 대표적인 신재생에너지원 중의 하나로 최근 국가적으로나 세계적으로 가장 뜨거운 관심을 받는 분야중의 하나다.

태양광 발전 시스템은 태양 빛을 받아 직접 전기를 만들어 내고 폐기물과 소음도 발생하지 않는다. 태양전지는 태양 빛 에너지를 직접 전기에너지로 바꾸는 반도체 소자로 실제로는 축전기능이 있는 전지가 아니라 태양광이 표면에 입사 될 때만 발전하는 정지형 발전기이다. 태양에너지는 청정하고 재생가능하며 거의 무한대에 가까운 에너지원이다. 태양광 기술은 태양에너지를 직접 전기에너지로 변환시키는 과정에서 기계적, 화학적 작용이 없으므로 구조가 단순하고 안전하며 친환경적이다. 또한 발전 규모를 소규모 주택용으로부터 대규모 발전용까지 다양하게 할 수 있고, 기계장치가 필요하지 않아서 유지보수가 거의 필요 없고 수명이 길다(20~30년)는 장점이 있다.

태양광 발전의 기본 원리는 반도체 접합인 태양전지에 빛이 조사되면 전자-정공의 쌍이 여기 되고, 전자와 정공이 이동하여 n층과 p층을 가로질러 전류가 흐르게 되는 광기전력 효과에 의해 외부에 접속된 부하에 전류가 흐르게 된다.

그림 1-1에 태양광 발전시스템의 기본 구성도를 보여주고 있다. 태양전지는 필요한 단위 용량으로 직-병렬 연결하여 내후성과 신뢰성을 가진 재료와 구조의 용기에 봉입된 태양광 모듈로 상품화된다. 태양광 발전시스템은 수요자에게 항상 필요한 전기를 공급하기 위해서 태양광 모듈을 직,병렬로 연결한 태양전지 어레이와 전력저장용 배터리, 그리고 태양광 인버터(PCS: Power Conditioning System)등의 주변 장치로 구성된다.

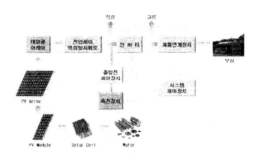

그림 1-1 태양광 발전시스템 기본 구성도

1.1.1 태양광 에너지

(1) 태양광 에너지양과 밀도

(가) 태양에너지의 양

지구상에 내리쬐는 태양에너지는 전력으로 환산하면 1.77×10^{14} [kW]라 하며, 전 세계 전력 소비량이 약 10만 배 크기이다. 또한 쾌청한 날에 태양이 20분 지구 전체에 내리 쬐는 에너지 양으로 전 세계에서 소비하는 1년간의 에너지를 충당할 수 있다는 계산도 나오고 있다.

(나) 태양광 스펙트럼

태양은 수소가 헬륨으로 변환될(핵융합)때 손실되는 질량의 에너지가 전자파로 방사되어 지구상에 빛으로 도달하고 있다. 이 가운데 파장 380 [nm] 빛을 가시광선(파장이 짧은 순으로 보라, 남색, 파랑, 초록, 노랑, 주황, 빨강), 780 [nm] 이상의 빛을 적외선이라 부르며 파장이 짧은 빛 일수록 큰 에너지를 갖고 있다. 태양표면에서 방사되는 태양광 에너지는 전력 환산으로 3.8×10^{23} [kW] 정도로 추정하고 있다. 인공위성으로 실측된 대기권 밖의 에너지 밀도는 1[m²]당 1353[W]이다. 이를 AM0 값이라 하고 지구 대기권 밖의 스펙트럼이며 AM1은 태양이 중천에 있을 때 직각으로 지상에 도달하는 쾌청한 날의 스펙트럼을 표준화한 에너지로 우리나라의 스펙트럼 분포는 AM 1.5이다.

일반적으로 태양광 모듈의 성능평가를 위한 표준시험 조건(STC : Standard Test Condition)은 위에서 말한 AM 1.5 조건에서 시험을 실시하게 되며, 이때 최대 일사강도는 1000 [W/m²]이다.

1.1.2 태양광 발전 원리

태양광 발전 시스템을 구성하는 태양전지 어레이는 태양전지(solar cell), 태양광 모듈 (photovoltaic module) 및 어레이(photovoltaic array)등으로 구분할 수 있다. 태양전지 는 반도체 소자로서 태양의 빛 에너지를 전기에너지로 변환하는 기능을 갖는 최소의 단위이다. 태양전지는 주로 P-N 접합반도체로 이루어졌으며 태양광 발전에는 반도체 의 광전효과를 이용하고 있다. 광전효과란 반도체에 빛이 흡수될 때 전자-홀 쌍(electric hole pair)이 생겨서 전기가 흐르는 현상이다.

태양광 모듈은 이러한 태양전지를 사용목적에 적합한 전압, 전류특성을 갖추도록 여러 장으로 직-병렬 결선하고 장기간에 걸쳐 자연환경으로부터 셀을 보호하기 위해 보호커 버를 씌운 단위 모듈이다. 태양전지는 실리콘 등의 반도체 소자가 광 에너지를 받아서 전기에너지로 변환되는 특성인 광기전력 효과를 이용하는 다이오드 접합 구조를 갖는 반도체 소자이다.

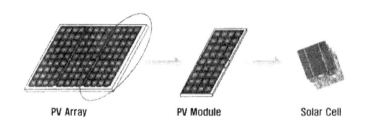

PV Array　　　　**PV Module**　　　　**Solar Cell**

그림 1-2 태양전지의 구성(셀, 모듈, 어레이)

그림 1-3는 태양전지의 단면을 보여주고 있으며, 일반적인 단결정 규소 태양전지 구조 의 예를 들면, 주기율표상 4가 원소인 실리콘(Si)에 5가 원소인(인, 비소, 안티몬)등을 첨가시킨 n-형 반도체와 3가 원소(붕소, 칼륨)등을 첨가시켜 만든 p-형 반도체를 접합 시켜 다이오드 형태의 p-n 접합 태양전지가 얻어진다. 이러한 태양전지가 빛을 받으면, 광 기전력 효과에 의하여 태양전지 내부에 침투한 광자(photon)는 반도체 내부에서 전 자(electron)-정공(hole) 쌍(pair)를 발생시킨다. 그리고 전자는 (-) 전극으로 정공은 (+) 전극으로 모이게 된다. 여기에 태양전지 양단 전극에 외부의 도선을 연결시키면 전류 가 (+) 극에서 (-)극으로 흐르게 된다.

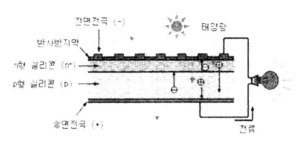

그림 1-3 태양전지의 일반 구조

이와 같은 현상을 자세히 살펴보면 n-형 반도체와 p-형 반도체가 각각 p-n 접합을 이루면 불순물의 농도차에 의하여 n-형 반도체에서 높은 농도의 전자가 p-형 반도체로 확산되어 가고 동시에 p-형 반도체에서는 정공이 n-형 반도체로 확산되어 가서 p-n 접합부분에서 밀집되어 내부 전위차를 형성하게 된다.

1.1.3 태양광 발전 기술 분류

태양광 발전 기술은 크게 태양전지(solar cell) 및 태양광 모듈(PV module) 제조기술과 PCS(Power conditioning system)기술, 기타 구성요소기술 및 시스템의 최적 설계 등의 주변 장치 기술로 구분할 수 있다.

(1) 태양전지

태양전지 제조기술은 태양전지 종류에 따라 실리콘 태양전지와 화합물 반도체 태양전지 등으로 크게 구분할 수 있으며, 현재 상용화되어 시판되고 있는 태양전지는 단결정 및 다결정 실리콘 태양전지, 비정질 실리콘 태양전지 등으로 태양전지의 에너지 변환효율은 단결정과 다결정 실리콘 태양전지는 약 14~17%, 비정질 실리콘 태양전지는 약 10% 정도이다.

태양전지 제조기술 개발은 주로 신뢰성 및 에너지 변환효율 향상, 저가화에 주로 포인트를 두고 기술개발을 추진하고 있으며, 태양광 발전시스템 단가의 약 30% 이상을 차지하고 있어 태양전지의 저가화는 태양광 발전의 핵심기술이라고 할 수 있다.

태양전지는 일반적으로 소재와 제조기술에 따라 Si계 태양전지와 화합물 반도체 태양전지로 분류되고, 소재의 형태에 따라 기본형과 박막형으로 나뉜다. 다양한 태양전지

중에서 현재 태양광 발전용으로 널리 사용되고 있는 태양전지는 기판형 결정질 실리콘계 태양전지이며, 비정질규소 태양전지와 같은 박막형 태양전지는 상용화가 되어 있거나 개발단계에 있으며, 아직까지 내구성 및 신뢰성이 확보되지 않아 많이 사용되지 못하고 있는 실정이다.

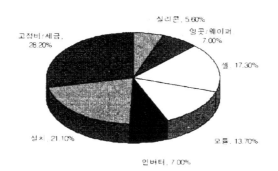

그림 1-4 태양광 발전시스템 가격 비율

현재 실용화되어 전원용으로 이용되고 있는 것은 주로 실리콘 (Si) 태양전지이다. 실리콘 태양전지는 이미 반도체 분야에서 많이 연구개발이 되어 있고 또 그동안 누적 보급면에서 월등하므로 기술의 신뢰성이 높다.

사용 목적에 따라 다른 종류의 반도체를 이용한 태양전지도 실용화 단계에 있으며, 특수한 소재 및 구조를 가지는 태양전지에 대한 연구도 진행 중이다. 현재 결정질 실리콘 태양전지가 전체 태양전지 시장의 95%를 차지하고 있으며, 저가 고 효율화를 목표로 연구가 활발히 진행되고 있다. 또한 결정질 실리콘 태양전지의 연구와 더불어 박막형 태양전지(thin film)대한 연구도 활발히 진행되고 있으며, 2015 년에는 전체 태양전지 시장의 25%를 점유할 것으로 예상되고 있다.

태양전지는 물성에 따라 그림 1-5와 같이 분류할 수 있다.

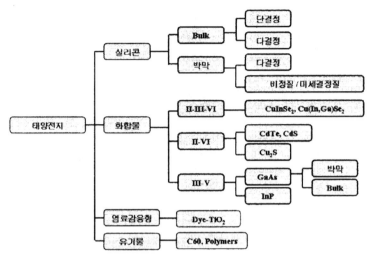

그림 1-5 물성에 따른 태양전지의 분류

(가) 결정질 실리콘 태양전지

결정질 실리콘은 물리적 특성 면에서 태양전지를 위한 가장 이상적인 물질은 아니지만
전자산업에서 이미 개발된 기술 및 장비를 동일하게 활용할 수 있다는 장점을 가지고
있다. 실험실 수준의 효율은 20%을 나타내고 있으며, 양산용 셀의 효율은 평균적으로
14~17% 이상을 보이고 있다. 실리콘 태양전지의 이론적 최대 효율은 약 25% 정도이며
이미 실험실 수준에서는 이 한계치에 가까운 효율이 보고된 바 있다.

(나) 박막 태양전지

박막 태양전지는 유리, 스테인레스 또는 플라스틱과 같은 저가의 기판에 감광성 물질
의 얇은 막을 수 마이크론 두께로 씌워 만들어진다. 재료에 의존적인 결정질 실리콘 전
지에 비해 생산단가가 낮고, 자동화를 통해 모듈 공정까지 일관화 시킬 수 있다는 장점
을 가지고 있지만 대체로 낮은 효율과 모듈의 수명에 관한 실증연구가 부족하다는 단
점을 가지고 있다.

비정질실리콘(amorphous silicon), CIS(copper indium diselenide) 또는 CIGS(copper
indium gallium diselenide) 그리고 CdTe(cadmium telluride)의 세 가지 종류의 박막모
듈이 현재 상업화되어 있다. 세계 수준의 셀 효율은 현재 18.4% (CIGS의 경우)에 도달

하고 있으며 현재 상업화 된 모듈은 약 10% 정도의 안정화 효율을 보이고 있다. 이러한 효율 수준은 2015년에는 12%에 도달할 것으로 예상된다.

(다) 유기 태양전지

유기 태양전지는 크게 염료감응형 태양전지와 유기분자형 태양전지로 나뉜다. 이중 유기분자형 태양전지는 전자를 받을 수 있는 유기물질(예로서 PCBM)과 정공을 받을 수 있는 유기물질(예로서 P3HT)이 적층 또는 블랜딩 형태로 구성된 태양전지로서 약 3%에서 6% 수준까지 변환효율이 가능한 기술이며, 최근 유기 태양전지를 적층하여 셀 단위에서 6.5%의 효율이 보고되었다. 유기분자 태양전지는 광전자를 발생하는 활성층이 매우 얇기 때문에 플라스틱 기판등에 적용하여 플렉서블 형태가 용이한 기술이다.

염료감응 태양전지는 염료를 최대한 흡착할 수 있는 나노구조 TiO_2 필름, 광전자의 재생을 도와주는 산화-환원 요오드계 산화-환원 전해질, 그리고 요오드 환원의 촉매 역할을 하는 백금 또는 탄소 전극으로 구성되어 있다. 염료감응 태양전지는 소면적(1㎠ 이하) 단위 셀에서 11% 효율이 가능하며 유기 태양전지와 마찬가지로 소재와 제조공정에서 기존 무기질 태양전지 (실리콘 및 화합물 반도체)에 비해 값싼 특징을 가지고 있다. 또한, 다양한 색상의 염료가 가능하여 칼라 태양전지 구현이 가능하고, 나노 입자의 장파장 투과 특성에 의한 투명 태양전지 구현이 가능한 특징을 가지고 있다.

(2) 태양광 모듈

태양광 모듈(photovoltaic module) 제조기술은 태양전지를 보호하고 외부에 설치하기 용이하게 하기 위하여 사용되는 기술로서 그동안 조립 공정으로만 인식되어 연구개발에서 소외되어 있었으나, 가격이 비싼 태양전지의 수명은 결국 태양전지 모듈 기술에서 좌우되기 때문에 최근에는 여러 곳에서 많은 연구를 수행 중에 있다.

태양광 모듈의 핵심기술은 크게 태양전지가 외부에 설치되었을 때 외부 환경, 즉 온도, 습기, 눈, 비, 바람, 우박 등 다양한 악조건에서도 태양전지의 파손 및 부식 등을 방지하고 수명을 연장시키기 위한 제조 기술과 설치 장소 및 용도에 따라 설치하기 용이하도록 다양한 형태의 설계 기술로 나눌 수 있다.

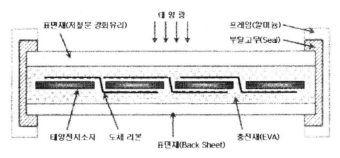

그림 1-6 태양광 모듈 일반 구조

(3) 태양전지의 모델링

태양광 모듈의 전기적 손실 요인은 크게 직렬저항의 증가에 따른 손실과 광 투과층의 투과율 감소에 의한 손실로 나눌 수 있다. 태양광 모듈을 구성하는 태양전지의 직렬저항은 태양전지에 광전류가 흐를 때 이 전류의 흐름을 방해하는 저항값으로써 표면저항(R_{sheet} : sheet resistance) 및 기판저항($R_{bulk.semi}$: bulk semiconductor resistance), 전극접촉 저항(Rc : contact resistance) 및 전극자체의 고유저항($R_{bulk.metal}$: metal resistance)등을 들 수 있으며, 최대의 효율을 얻기 위해서는 전극접촉저항 및 표면 저항을 줄이는 일이 매우 중요하다. 특히 일사강도가 크고 고온인 경우 직렬저항이 미치는 영향은 매우 크다.

$$R_s = R_{bulk.semi} + R_{bulk.metal} + R_c + R_{sheet} \tag{1-1}$$

단위셀의 전기적 등가회로와 수식은 다음과 같이 표시된다.

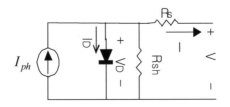

그림 1-7 태양전지 단위셀 전기적 등가 회로

$$I = I_{ph} - I_{sat}\left\{\exp(\frac{V + IR_s}{k_o}) - 1\right\} - \frac{V + IR_s}{R_{sh}}$$

(1-2)

$k_o = \dfrac{AKT}{q}$ 로 정의되며 상수값은 다음과 같이 정의된다.

I and V   cell output current and voltage

I_{ph} light generated current

I_{sat} cell reverse saturation current

A   ideality factors : 1

K   Boltzmann constant : 1.3805×10^{-23} [Nm/K]

T   cell temperature in K

q   electronic charge : 1.6×10^{-19} [C]

R_s series resistance

R_{sh} shunt resistance

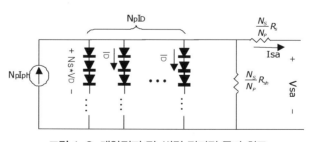

그림 1-8 태양전지 직-병렬 전기적 등가 회로

직-병렬 (Series - Parallel connection) 연결시의 식은 다음과 같다.

$$I_{sa} = N_p I_{ph} - N_p I_{sat}\left\{\exp(\frac{V_{sa}}{N_s k_o} + \frac{I_{sa} R_s}{N_p k_o}) - 1\right\} - \frac{1}{R_{sh}}(\frac{V_{sa}}{N_s} + \frac{I_{sa} R_s}{N_p})$$

(1-3)

태양전지의 전압-전류 특성 그래프는 그림 1-9에 표시되어 있다. 그림 1-9 (a)에서 보는 것처럼 입사되는 빛의 광도가 증가하면 태양전지 전류가 증가되고 온도가 감소하면 태양전지 전압이 증가한다. (b)에서 전압 대비 전력 커브를 나타내었다. 태양전지 전압이 증가하면 태양전지 전력이 계속 증가하다가 최대점(V_{mp})를 지나면 감소되어 나중에는 0이 된다. 이를 수학적인 표현식으로 나타내면 다음과 같다.

$$V_{sa} < V_{mp} \; : \; \frac{dp_{sa}}{dv_{sa}} > 0$$

$$V_{sa} = V_{mp} \; : \; \frac{dp_{sa}}{dv_{sa}} = 0$$

$$V_{sa} > V_{mp} \; : \; \frac{dp_{sa}}{dv_{sa}} < 0 \tag{1-4}$$

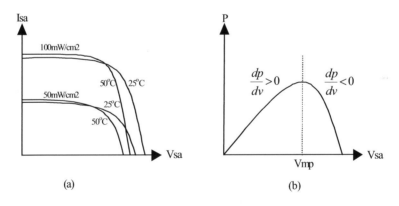

그림 1-9 태양전지 전압, 전류, 전력 특성 그래프

이 사실로부터 태양전지 커브를 규정하는 4개의 파라미터가 정의된다.

I_{sc} : 단락전류 (short-circuit current)

I_{mp} : 최대전력점 전류 (maximum power current)

V_{mp} : 최대전력점 전압 (maximum power voltage)

V_{oc} : 개방 전압 (open-circuit voltage)

태양전지 전압(V_{sa})를 x-축상에, 전류(I_{sa})를 y-축상에 표시하면 x-축 상에 개방전압 (V_{oc}), y-축 상에 단락전류(I_{sc}), 그래프 상에 최대전력점(V_{mp}, I_{mp})이 존재한다. 일반적으로 V_{mp}는 V_{oc}의 85~90% 상에 위치하며, 온도와 입사량에 따라서 변화한다. 세 점의 정보를 이용하여 태양전지 커브를 그리면 그림 1-10과 같다.

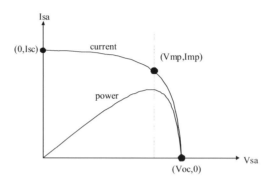

그림 1-10 태양전지 특성 커브 생성

태양전지 주변 환경과 시간에 따라서 입사량과 온도가 변화하게 된다. 이 경우 태양전지의 커브가 시시각각으로 달라지게 되고, 이에 따라 태양전지에서 최대전력을 얻어내기 위해 동작점을 이동시켜 주어야 한다. 이를 최대 전력점 추적 (MPPT : Maximum Power Point Tracking)이라 한다.

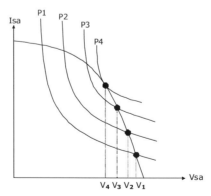

Output power versus operating voltage

그림 1-11 태양전지 전압변동에 따른 전력 그래프

태양전지의 출력(power)은 태양전지의 동작점(V_{sa}, I_{sa})에 따라서 달라진다. 그림 1-11 에서 보는 것처럼 동작점이 V_1, V_2, V_3, V_4 일때 발생되는 전력은 P_1, P_2, P_3, P_4이다.

Vsa	V_1	V_2	V_3	V_4
Power	P_1 <	P_2 <	P_3 <	P_4

즉 동작점을 V_1에서 V_4 방향으로 이동시키면 태양전지에서 얻어낼 수 있는 전력이 점점 증가하여, V_4에서 최대전력을 얻을 수 있다. 만약 V_4보다 작은 전압(예를 들어 V_5, V_6, …)으로 이동시키면 전력이 점점 감소하게 된다. 따라서 최대 전력점은 V_4이고, MPPT 추적기는 일반적으로 1 초 마다 태양전지의 정보들을 수집하여, 그 시점에서의 최대 전력점을 알아낸 후 태양전지 동작전압을 최대 전력점으로 제어하는 역할을 한다.

MPPT 동작을 시키기 위해서는 태양전지 전압을 조절할 수 있는 전력 조절기가 태양전지 출력에 연결되어야 한다. 여러 가지 가능한 조합들을 그림 1-12에 표시하였다.

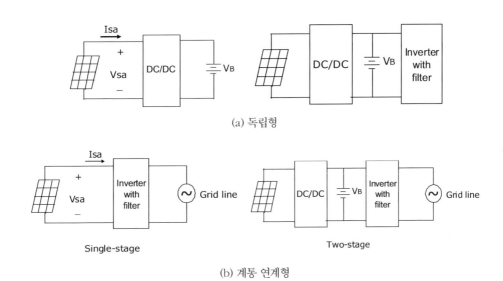

(a) 독립형

(b) 계통 연계형

그림 1-12 태양광 발전시스템의 분류

독립형은 태양전지에 DC/DC 컨버터와 배터리를 연결한 형태와 인버터를 추가로 연결한 형태가 있다. DC/DC와 배터리 연결은 태양전지를 이용하여 배터리 충전을 목적으로 하는 응용분야에 사용되며 교류 부하를 사용하는 경우에는 AC 인터버를 추가로 연결하는 구조이다.

계통 연계형은 태양전지 직류 출력을 인버터에 직접 연결하여 계통으로 넘겨서 분산

전원 발전을 하는 목적으로 사용된다. 효율을 향상시키거나 태양전지 동작범위에 따라서 single stage와 인버터 앞단에 승압형 DC/DC를 붙인 two-stage type이 많이 사용된다. 대용량일 경우는 3상 인버터를 사용한다.

DC/DC 컨버터를 이용하여 태양전지의 동작전압을 변화시키면서 최대 동작점을 추적할 수 있는 MPPT 알고리즘은 크게 2 종류로 분류된다.

(1) Perturb & Observe (P&O) 은 hill-climbing method라고도 하며, 산을 올라가는 것처럼 태양전지 전압을 변화시키면서 전력의 변화량을 관찰하여 항상 dp/dv 가 양(positive)가 되도록 제어하는 방식이다. 즉 $\dfrac{dp}{dv} > 0$ 인 경우에는 태양전지 전압을 증가시키도록 제어하고(산을 계속 올라가고), $\dfrac{dp}{dv} < 0$ 인 경우에는 태양전지 전압을 감소시키도록 제어(산을 내려오도록)하는 방식이다. 수학적인 표현식은 다음과 같다.

$$V_{ref}(k+1) = V_{ref}(k) + M\frac{\Delta P}{\Delta V} \tag{1-5}$$

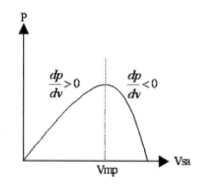

그림 1-13 태양전지 전압 – 전력 그래프

M은 step size로 매 스텝마다 바뀌는 태양전지 전압의 크기를 규정한다. 이 방식은 매우 단순하면서도 신뢰성 있는 알고리즘으로 상용화 제품에 가장 많이 사용되고 있다. 시스템 구성과 알고리즘은 그림 1-14와 같다.

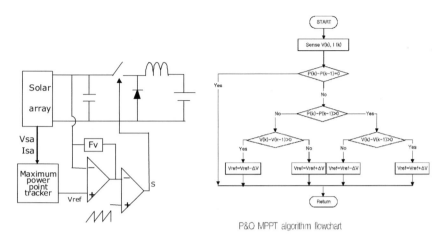

P&O MPPT algorithm flowchart

그림 1-14 시스템 구성과 알고리즘

(2) Incremental Conductance Method

P&O 방식은 매우 단순하면서 신뢰성 높은 알고리즘이지만, 최대 전력점까지 이동하는 데 시간이 많이 걸린다는 단점이 있다. 산을 올라가는데 계단을 밟아서 한 단계씩 이동하기 때문이다. 따라서 일사량이 급변하거나(바람이 많이 부는 구름낀 날) 온도가 급변하는 환경에서는 최대 전력점을 찾지 못하고 오동작하는 경우가 생길 수 있다. 평지나 야산에서는 일사량 급변 환경이 없지만, 건물이 밀집된 도시환경에서 건물 사이에 설치되어 있는 경우 가능성이 있다. 이 방식은 지상보다는 우주 환경에서 spin satellite의 경우 매우 효과적이다. 즉 우주 공간상에서 spin satellite는 일정한 속도로 회전을 하기 때문에 태양전지판의 온도변화가 매우 극심하다. 급변하는 온도변화에 잘 대응할 수 있는 방법이 필요하였다. 따라서 **빠른** 추적 시간을 갖는 알고리즘을 필요로 하는 이유에서 Incremental conductance method가 개발되었다. 이 기법은 태양전지의 정적 임피던스 $\dfrac{\Delta I_{sa}}{\Delta V_{sa}}$ (DC impedance) 와 동적 임피던스 $\dfrac{\partial i_{sa}}{\partial v_{sa}}$ (AC impedance) 가 일치하는 점에 최대전력점이 존재한다는 사실을 이용한다. 수학적인 표현식은 다음과 같다.

$$\frac{dP}{dV} = \frac{d(IV)}{dV} = I + V\frac{dI}{dV} \qquad \frac{\partial I_{sa}}{\partial V_{sa}} + \frac{I_{sa}}{V_{sa}}\bigg|_{\substack{I_{sa}=I_{mp} \\ V_{sa}=V_{mp}}} = 0 \tag{1-6}$$

플로우차트로 구현된 알고리즘은 그림 1-15와 같이 표현된다.

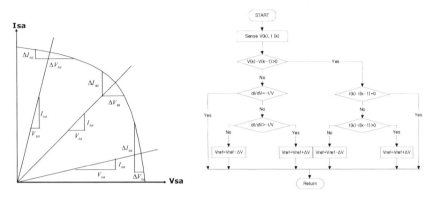

그림 1-15 Incremental conductance method의 원리와 플로우차트

이 방식은 빠른 추적 시간을 갖는 장점이 있지만, 측정된 전압, 전류 신호를 미분하거나 나누어주어야 하기 때문에 노이즈가 포함될 경우 오동작 할 가능성이 높다. 현재 상용화된 제품에는 많이 사용되지는 않는 기술이다.

모니터링 시스템

계통연계형 태양광 발전시스템은 태양전지에서 발생된 직류 전력을 인버터를 통해 교류로 변환하여 계통으로 연계하는 것을 말한다. 구성은 크게 태양전지 모듈+인버터+계통으로 되어 있다. 독립형 시스템은 여기에 배터리가 추가된 구성이다. 그림 1-16에 계통연계형과 독립형 인버터의 구성이 표시되어 있다.

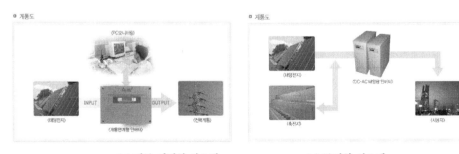

(a) 계통-연계형 시스템   (b) 독립형 시스템

그림 1-16 태양광 발전시스템의 분류

태양광 발전시스템의 각 신호들을 추출한 후 웹(Web)으로 데이터를 전송하여 실시간
으로 시스템의 상태를 파악할 수 있도록 구성된다.

그림 1-17 태양광 발전시스템의 웹 모니터링 화면

그림 1-17의 웹 모니터링 화면을 보면 크게 태양전지 전압, 전류, 전력에 대한 정보, 인
버터 전압, 전류에 대한 정보, 인버터 고장상태 및 일일, 누적 발전량에 대한 정보가 표
시되어 있다.

표 1-1 태양전지, 인버터의 전압, 전류 정보

	태양전지	인버터
전압	261V	228V
전류	2.4A	2.8A
전력	630W	590W

태양전지와 인버터 전압, 전류로부터 다음과 같은 사항을 알아낼 수 있다.

1. 태양전지의 출력은 직류이고 인버터 출력은 교류이다.

2. 교류는 실효치(rms)로 표시됨으로 최대치(peak)는 (실효치 $\times \sqrt{2}$)이다.

3. 인버터 출력전압 228V는 실효치이고 최대값은 322V이다.

4. 인버터 출력에 AC 계통이 연결되어 있으므로 인버터 전압이 계통전압이다.

5. 계통으로 전력을 유입시키기 위해서는 태양전지의 전압이 계통 전압의 peak 값보다 커야 한다.

6. 태양전지의 출력전압(즉 인버터 입력전압)이 직류 261V이고 인버터 출력전압(즉 계통 전압) 이 교류 228V(즉 peak 전압은 322V)임으로 인버터 내부에서 직류 승압기 능이 있다.

7. 따라서 이 시스템은 승압형 시스템으로 태양전지 전압 261V를 인버터 내부에서 직류 승압하여 350V 로 만든 후에 인버터를 통해 교류 계통 228V로 연계시키는 시스템이다.

8. 승압형 인버터는 인버터 출력이 계통전압보다 크기 때문에 변압기가 필요 없는 무변압기 시스템 구성이 가능하다.

9. 인버터 효율은 출력/입력으로 590/630 = 93.6% 이다.

1.2 태양전지의 전기적 특징

태양전지의 전압/전류 특성은 최대 전력점 미만에서는 평탄한 정전류 형태를 보여주다가 최대 전력점을 지나면서 전류가 급격히 감소하는 모양을 보여준다. 단락전류 (I_{sc}) 입사되는 빛의 세기(Intensity)에 선형적으로 증가하는 모습을 보여준다. 개방전압(V_{oc})은 온도가 감소하면 증가한다. 상온에서 개방전압은 0.5~0.6V의 크기를 가지고 있다. 150도에서는 0.4V 까지 감소하게 된다. 중요한 점은 개방전압은 셀 크기와 무관하다는 것이다. 예를 들어 1 cm × 1cm (1㎟) 셀과 2 cm × 2 cm (4㎟) 인 셀에 동일한 세기의 빛을 조사할 때, 발생되는 전류는 4배 차이(면적에 비례)가 나지만 개방전압은 동일하다. 즉 발생전류는 셀 단면적에 비례하고, 개방전압은 셀의 물질조성에 따라 달라진다는 것이다.

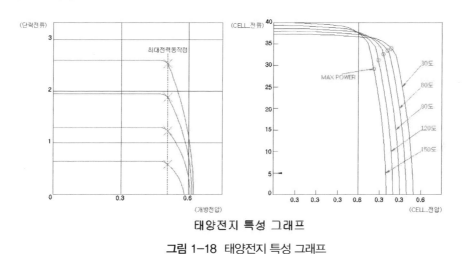

태양전지 특성 그래프

그림 1-18 태양전지 특성 그래프

태양전지는 표면온도 25도, 일사량 1kW/㎡의 기준의 용량 측정을 기준으로 한다. 또한 태양전지는 제품 출하시 25℃/ 45℃ 두 종류 출력곡선으로 표시되어 있다. 시판되는 태양전지 모듈의 전기적 특성은 다음과 같이 표시된다. (230W 모듈의 예)

태양전지 모듈의 온도 특성은 다음과 같이 표시된다.

1. 정격출력(P_m) 온도계수   -0.405 %/℃

- 온도가 1℃ 상승할 때 정격출력은 0.405 % 감소함을 의미한다.

2. 단락전류(I_{sc}) 온도계수   0.075%/℃

   - 온도가 1℃ 상승할 때 단락전류는 0.075% 증가함을 의미한다.

3. 개방전압(V_{oc}) 온도계수   -0.312%/℃

   - 온도가 1℃ 상승할 때 개방전압은 0.312% 감소함을 의미한다.

※ 일사량 1kW/㎡, 상온 25℃를 기준, NOCT : Air 20 ℃, Sun 0.8kW/㎡, Wind 1m/s

표 1-2 태양전지모듈의 전기적 특성

Electrical Specifications	
Rated Power(**Wp**)	230 W(±3%)
Max. Power Voltage(**Vmp**)	29.3 V
Max. Power Current(**Imp**)	7.84 A
Open Circuit Voltage(**Voc**)	37.1 V
Short Circuit Current(**Isc**)	8.42 A
Coefficient	
The coefficient of power	-0.405±0.05%/℃
The coefficient of voltage	-0.312±0.015%/℃
The coefficient of current	+0.075±0.015%/℃
*STC (1000W/㎡, AM: 1.5, 25 ℃)	
Product Specifications	
Dimensions	1642 X 979 X 38 mm
Solar Cells	60 Cell, 156mm x 156mm, 6 x 10 matrix connected in series
Maximum System voltage	1000 VDC

1. 정격 출력(Pmax) : 최대 출력
2. 정격 출력 전압(Vmp)
   - 태양전지 모듈의 정격 출력 전압
   (MPPT 전압 포인트)
3. 정격 출력 전류(Imp)
   - 태양전지 모듈의 정격 출력 전류
   (MPPT 전류 포인트)
4. 단락전류(Isc)
5. 개방전압(Voc)
6. 최대 시스템 전압
   - 어레이 구성 가능한 최대 전압
※일사량 1kW/㎡, 상온 25℃를 기준

온도/일사량에 따른 태양전지 전압, 전류 특성을 수식으로 나타내면 다음과 같다.

$$P_M(t) = P_M \times Q \times [1 + \alpha(T - 25)] \tag{1-7}$$
$$I_{sc}(t) = I_{sc} \times Q \times [1 + \beta(T - 25)]$$
$$V_{oc}(t) = V_{oc} \times [1 - X(T - 25) - \delta(1 - Q)]$$

   $P_M(t)$: 동작 조건에서의 최대출력 파워

   P_M : 정격출력 (단, 온도 25℃, 일사강도 1kW/㎡의 조건)

   $I_{sc}(t)$: 동작 조건에서의 단락전류

Isc: 표준상태에서의 단락전류 (단, 온도 25℃, 일사강도 1kW/㎡의 조건)

Voc(t): 동작 조건에서의 개방전압

Voc : 표준상태에서의 개방전압 (단, 온도 25℃, 일사강도 1kW/㎡의 조건)

Q 동작 조건에서의 일사강도 (1kW/㎡)

T : 동작 조건에서의 태양전지 표면온도(℃)

α : 온도계수 (-0.005 /℃)

β : 단락전류의 온도계수 (0.003 /℃)

X : 개방전압의 온도계수 (-0.00377 /℃)

δ : 개방전압의 일사량 계수 (0.000475 / (1kW/㎡))

태양전지 모듈을 직병렬 조합하여 3kW 어레이를 구성하고 접속반을 통해 인버터와 연결한 후 계통으로 전달되는 태양광 발전시스템에서 각 단계에서의 온도와 일사량의 변동에 따른 전압, 전류 효율을 계산하면 다음과 같다.

표 1-3의 Excel 차트를 자세히 분석하면 개방전압이 37.1 V인 230W 태양전지 모듈을 13직렬 1병렬로 구성한 태양전지 어레이는 482.3V(25℃ 기준)이고 정격 출력은 2.99 kW이다. 태양전지 모듈의 단락전류, 개방전압의 온도 계수를 고려하여 온도가 -20℃ 에서 80℃ 까지 변화할 때 일사량(kW/㎡)의 변화에 따른 태양전지 어레이 직류 발전 전력이 표시되어 있다. 이 표에서 알 수 있듯이 25℃에서 일사량이 1 kW/㎡일 때 2.99 kW를 발전하지만 온도가 80℃ 로 변화하면 2.32 kW로 발전량이 감소하고 -20℃에서 는 3.53 kW로 증가한다. 25℃에서 일사량이 0.4 kW/㎡로 감소하면 1.2 kW로 발전량 도 비례적으로 감소하는 것을 알 수 있다.

표 1-3 어레이 발전량/개방전압 검토

온도계수	단락전류 온도계수		모듈 설치 정격(kW)			모듈용량(W)	어레이 직렬수
-0,004050	0,000750		2,99			230	13
개방전압 온도계수	개방전압 일사량계수		어레이 개방전압			모듈 개방 전압	어레이 병렬수
-0,003120	0,000475		482,3			37,1	1

일사량에의한 태양전지 어레이 직류 발전 전력(오차범위 ±3%)

모듈 표면온도(℃)	-20,00	-10,00	0,00	10,00	20,00	25,00	30,00	40,00	50,00	60,00	70,00	80,00
일사량(kW/㎡)												
0,20	0,71	0,68	0,66	0,63	0,61	0,60	0,59	0,56	0,54	0,51	0,49	0,46
0,40	1,41	1,37	1,32	1,27	1,22	1,20	1,17	1,12	1,07	1,03	0,98	0,93
0,60	2,12	2,05	1,98	1,90	1,83	1,79	1,76	1,69	1,61	1,54	1,47	1,39
0,80	2,83	2,73	2,63	2,54	2,44	2,39	2,34	2,25	2,15	2,05	1,96	1,86
1,00	3,53	3,41	3,29	3,17	3,05	2,99	2,93	2,81	2,69	2,57	2,45	2,32

접속반손실(역저지 다이오드 손실등):	1%	인버터 전력 변환효율:	96%
인버터 MPPT 효율:	99%	총 변환 효율(오차범위 ±3%)	94,1%

모듈 표면온도(℃)	-20,00	-10,00	0,00	10,00	20,00	25,00	30,00	40,00	50,00	60,00	70,00	80,00
일사량(kW/㎡)												
0,20	0,67	0,64	0,62	0,60	0,57	0,56	0,55	0,53	0,51	0,48	0,46	0,44
0,40	1,33	1,28	1,24	1,19	1,15	1,69	1,10	1,06	1,01	0,97	0,92	0,87
0,60	2,00	1,93	1,86	1,79	1,72	1,69	1,65	1,59	1,52	1,45	1,38	1,31
0,80	2,66	2,57	2,48	2,39	2,30	2,25	2,21	2,11	2,02	1,93	1,84	1,75
1,00	3,33	3,21	3,10	2,98	2,87	2,81	2,76	1,99	2,53	2,41	2,30	2,19

어레이 개방전압(오차 범위 ±3%)

모듈 표면온도(℃)	-20,00	-10,00	0,00	10,00	20,00	25,00	30,00	40,00	50,00	60,00	70,00	80,00
일사량(kW/㎡)												
0,20	549,10	534,05	519,00	503,96	488,91	481,38	473,86	458,81	443,76	428,72	413,67	398,62
0,40	549,67	534,62	519,58	504,53	489,48	481,96	474,43	459,38	444,34	429,29	414,24	399,19
0,60	549,86	534,81	519,77	504,72	489,67	482,15	474,62	459,58	444,53	429,48	414,43	399,38
0,80	549,96	534,91	519,86	504,81	489,77	482,24	474,72	459,67	444,62	429,58	414,53	399,48
1,00	550,01	534,97	519,92	504,87	489,82	482,30	474,78	459,73	444,68	429,63	414,59	399,54

접속반손실(1%, 역저지다이오드 손실 등)과 인버터효율(94%, MPPT효율, 변환효율 등)을 고려한 교류 발전전력(오차 범위 ±10%)

태양전지 어레이 출력은 고장시의 과전압 보호를 위해서 접속반의 역저지 다이오드 (blocking diode)를 통해 인버터에 연결된다. 접속반 손실을 1%, 인버터 전력변환효율을 96%, 인버터 MPPT 효율을 99%라 하면 태양전지 출력에서 인버터 출력까지의 총 손실은 0.99 × 0.96 − 0.01 = 0.94, 즉 94 %로 얻어진다. 따라서 계통으로 전달되는 태양 에너지는 일사량이 1 kW/㎡일 때 25℃에서 2.81 kW 이다. 온도 변화에 따른 태양전지 어레이 개방전압 변화를 보면, 25℃에서 482.3V 가 -20℃에서 550V로 증가한 것을 알 수 있다. 접속반의 소자와 인버터 입력단의 부품들은 최악의 조건, 즉 -20℃의 값 (550V, 3.53kW) 에 견딜 수 있도록 내압이나 정격 등이 설계되고 선택되어야 하는 것을 알 수 있다.

태양전지 모듈을 직-병렬 조합하여 태양전지 어레이를 구성할 때 인버터와의 고려사항 은 다음과 같다.

비교 파라미터	고려 사항
어레이 V_{mp} vs 인버터 정격전압	온도계수 고려: -20~70℃
어레이 V_{OC} vs 인버터 최고 입력전압	온도계수 고려: -20~70℃
어레이 P_{mp} vs 인버터 정격 용량	온도계수 고려: -20~70℃
어레이 MPP 전압 범위	인버터 입력 전압 범위

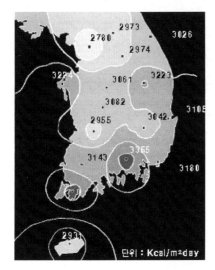

지역	최적 경사각	일평균 경사면일사량	
		(kcal/m²,day)	(kWh/m²,day)
강릉	36	3,433.2	3.99
춘천	33	3,323.8	3.86
서울	33	3,083.3	3.58
원주	33	3,301.9	3.84
서산	33	3,561.7	4.14
청주	33	3,387.8	3.94
대전	33	3,462.4	4.02
포항	33	3,464.4	4.03
대구	33	3,370.9	3.92
영주	33	3,589.6	4.17
부산	33	3,515.6	4.09
진주	33	3,746.8	4.35
전주	30	3,188.2	3.71
광주	30	3,447.7	4.01
목포	30	3,664.9	4.26
제주	24	3,091.0	3.59

그림 1-19 태양광 일사량 통계

우리나라 평균 일사량은 유럽에 비해 약 1.4배 이상 높다. 그 이유는 유럽이 우리나라 보다 위도가 높아서 일사량이 약하기 때문이다. 유럽 1일 평균 일사량(독일 기준)은 2170 kcal/㎡ · day 이고 대한민국의 1일 전국 평균 일사량은 3070 kcal/㎡ 이다. 남부 지방인 영,호남 지역의 평균 일사량 3150kcal/㎡ 로 타 지역에 비해 양호한 편이다.

그림 1-19 에서 보면 호남지방의 남부 해안지역 그리고 경상남도의 해안근처의 분지가 특히 일사량이 높은 곳이기 때문에 태양광 발전의 효율이 가장 좋다.

수평/경사면에 따른 일사량이 알아보면 그림 1-20(대전 기준)과 같다. 달별 일사량을 수평과 경사면으로 구분해 보면 수평면으로 입사되는 일사량은 5월에 최대이고 경사면 으로 입사되는 양은 4월이 최대이다.

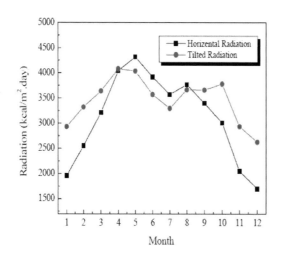

경사각도별 비율 (정남향 기준)	
0도	89%(3.06)
15도	97%(3.90)
30도	100%(4.02)
45도	98%(3.96)
60도	92%(3.72)
90도	68%(2.76)

경사각 30도 기준	
정남향	100%
남동,남서향	96.2%
정동향	85%
정서향	86%
정북향	63.3%

그림 1-20 수평/경사면에 따른 일사량 (대전기준)

정남향 기준으로 경사각을 30도 (대전의 위도 = 36도) 설치하면 일사량을 100% 받을 수 있고 좌우로 커질수록 일사량이 감소한다. 경사각을 30도로 설치한 후 방향을 바꾸어서 설치하면 정남향에서 100%, 정동이나 정서향은 85-86%의 일사량을 받는 것을 알 수 있다. 이 표를 정리하면 대전에서 태양전지 어레이를 설치할 경우 정남향 경사각 30도로 설치하면 최적의 효율을 얻을 수 있다는 것을 알 수 있다.

태양전지 모듈을 직-병렬로 연결하여 어레이를 구성하면 상당히 큰 면적을 차지하게 된다. 따라서 태양의 고도가 변화하면 시간이 경과하면서 어레이 일부분에 그늘이 지거나 지형지물에 의해 가려지는 부분이 생기게 된다. 모듈의 직렬 연결에서 음영의 변화에 따른 어레이의 전압, 전류 특성 변화를 그려보면 그림 1-21과 같다.

직렬연결에서 2개의 모듈에 음영이 생기는 경우 전압이 감소하게 된다. 직렬 연결이므로 태양을 받는 모듈에서 생성된 전류가 음영이 생긴 모듈의 전류와 같아야 함으로 음영이 생긴 모듈의 전류가 모듈의 단락전류가 되면 음영 모듈의 발생전압은 거의 0이 된다. 즉 음영모듈은 단락 상태이거나 아주 작은 저항을 갖는 passive 소자로 작용하게 된다. 태양을 보는 모듈들이 개방전압 근처로 가면 전류가 거의 0이 되기 때문에 음영 모듈의 전류도 거의 0이 되고 발생전압은 개방전압이 된다. 따라서 어레이의 개방전압부근에서는 음영이 생기지 않았을 경우와 비슷한 전압을 가진다. 그림 1-21 (b)에 2개 모듈에 음영이 발생한 경우와, 4개 6개 8개로 음영 모듈이 증가하는 경우를 보였다. 이 때 최대 전력점 전압이 감소(음영모듈의 발생전압이 거의 없으므로)하고 최대 전력도 음영 모듈의 숫자 비율만큼 감소하게 된다.

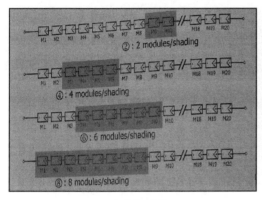

(a) 음영 변화

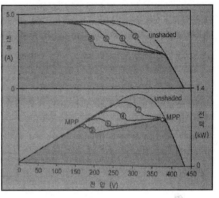

(b)특성 곡선

그림 1-21 모듈의 음영변화에 따른 특성곡선

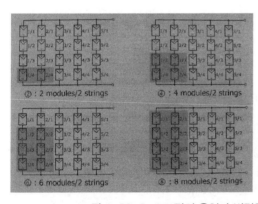

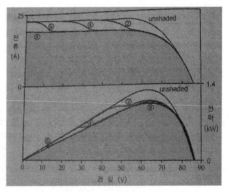

그림 1-22 2-스트링의 음영과 병렬연결에서 음영의 상태와 특성곡선

4-직렬 5-병렬 연결에서 병렬모듈에 음영이 생기는 경우를 고려해 보자. 그림 1-22의 ②는 2 module/2 string에 음영이 생기는 경우이다. 최대 전력점 부근에서 2개의 병렬 모듈은 전류발생이 거의 0이 된다.

음영문제로 인해 출력이 감소하는 현상을 해결하기 위해 우회다이오드(Bypass diode)를 설치하는 방법과 스트링 인버터(string inverter)를 사용하는 방법이 있다. 36개의 태양전지가 직렬로 연결된 모듈에서 2번 셀에 음영이 생길 경우, 전체 출력이 감소하게 된다. 그림 1-24에서는 두 개의 우회 다이오드를 1번과 18번, 19번과 36번 사이에 설치하였다. 2번 셀에 음영이 생기는 경우, 19번에서 36번에서 생성된 태양전지 전류가 1-18번으로 흐르지 않고 우회다이오드를 통해서 흐르게 된다.

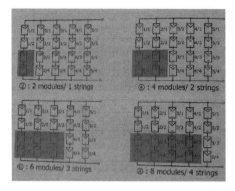 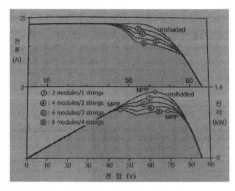

그림 1-23 1~4-스트링의 수평음영과 병렬연결에서 음영의 상태와 특성곡선

결국 출력전압은 모듈의 절반(V_{19-36})이고 전류는 음영이 생기기 전과 동일하여 태양전지 출력은 절반으로 감소하게 된다. 만약 모든 셀에 우회 다이오드를 설치할 수 있으면 가장 효과적으로 음영에 대처할 수 있으나, 현실적으로 모듈에 부착이 어렵다. 우회다이오드는 모듈 내부에 부착되는 것이 아니라, 판넬 뒤쪽에 있는 접속함(Junction box)에서 외부에서 연결이 가능하도록 구성되어 있다.

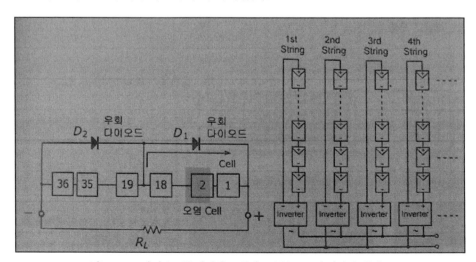

(좌) Bypass 다이오드를 설치한 모듈회로 (우) 스트링 인버터 개념도

그림 1-24 음영 문제 해결 방안

스트링 인버터는 각 string에 소형 인버터를 연결하여 동작시키는 방식이다. 기존에는 각 스트링들이 blocking 다이오드를 통해서 연결되었기 때문에 한 스트링에서 음영이 발생되거나 이상이 발생되면 다이오드가 차단되어 스트링 전력이 손실되었다. 만약 스트링 당 인버터를 하나씩 사용해서 출력을 공유하게 되면 음영으로 인해 스트링 전압이 낮아지더라도 인버터에서 변환하여 계통으로 연결시킴으로서 전력손실을 방지할 수 있다. 이 방식은 성능은 우수하나, 개별 인버터를 장착해야 하는 문제로 단가 상승이 이루어져 쉽게 상용화 되지는 않고 있다. 현재 MIC(Micro inverter) AC module과 매우 흡사한 기술이다.

두 개의 우회 다이오드를 설치한 두개의 모듈을 이용하여 모듈 배치에 따른 음영의 출력저하를 그림 1-25에 분석하였다. 그림 1-25 좌측 배치는 모든 스트링에 음영이 생겨서 100% 손실 감소가 일어나는 경우이고, 우측은 3개의 스트링은 정상동작하고 1개는 손실(우회다이오드 동작)되어 25%의 손실감소를 보여준다.

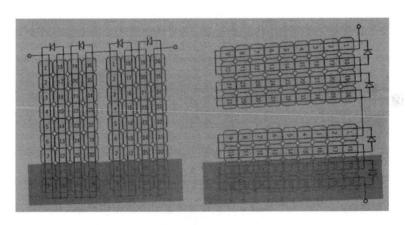

(좌) 100% 출력 감소 (우) 25% 출력 감소

그림 1-25 모듈배치에 따른 음영의 출력 저하

수직방향 음영과 좌우측면의 음영인 경우 모듈의 최적배치는 지붕을 가로지르는 수직 그림자의 경우 (a)형태로, 아침과 오후 늦게 측면에 발생하는 그림자는 (b)의 형태로 설치하면 효율적이다.

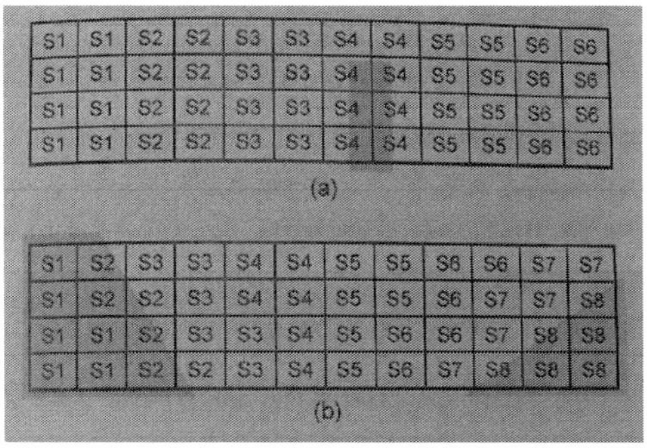

(a) 수직 음영시 (b) 측면 음영시

그림 1-26 모듈의 최적배치

1.3 태양광 인버터 전력회로

태양광 인버터(PCS : Power Conditioning System)는 태양전지 직류 전력을 계통 전압과 동기화된 교류 전류를 바꾸어 출력시키는 장치이다. PCS 전력회로는 입력 필터, 출력 필터, 승압 DC/DC 컨버터, 단상/삼상 인버터, 제어기 및 통신모듈로 구성되어 있다. 그림 1-27에 다양한 토플로지를 가지는 태양광 인버터 전력회로를 표시하고 있다.

(a)는 태양전지 입력을 H-브리지 단상 인버터로 직접 교류로 변환시킨 후 계통으로 연계하는 시스템 구성이다. 태양전지에서 발생된 전력은 인버터를 통해 계통으로 전달된다. 이때 계통전압 220Vac 보다 태양전지의 전압이 높아야만 계통으로 전류가 전달될 수 있기 때문에, 태양전지 전압은 계통의 Peak 전압보다 높아야만 한다. 계통전압의 최대 변동율을 110%로 예상하면 계통 Peak 전압은 $\sqrt{2} \times 220 \times 1.1$ = 342V가 된다. 따라서 태양전지 전압은 최소 342V 보다 높아야 한다. 실제로는 손실이나 다른 요인을 감안하여 400V 이상 되어야 한다. 태양전지 입력전압 범위는 400~600V 이다. 전압의 상한 600V는 인버터에 사용되는 전력용 반도체인 IGBT모듈을 600V급을 사용하기 때문이다.

회로구성은 입력 필터(EMI, C_f)와 DC link 커패시터(C_d), 출력 인덕터(L_o), 차단기(MC : Magnetic Contactor), 출력 필터(EMI, C_o) 와 H-Bridge 인버터용 IGBT 모듈(Top1, Top2, Bot1, Bot2) 그리고 제어를 위한 태양전지 전류센서(i_{pv}), 출력 인덕터 전류센서(ACCT: AC Current Transformer), 직류 유입검출용 전류센서(DCCT : DC Current Transformer)로 구성되어 있다.

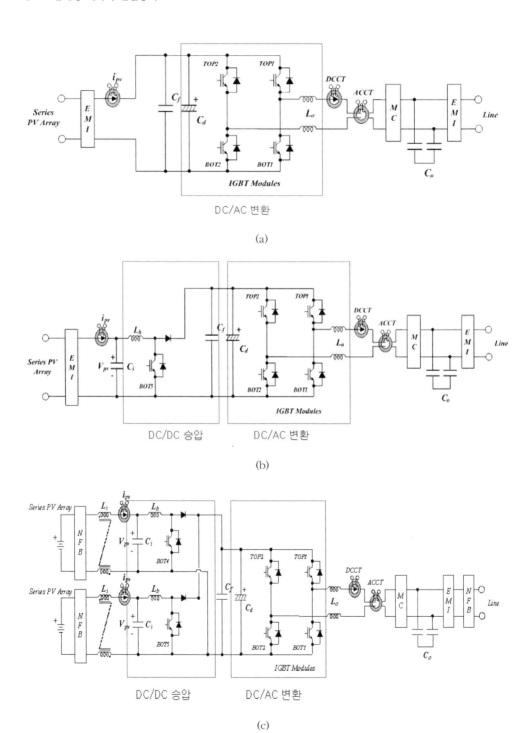

(a)

(b)

(c)

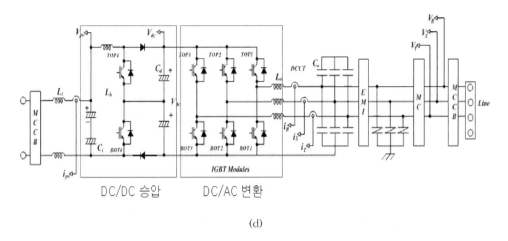

(d)

(a) 단상인버터 (b) Boost+단상인버터 (c) 2입력 boost+단상인버터 (d) Boost+3상인버터

그림 1-27 태양광인버터의 전력회로

(b) 회로는 승압용 DC/DC와 단상 인버터가 직렬로 연결된 구성이다. (a) 구성의 단점은 400V 이상의 태양전지 전압을 요구하는 점이다. 400V 이상의 전압을 만들기 위해서는 태양전지 모듈을 16장 이상 직렬로 연결해야 하고, 음영에 대한 손실도 커지게 된다. 특히 일출이나 일몰근처에서는 태양전지와 태양이 이루는 각도가 커지기 때문에 태양전지 전압이 많이 상승하지 않아서 발전시간이 짧아지게 된다. (대략 1~2시간 손실) 따라서 태양전지 전압을 낮게 유지하고 (8직렬 - 2병렬) 인버터 내부에서 태양전지 전압을 350V 이상으로 승압시킨 후 인버터를 통해 계통으로 전력을 전송하도록 만든 시스템이다. 이 경우 태양전지 입력전압 범위는 200~500V이다.

회로 구성은 (a) 구성에 승압용 DC/DC인 승압용 인덕터(L_b), 승압용 IGBT(Bot5), 전력 다이오드가 추가된 형태이다. 이 방식은 태양전지 전압을 낮게 유지할 수 있기 때문에 (a) 방식보다 발전시간이 길어지고, 컨버터와 인버터가 최적운전조건에서 동작될 수 있기 때문에 효율이 좋다. 단점으로는 승압용 DC/DC 추가로 인해 (a) 구성보다 구성단가가 증가한다는 점이다. 현재 3kW 무변압기(transless) 시스템으로 많이 사용되는 토폴로지이다.

(c) 회로는 (b)회로 (8직렬-2병렬 시스템의 2병렬 스트링이 역저지 다이오드(blocking diode)를 통해 연결된 구조)를 변형한 것으로 역저지 다이오드가 없고 각 스트링을 별

도의 승압용 DC/DC로 연결한 구조이다. 2개의 DC/DC 출력은 서로 공유되어 하나의 인버터를 통해 계통에 연계된다. 이 방식은 2개의 스트링에 서로 다른 전압을 갖는 태양전지를 연결할 수 있기 때문에 설계나 설치상의 유연성이 높다. 즉 8직렬-10직렬 구성과 같이 서로 다른 전압을 갖는 스트링으로 시스템 설치가 가능하다. 또한 역저지 다이오드 손실이 없으므로 (b) 시스템보다 효율이 조금 더 높다. 단점으로는 추가 DC/DC로 인해 가격이 상승한다는 것이다. 2개 이상의 스트링을 개별 DC/DC로 구성한 시스템도 가능하다.

(d) 회로는 3상 시스템에 연결하는 구조이다. 380Vac 에 연결되기 때문에 태양전지 최소 전압은 600V 이상을 유지하여야 한다. (b) 시스템과 동일하게 효율 향상을 위하여 승압용 DC/DC를 이용하여 전압을 900V 이상 상승시킨 후 계통으로 연계시킨다. 이때 IGBT 모듈은 1000V나 1200V 급을 사용한다. 전압이 너무 높기 때문에 DC/DC 컨버터 스위칭 소자들의 전압 스트레스를 줄이기 위하여 3-level DC/DC를 사용한 예를 그림에 보여주고 있다. 이 시스템의 입력 전압 범위는 400~800V 정도이다.

그림에서 소개한 (a)~(d) 회로는 모두가 무변압기(transless) 형태를 가지고 있다. 변압기를 가지고 있는 경우에는 변압기를 통해서 승압을 할 수 있기 때문에 DC/DC 가 필요가 없고 태양전지 전압 범위도 넓게 유지할 수 있는 장점이 있으나, 60-Hz 변압기가 사용되기 때문에 변압기 손실, 무게, 가격 등을 고려하면 최근에는 많이 사용하지 않는 추세이다. 하지만 계통과의 절연을 유지할 수 있기 때문에 시스템 보호나 안전 측면에서는 무변압기 시스템보다는 우수한 점을 가지고 있다.

승압용 DC/DC는 Boost 컨버터를 사용한다. 그림에 회로 구성과 각 부 파형이 표시되어 있다.

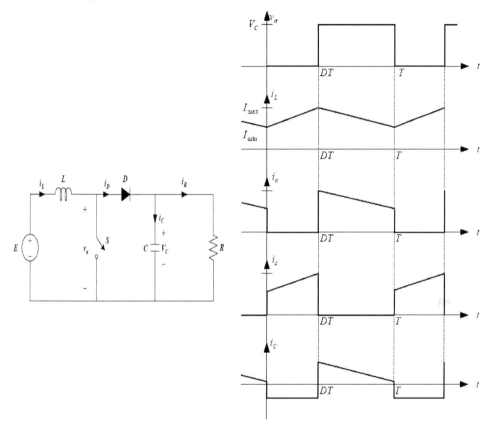

그림 1-28 Boost 컨버터 회로와 파형

Boost 컨버터의 승압비는 다음과 같다.

$$V_o = \frac{E}{1-D} \tag{1-8}$$

Boost 컨버터는 입력전압보다 큰 전압만을 출력한다. 승압비는 이론적으로는 무제한이나 ($D{\rightarrow}1$), 스위칭 시간이나 회로의 기생성분들을 포함하면 실제응용에서는 2~5배 정도가 최대 승압비이다.

제어기 예시를 그림에 표시하였다. (a) 제어기의 경우 그림 1-29의 (a)시스템의 제어기를 보여주고 있다. 태양전지 직류 전압을 MPPT 제어를 통해 최대 전력점 전압으로 제어하고 계통 전압과 동기된 전류출력을 만들어 내는 구조로 되어 있다.

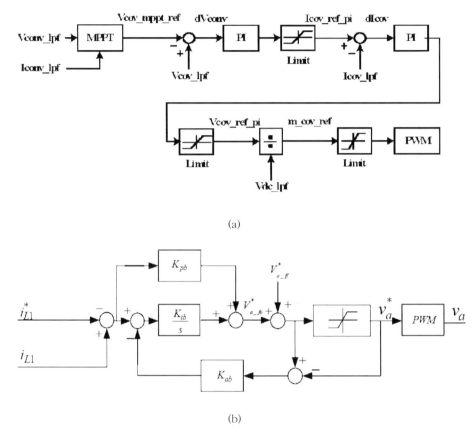

그림 1-29 제어기 예시

태양전지 전압, 전류정보(V_{conv_lpf}, I_{conv_lpf})를 이용하여 MPPT 기준전압 명령
($V_{cov\_mppt\_ref}$ command) 을 생성한 후, 태양전지전압과 PI 제어기를 통해 기준전압 명
령을 추종하도록 만들면 PI 제어기 출력이 계통전류기준 명령($I_{conv\_ref\_pi}$)이 된다. 기준
전류 명령과 실제 인덕터 전류(계통전류, I_{cov_lpf})를 PI 제어기에 연결시킨다. 제어기 출
력을 PWM 하기 위해서 DC link 전압(V_{dc_lpf})으로 나눈 후에 PWM생성기에서
Sinusoidal PWM(SPWM)으로 IGBT를 구동하는 구조이다.

(b)제어기는 그림 1-27 (b) 시스템처럼 승압용 DC/DC에 단상 인버터가 연결된 시스템
에서 사용된 예이다. 승압용 DC/DC 제어기 구성을 그림 1-29 (b)에 보여주고 있다. 인
버터 제어기 부분은 전과 동일하기 때문에 표시되어 있지 않다. MPPT 기준 전압을 생
성하는 대신 MPPT 기준 전류(i_{L1}^{*}) 와 부스트 인덕터 전류(i_{L1})를 PI 제어한 후 Boost

컨터의 nominal 전압을 더해 주어서 PWM 전압 명령(v_a)를 생성한다.

교류전압(전류)을 생성하기 위한 단상 인버터 회로와 PWM발생 방법 그리고 제어기 예가 그림 1-30에 나타나 있다.

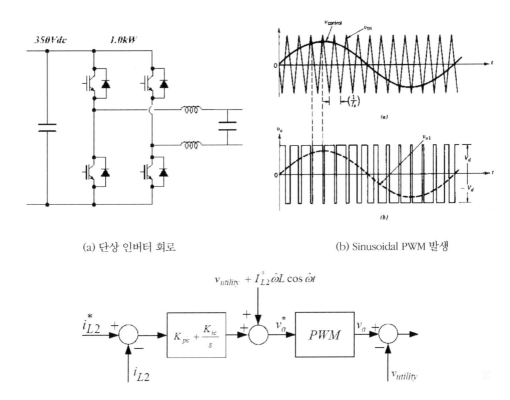

(a) 단상 인버터 회로   (b) Sinusoidal PWM 발생

(c) 인버터 제어기 예시

그림 1-30 인버터 회로 및 제어기

(a)의 단상 인버터는 IGBT 모듈을 4개 사용하여 H-bridge로 구성하고 출력 인덕터를 연결한 형태이다. 입력은 태양전지에 바로 연결되거나 승압용 DC/DC 출력이 연결된다. (b)에 Sinusoidal PWM(SPWM) 생성 방법을 보여준다. PWM 주파수에 해당하는 삼각파 carrier에 생성하고자 하는 기준주파수 파형을 중첩시켜서 비교기(comparator) 출력을 통해 PWM 파형을 얻어내게 된다. 인버터 제어기는 기준 인덕터 전류 명령(i_{L2}^{*})과 출력 인덕터 전류(i_{L2})를 PI 제어기에 넣고 출력에 계통전통변동 보상분을 더한 후에 PWM 신호를 생성하고 여기에 계통전압($v_{utility}$)을 더한 형태로 되어 있다.

1.4 태양광 인버터의 요소기술

태양광 인버터의 요소기술은 다음과 같다.

- 최대전력점추종제어(MPPT) : 멀티MPPT
- 고효율제어: 무변압기형
- 소음 저감: 고주파 스위칭, 팬동작제어
- 출력 직류 성분 제어기능
- 고조파 억제(THD)
- 고주파 억제(EMC)
- 계통연계 보호기능
- 단독운전 방지기능
- MMI(Man-Machine Interface)

(1) 최대 전력점 추종제어(MPPT : Maximum Power Point Tracking)

최대 전력점 추종제어란 일사량과 온도에 따라 변동하는 태양전지의 최대 전력점을 추종하는 것을 의미한다. 대표적으로 P&O 와 Incremental Conductance 방법이 있다.

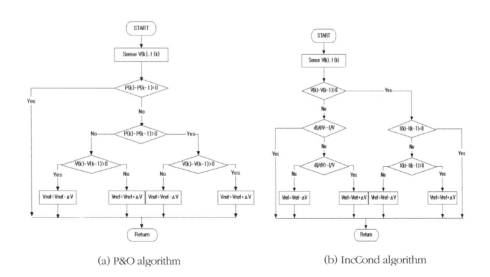

(a) P&O algorithm   (b) IncCond algorithm

그림 1-31 MPPT 알고리즘

(2) 고효율 제어

태양광인버터의 손실요소는 다음과 같다.

- MPPT손실: 3.0~4.0%

- 전력변환 손실: 2.0~3.0%

- 변압기 손실: 1.5~2.5%

- 대기전력 손실: 0.1~0.3%

고효율제어를 위한 고려 요소는 다음과 같다.

- MPPT 효율 : 효율 99% 이상 달성

- 전력변환 효율 : 고성능, 고효율 IBGT, Diode 사용 96% 이상 달성

- 변압기 사용 유무 : 무변압기 토플로지 채택

태양광 인버터가 넓은 태양전지 전압을 입력 범위로 가지면 실제 시스템 설계나 설치 시 높은 효율을 얻을 수가 있다. 태양전지 생산 업체와 모델마다 모듈 특성(V_{oc}, V_{mp}, I_{sc}, I_{mp}. V_{oc} 는 24~45V까지 다양)이 다르고 어레이전압은 직렬수에 의해 결정되기 때문에 태양광 인버터가 넓은 전압 입력 범위를 가지면 (예를 들어 200~500V) 다음과 같은 장점이 있다.

- 태양전지모듈 선택의 폭이 넓어짐

- 고전압, 저전류 형태의 어레이구성 가능

- 동일 정격에서 시스템 효율 증가

고효율 제어가 중요한 이유는 효율의 차이가 얼마나 수익에 영향을 주는지 분석해 보면 알 수 있다. 1 MW기준으로 효율 2%의 차이에 따른 수익의 차이는 다음과 같다.

1일 평균 발전시간: 3.8시간

- 1년 총 예상 발전시간: 1,387시간

- 효율 95%의 예상 발전량: 1317.65MWh

- 효율 97%의 예상 발전량: 1345.39MWh

1년 발전량차이: 27.74MWh

- 발전단가: 590.87원/kWh

1년 예상 수익 금액 차이:16,390,734원

- 효율 95%의 예상수익: 778,559,856원

- 효율 97%의 예상수익: 794,950,589원

(3) 단독운전

단독운전이란 계통의 점검이나 사고로 인해 피더 CB(Circuit Breaker)가 분리되어, 계통과 분리된 상태에서 태양광 발전설비가 멈추지 않고 운전을 계속하는 것을 의미한다. 이 경우 정전된 배선 선로가 충전되어 공중감전, 기기손상, 작업원 감전 위험성이 있기 때문에 법적으로 사양이 규제되어 있다. (IEEE std 2000-929) 단독운전의 가장 큰 문제점은 단독 운전시 인버터에서 계통 전압을 제어하지 않기 때문에 전력품질이 저하되고, 더 큰 문제는 계통 위상 정보의 상실로 인한 위상 동기화 불능으로 Recloser 재투입시 out of phase로 인한 단락사고가 발생한다는 것이다. 그림 1-32에 단독운전에 대한 블록도가 나타나 있다.

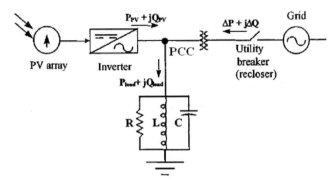

그림 1-32 단독운전시의 블록 다이어 그램

IEEE Std.2000-929 와 UL1741에 규정된 단독운전 시험 규격과 제한 조건들은 아래 표에 제시되어 있다.

표 1-4 단독운전 규격과 제한

조건

state	Voltage after ac dump	Frequency after ac dump	The allowed largest detecting time
1	$0.5V_{nom}$	f_{nom}	6cycles
2	$0.5V_{nom} < V < 0.88V_{nom}$	f_{nom}	2 seconds
3	$0.88V_{nom} \leq V \leq 1.10V_{nom}$	f_{nom}	2 seconds
4	$1.10V_{nom} < V < 1.37V_{nom}$	f_{nom}	2 seconds
5	$1.37V_{nom} \leq V$	f_{nom}	2 seconds
6	V_{nom}	$f < f_{nom} - 0.7$ Hz	6cycles
7	V_{nom}	$f > f_{nom} + 0.5$Hz	6cycles

단독운전을 검출하기 위한 방법은 크게 표 1-5와 같은 두 가지 방법(수동적인 방법과 능동적인 방법)으로 구분되어진다.

표 1-5 단독운전 검출 방법

수동적인 방법 (Passive detection)	● 단독 운전 상태에서의 계통전압, 주파수, 고조파 성분의 변화 등을 관찰 ● 검출 대상은 과전압/저전압, 과주파/저주파, 위상차, THD ● 단점은 발생전력과 소비전력이 균형을 이룰 경우 단독운전 검출이 어려움
능동적인 방법 (Active detection)	● 출력전압, 주파수 또는 위상에 변동을 주어 단독운전 상태에서의 발전량과 부하량의 평형상태를 깨트려 적극적으로 대응하도록 동작 ● 계통에 크게 영향을 주지 않는 범위에서 인버터 전류에 변화를 주어 부하단 전압이나 주파수에 변화가 발생하면 단독운전 상태로 검출하는 방식 ● 주파수 바이어스, 샌디아 주파수 변동, 주파수 점프 방법등

수동적인 방법은 matched condition에서 전압, 주파수 차이를 구별하기가 어려워 상당히 큰 NDZ(Non Detection Zone)이 존재한다(그림 1-33). 전압, 주파수의 4상한을 OV(Over voltage) / UV(Under voltage) / OF(Over frequency) / UF(Under frequency)라 정의하고 각각 그 값은 1.1 p.u. / 0.88 p.u. / 60.5 Hz / 59.3 Hz로 규정되어 있다. PCC에서 측정된 전압, 주파수가 이 범위 안에 있을 경우에는 수동적 방법으로는 단독운전 검출이 불가능하다. 이 경우는 발생 전력과 부하에서 소모되는 전력이 일치하고 부하의 고유 주파수가 계통 주파수와 일치하는 경우에 발생한다. 장점은 추가적인 제어회로 불필요하고 (인버터의 기본 보호회로 및 S/W처리로 가능) 전력품질에 영향이 없다는 점이다. 단점으로는 광범위한 NDZ 존재한다는 것이다. 수동적인 방법의 넓은 NDZ를 줄이기 위해 능동적 방법들이 많이 개발되었다.

능동적인 방식은 모두 계통에 전달되는 파형이나 위상을 변화시키는 것으로 계통에 전달되는 전력을 고의적으로 왜곡시키거나 변형을 가한 다음에 계통 연결점(PCC : Point of Common Coupling) 에서의 변화를 관찰하는 방법이다. 이러한 방법들은 손실이나 고조파 측면에서는 결코 바람직하지 않고 또한 계통에 외란이 생기거나(Sag, Swell) 순간 정전시에는 정상동작하지 못한다는 단점이 있다.

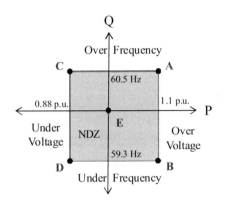

그림 1-33 OV/UV/OF/UF 경계조건

능동적 기법중의 하나는 출력전류에 작은 왜란을 인가하는 것이다. 이 방식을 AFD (Active Frequency Drift) 혹은 AFDPF (AFD with Positive Feedback)이라 부른다. 이 방식의 장점은 추가적인 제어회로 불필요 (S/W 처리)하고 NDZ의 영역이 적다. 하지만 부하의 종류 및 상태에 따라 불검출 영역이 존재하고 왜란의 크기에 검출성능 좌우되며, 검출성능을 보장하기 위해 왜란을 키울 경우 정상상태 시의 전력품질이 저하된다는 단점이 있다.

정현파인 인버터 전류 파형을 왜곡시켜 단독운전을 검출하는 방식을 AFD(Adaptive Frequency Drifting)이라 한다. 이 방법은 전압의 영교차점에 영전류 유지구간을 발생시켜서 전력 matching 조건을 깨트리는 것이다. 그림1-34에 AFD 방식으로 구동될 때의 전류파형을 보여주고 있다.

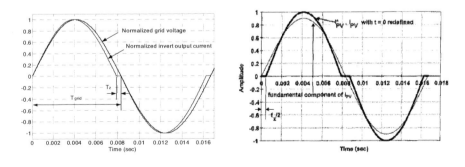

그림 1-34 AFD 파형

단독운전 검출 시험 방법으로 부하조건을 다음과 같이 $Q_f = 1.5$ 로 설정한다.

$$Q_f = \frac{\sqrt{Q_L \times Q_C}}{P_R} \tag{1-9}$$

      Q_L : L에서 발생하는 무효전력

      Q_C : C에서 발생하는 무효전력

      P_R : R에서 발생하는 유효전력

태양광인버터 발전 방향을 보면 다음 단계를 거쳐 왔다(그림 1-35).

- 60Hz 변압기 방식(1980년대) : 변압기로 인하여 사이즈와 무게가 크고 효율이 높지 않다. 대표적으로 SMA Sunny-boy 시리즈(단상)가 있다.

- 고주파 변압기 방식(1990년대) : 사이즈와 무게 중간이고 효율 중간이다. 무변압기 방식에 밀려 현재는 거의 사용되지 않고 있다. 프로니우스 시리즈(단상)가 있다.

- 무변압기 방식(2000년대) : 사이즈와 무게를 최소화 시킬 수 있고 효율 높다. 가정용 3kW(단상) 뿐만 아니라 100kW(3상)까지 무변압기 방식으로 보급되고 있다.

변압기/무변압기 방식의 장단점을 비교하면 표 1-6과 같다.

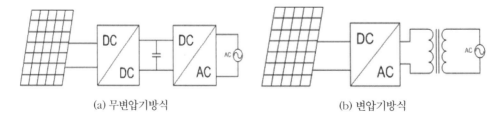

(a) 무변압기방식   (b) 변압기방식

그림 1-35 변압기/무변압기 구성

표 1-6 장단점 비교

	장점	단점	비고
무변압기방식	발전효율증가:2%	필터 설계 힘듬	
	무게,사이즈 감소		
	발전 시간 증가:2h		
변압기방식	1,2차 절연	발전효율감소:2%	
	출력 고조파 감소	무게, 사이즈 증가	
		발전 시간 감소:2h	

실제 측정 데이터를 이용하여 변압기/무변압기 방식 비교(D사 30KW 인버터 기준)한 그래프가 그림 1-36에 표시되어 있다.

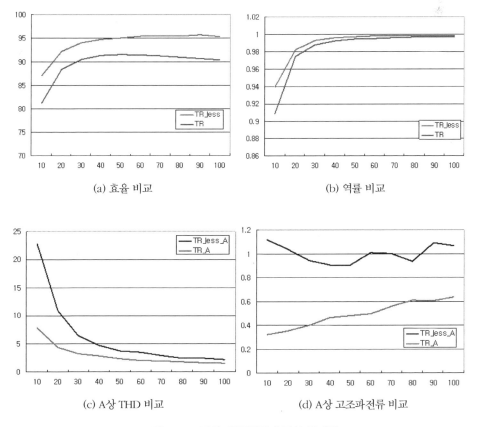

(a) 효율 비교　　　　　　　　　　　(b) 역률 비교

(c) A상 THD 비교　　　　　　　　　(d) A상 고조파전류 비교

그림 1-36 변압기/무변압기 방식 차이점

효율을 비교하면 무변압기형식이 변압기 형식보다 3~5% 이상 향상되었다. 역률은 전압과 전류의 위상차로 인버터 인증기준을 맞추어서 설계되었기 때문에 두 방식 모두 비슷한 특성을 가지고 있고, THD(Threshold Harmonic Distortion)와 고조파전류 특성을 보면 변압기 형식이 무변압기 형식보다 우수한 특성을 가지고 있다. 이것은 변압기가 일종의 필터 역할을 하여 고조파 제거와 하모닉 성분 감소에 도움을 주기 때문이다.

지금까지의 인버터 발전 방향 분석과 비교를 통해 미래의 태양광인버터 발전 방향을 그림 1-37과 같이 예측할 수 있다.

1. 중앙 집중식 인버터(과거,현재) : 단일 MPPT, 대전력화, 다이오드사용, 전력손실 큼

2. 스트링 인버터(현재, 미래) : 개별 MPPT, 다이오드 손실 회피

3. 다중 스트링 인버터(미래) : 멀티 MPPT, 고효율 유연한 설계

4. AC 셀 인버터(미래) : PV모듈과 인버터의 통합

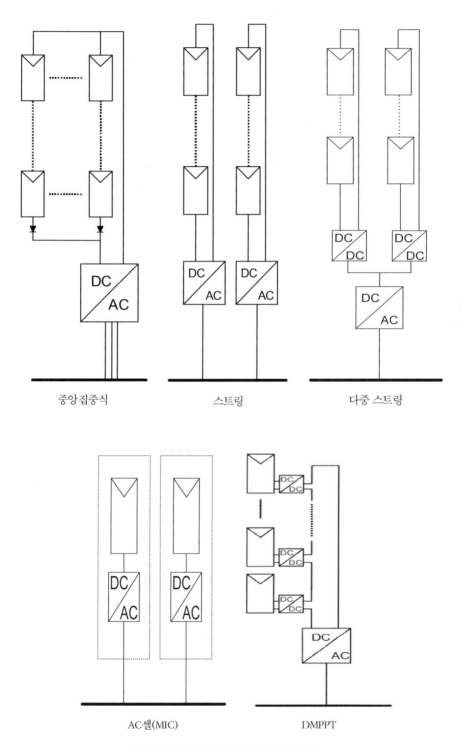

중앙집중식

스트링

다중 스트링

AC셀(MIC)

DMPPT

그림 1-37 태양광 인버터의 발전 방향

다중 스트링 인버터(멀티 MPPT)는 현재 가장 발전 가능성이 큰 토플로지이다. 구조를 보면 공통 DC/AC 인버터에 다수 DC/DC 컨버터 연결된 구조로 되어 있고 각 태양전지 스트링이 여기에 연결되게 되어 있다. 따라서 PV 발전소의 용이한 확장 가능하다는 장점이 있고 각각의 DC/DC 컨버터는 개별 제어되기 때문에 (Multi-MPPT) 고효율의 MPPT 가능하고 DC 접속반 설치 용이한 장점도 가지고 있다.

이 방식의 가장 큰 장점은 각 스트링당 DC/DC 컨버터가 연결되어 있기 때문에 PV 어레이간의 불일치가 없어서 모듈의 unbalance 설치가 가능하고, 스트링 다이오드가 불필요하기 때문에 다이오드에 의한 전력 손실 없어서 그림자 효과에 의한 발전량 저감 없다는 점이다.

최근 연구되고 있는 새로운 무변압기 방식이 그림 1-38에 나타나 있다. 기존의 DC/DC 와 DC/AC가 독립된 형태로 되어 있는데, 2단 (two-stage) 방식이라서 효율이 감소되는 단점이 있다.

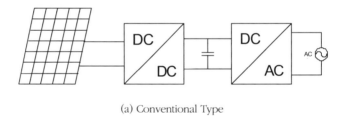

(a) Conventional Type

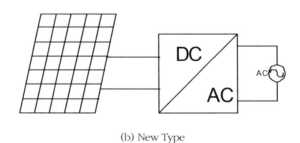

(b) New Type

그림 1-38 새로운 무변압기 방식의 태양광 인버터

새로운 무변압기 방식은 기존의 2-stage를 결합하여 스위치 개수를 줄이고, 부품수를 줄인 새로운 single-stage 방식을 취하고 있다. 이 방식은 승압과 인버터 기능이 한꺼번에 이루어지는 구조이다. 이 방식의 장단점이 표 1-7에 표시되어 있다.

표 1-7 새로운 무변압기 방식의 장 단점

	장점	단점	비고
Conventional Type	좋은 발전효율	복잡한 필터 설계	Euro:93%
	전압범위 넓음		
	발전 시간 증가		
New Type	매우 좋은 발전효율	복잡한 필터 설계	Euro:96%
	무게, 사이즈 감소	전압범위 좁음 (Vmp 350이상)	고압형

인버터 가격, 전력밀도, 효율 추이가 그래프로 그림 1-39에 표시되어 있다. 인버터 효율은 2000년부터 계속 증가하기 시작하여 현재는 거의 이론적인 한계치에 도달하고 있다. 효율이 높아지면서 power density가 급격히 증가하고 있는데 이는 주로 IGBT와 같은 반도체 소자들의 특성이 발달하기 때문으로 여겨진다. 반면에 수요증가와 반도체 부품 가격의 하락으로 인버터 가격은 계속 하락중이고, 부품의 신뢰성 향상과 설계기술의 발달로 인버터 보증수명도 역시 증가하고 있다. 향후 태양광 시장은 계속 증가할 것으로 판단되며 이에 따른 태양광 인버터의 발전방향도 계속 증대될 것이다.

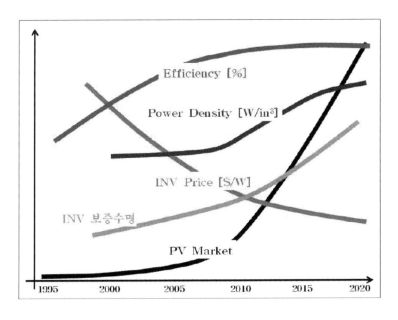

그림 1-39 인버터 가격, 전력밀도, 효율 추이

지금까지 설명한 태양광 인버터의 제품사양을 표 1-8에 표시하였다.

표 1-8 D사 인버터 제품사양

구 분		단 상		삼 상
입 력	전압범위	DC200~500V	DC400~600V	DC350~820V
	정격전압	DC350V	DC450V	DC620V
출 력	MPPT 효율	98% 이상		99% 이상
	정격용량	3kW		10~500KW
	정격전압	AC220V		AC380V
	에너지효율	96% 이상		96% 이상
	주파수	50/60Hz		50/60Hz
	냉각방식	자연공냉식		강제공냉식
보호기능	전류왜율	종합5%이하(각차3%이하)		
	단독운전방지	0.5초이내(계통연계 기술기준, IEEE std. 1547)		
	인버터자체	입력과전압, 과부하, 과열, DC유출방지		
	계 통	단독운전방지, 과 저전압보호, 과 저주파수보호		
사용환경	주위온도	-10~50C		-10~40C
	보존온도	-20~65C		

태양광 인버터는 전기제품으로 사용 환경에 맞도록 설계, 제작 된다. 판매를 위해서는 인증시험에 통과해야 하는데 많은 시험 항목중에 습도에 대한 내용이 있다. 한국 에너지관리공단 기준에 보면 옥내형/옥외형(IP44이상) 구분하는데 태양광 인버터는 온습도 사이클 시험으로 옥외형 승인항목이다.

IP65는 설치환경 제약 없는 등급으로 먼지(분진)으로 부터 완전 보호되고 모든 방향의 물분사로 부터 보호되어야만 하는 규격이다.

인버터 용량에 따른 장단점을 비교하면 크게 대용량 일체형과 소용량 조합형으로 분류 된다. 대용량 일체형은 설치 및 유지보수 용이하고 가격 저렴하지만 효율 낮고 고장시 손실이 크다는 단점이 있다. 소용량 조합형은 설치 및 유지보수 어렵고 가격이 높지만 효율이 높고 고장시 손실이 적다는 장점이 있다.

표 1-9 일체형과 조합형 장단점 비교

	설치방법	장점	단점
일체형	1대	설치용이	에너지 효율 낮음
		가격 저렴	고장시 발전 손실 큼
조합형	50kW 5대	에너지 효율 높음	긴 설치 시간
	10kW 25대	고장시 발전 손실 작음	가격 높음

1M 설치	250k×4대	50k×20대	비 고
효율	97%	97%+1%	멀티MPPT
점검	1일/년	1일/년	
고장	0.2회/년	0.2회/년	1대당
A/S대응	15일	1일	해외품:15일,국산품:2일
예상가동일	352일	360일	
예상발전량	1,297.5	1,340.6	[MWh], 1일3.8시간
예상수익	766,653,825	792,120,322	590,870원/MWh
수익차이	연간 25,466,497		[원]

국내의 태양광 인버터의 연구개발 방향은 다음과 같이 진행되고 있다.

• 설치환경 제약 극복 : 옥내형 → 옥외형(IP44)→ IP65

• 효율 향상 : 중앙집중식 인버터→다중 스트링 인버터

　　　　　단일MPPT→Dual MPPT→멀티 MPPT (고효율 MPPT 알고리즘 개발)

• 신뢰성 향상 : 사내 Test 센터, TUV/CE 인증, VDE, CQC

태양광발전시스템 효율향상 방법은 다음과 같다.

• 발전량 증가 방법으로는 적절한 어레이 구성과 고효율 인버터 사용 그리고 고정식에
  서 추적식(양축ㆍ단축ㆍ고정가변ㆍ고정)으로의 변경이다.

• 손실 감소 방법으로는 인버터 고장시 신속한 문제 해결(A/S망)과 고전압, 저전류 형
  태의 태양전지 DC 라인 구성 그리고 적절한 접속반 및 전선의 선택이 있다.

인버터 전력변환 효율 특성을 살펴보면

• 입력전압에 따른 효율 특성은 정격 전압일 때 최대이고 정격보다 낮은 전압일 때 효
  율이 감소하고 정격보다 높은 전압일 때 인버터 보호를 위해 정지할 수 있다.

• 인버터 최대 효율 구간은 정격 용량의 60~80% 발전량일 때 이다.

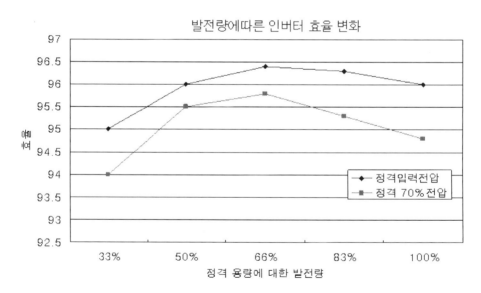

그림 1-40 발전량에 따른 인버터 효율 변화 (3kW 기준)

태양광인버터의 효율은 유로효율로 측정되며 유로효율이란 유럽의 기후에 대해 가중
된 동적 효율을 의미하며 측정 방식은 다음과 같다.

$$\eta_{EU} = 0.03\,\eta_{5\%} + 0.06\,\eta_{10\%} + 0.13\,\eta_{20\%} + 0.10\,\eta_{30\%} + 0.48\,\eta_{50\%} + 0.20\,\eta_{100\%} \quad (1\text{-}10)$$

유로효율의 측정은 25℃±2 ℃에서 최소 입력 전압, 공칭 전압(정격 전압), 최대 입력 전압의 90% 조건에서 측정된다.

태양광 발전시스템의 종합효율은 태양광 인버터만이 아니고 설치환경, 설계/제어에 기인한 손실 등으로 나누어진다.

설치 환경에 기인한 손실

- 일사량의 변동, 적운/적설에 의한 손실
- 태양전지의 오염/노화/분광
- 태양전지의 온도변화에 대한 효율변동

설계/제어 기인한 손실

- 그늘의 발생에 의한 손실, 자재공급
- 직/병렬 어레이 접속의 불균형, 직류회로 손실
- 최대전력 출력점의 차이

기타 손실

- 표준상태의 태양전지 효율
- 배터리 충/방전 손실
- 인버터 발전장비 손실

태양광 인버터의 실제 설치관련 내용과 단자함, 전선들과 규격등은 다음과 같다.

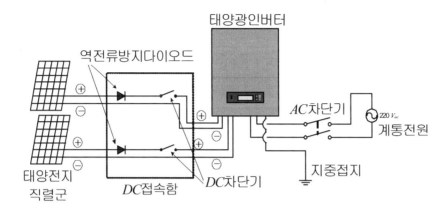

그림 1-41 단상 옥외형 인버터 결선도

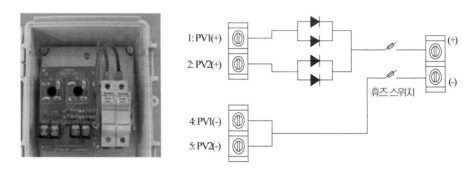

그림 1-42 DC 접속함의 내부 회로

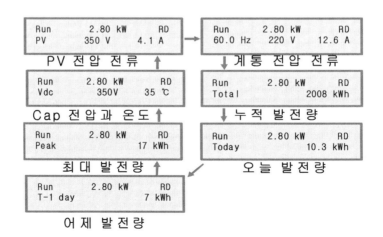

그림 1-43 단상인버터 키패드((예)

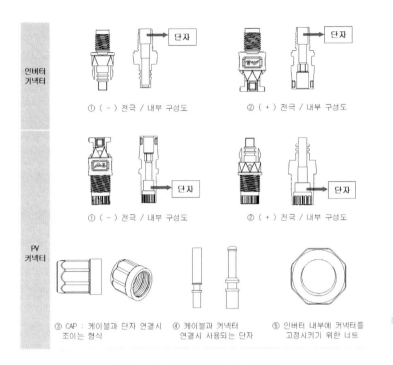

인버터 커넥터

① (-) 전극 / 내부 구성도　　　② (+) 전극 / 내부 구성도

PV 커넥터

① (-) 전극 / 내부 구성도　　　② (+) 전극 / 내부 구성도

③ CAP : 케이블과 단자 연결시　④ 케이블과 커넥터　　⑤ 인버터 내부에 커넥터를
　　조이는 형식　　　　　　　　연결시 사용되는 단자　　고정시키기 위한 너트

그림 1-44 단상 인버터 DC 커넥터

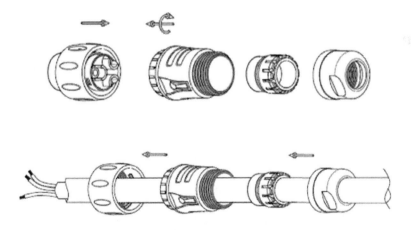

그림 1-45 단상 인버터 AC 커넥터

① 케이블과 단자를 압착한다.

케이블

② 케이블이 연결된 단자를 커넥터에 체결한다.

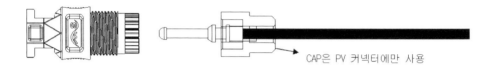

CAP은 PV 커넥터에만 사용

※ 단자 체결 방식은 위 그림과 같은 단자와 커넥터로만 체결이 가능함.

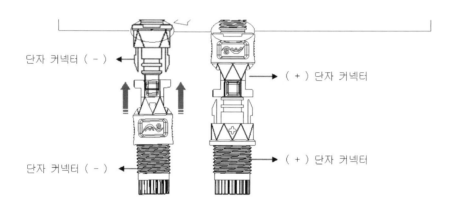

단자 커넥터 (-)

(+) 단자 커넥터

단자 커넥터 (-)

(+) 단자 커넥터

그림 1-46 DC 커넥터 체결

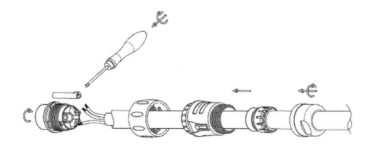

그림 1-47 AC 커넥터 체결

인버터 입출력 단자 및 배선 사양은 다음과 같다.

표 1-10 인버터 단자 및 배선 사양

용량	단자대 명칭	규격	비고
10kW	PV[+] 배선	M8 - 16SQ	
	PV[-] 배선	M8 - 16SQ	
	접지배선	M8 - 4SQ	
	AC 출력 배선	M8 - 10SQ	
15kW ~ 30kW	PV[+] 배선	M8 - 35SQ	
	PV[-] 배선	M8 - 35SQ	
	접지배선	M8 - 6SQ	
	AC 출력 배선	M8 - 25SQ	
40kW ~ 50kW	PV[+] 배선	M10 - 50SQ	
	PV[-] 배선	M10 - 50SQ	
	접지배선	M6 - 22SQ	
	AC 출력 배선	M8 - 35SQ	
100kW	PV[+] 배선	M10 - 70SQ * 2	50kW 접속반 기준
	PV[-] 배선	M10 - 70SQ * 2	
	접지배선	M6 - 22SQ	
	AC 출력 배선	M12 - 70SQ	
200kW ~ 250kW	PV[+] 배선	M8 - 70SQ * 4~5	50kW 접속반 기준
	PV[-] 배선	M8 - 70SQ * 4~5	
	접지배선	M6 - 22SQ	
	AC 출력 배선	M12 - 185SQ 이상	
	통합 키패드 전원배선	M4 - 2SQ	

인버터 설치시 주의사항은 다음과 같다.

- 직사광선은 피할것

- 좌우, 위쪽으로 20Cm이상 공간 확보

- 아래쪽으로는 최소 1m 공간 확보

- 독립 지중접지 꼭 필요 : 건물접지 사용금지(직격 낙뢰시 인버터 파손)

- 개방전압은 400~474V: 저압형

- 개방전압은 470~550V: 고압형

주택용 설치 공사시 주의점

- 잘 보이는 곳(계량기근처) 설치

- 인버터, DC접속함, AC접속함 함께 설치

- 지지대에 인버터 설치 자제(누설전류)

- TFR-CV선 사용

- 볼트, 너트 류 SUS재질 사용(부식방지)

- 지지대는 용융아연도금으로(부식방지)

- 지지대 흔들리면 No

- 노출전선은 플렉시블 안에 지탱

- 모듈 배열 및 전선은 예쁘고 튼튼하게 배선

- 고정 볼트, 너트는 꽉 조이기

- 평와서, 스프링 와서 사용

- 볼트캡, 너트캡 사용

- AC차단기는 MCCB 사용

- 인버터, DC접속함, AC접속함은 계량기 옆에 함께 설치하기

인버터 관련 용어를 정리하였다.

- 유효전력: 부하에서 사용되는 전기에너지

- 무효전력: 전원으로 돌아가는 전기에너지

- 전체전력(피상전력)=유효전력+무효전력

- 역률(PF): 교류 전압과 전류의 위상차 : 전체전력에서 차지하는 유효전력의 비

- THD(Total Harmonic Distortion) : 교류 전류, 전압의 기본파에 대한 정수배 주파수를 가진 고조파의 전체 크기(40차, 2.4kHz까지)

- 고조파: 전원 주파수의 정수배 주파수를 가지는 전압, 전류, 예: 3차 전류고조파 (180Hz의 전류 성분)

- 고주파: 50~100kHz이상의 주파수를 가지는 전압, 전류

- PWM(Pulse Width Modulation): DC/AC 변환을 위한 인버터의 스위칭 방식

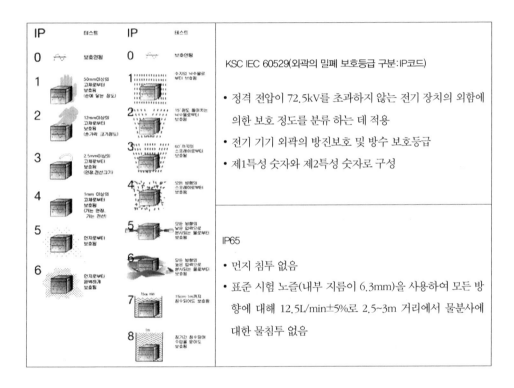

KSC IEC 60529(외곽의 밀폐 보호등급 구분:IP코드)

- 정격 전압이 72.5kV를 초과하지 않는 전기 장치의 외함에 의한 보호 정도를 분류 하는 데 적용
- 전기 기기 외곽의 방진보호 및 방수 보호등급
- 제1특성 숫자와 제2특성 숫자로 구성

IP65

- 먼지 침투 없음
- 표준 시험 노즐(내부 지름이 6.3mm)을 사용하여 모든 방향에 대해 12.5L/min±5%로 2.5~3m 거리에서 물분사에 대한 물침투 없음

1.5 태양광 발전 시스템 시뮬레이션

컴퓨터 시뮬레이션은 전력변환 분야에서 크게 Matlab의 SimuLink와 PowerSim (PSIM)을 가장 많이 사용한다. SimuLink는 상태 방정식으로 표시되는 시스템을 모델링하고 제어기를 설계하는데 유용하며, PSIM은 회로로 표시되는 시스템을 분석하고 파형을 해석하는 목적으로 유용하게 사용된다. 또한 PSIM은 C-언어로 표시되는 제어기 프로그램을 시뮬레이션 파일 안에 넣어서 실행할 수 있기 때문에, 컨버터와 인버터와 같이 전력단(power stage)은 회로모델로 입력하고 제어기 부분은 직접 C-언어로 구현이 가능한 시스템을 설계 및 해석하는 최선의 설계 tool이라 할 수 있다.

PSIM을 설치하면 다음과 같은 내용을 확인할 수 있다.

PowerSim install directory	C:₩Program Files₩Powersim
User Manual	C:₩Program Files₩Powersim₩doc₩PSIM User Manual.pdf
Example	C:₩Program Files₩Powersim₩examples
PSIM introductory	Appendix

시뮬레이션은 다음의 예제를 포함하고 있다.

[예제 1] 태양전지 특성커브 그리기

[예제 2] 태양광 충전기 (Solar Battery Charger)

[예제 3] 태양전지 전압제어 (V_{sa} Feedback control)

[예제 4] MPPT Control

[예제 5] Boost Converter

[예제 6] Grid Connected Single-Phase Inverter

[예제 7] Solar Inverter

[예제 8] Solar Boost Inverter

[예제 9] 단독운전 (Islanding detection)

[예제 1] 태양전지 특성 커브 그리기

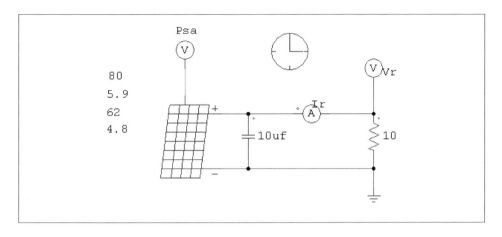

- ■ 회로도 그리기(Element)

  1. SA1: Power → Renewable energy → solar module(functional model)

  2. R, C : Power → RLC branches → resistor, capacitor

  3. Vr   : Other → Probes → voltage probe

  4. Ir   : Other → Probes → current probe

  5. Ground : Source → Ground

  6. Simulate → simulation control

- ■ 시뮬레이션 결과

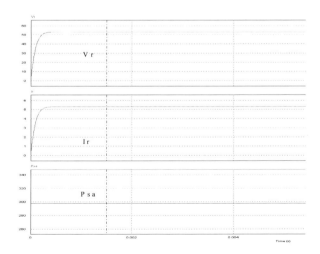

[실습 1] Solar Array I-V Curve Drawing

Change the value of R from 0.1 to 100k to draw I-V curve of solar array and calculate the power.

R	0.1	1	10	100	1k	10k	20k	50k	100k	1000k
Vr										
Ir										
P										

[예제 2] 태양광 충전기 (Solar Battery Charger)

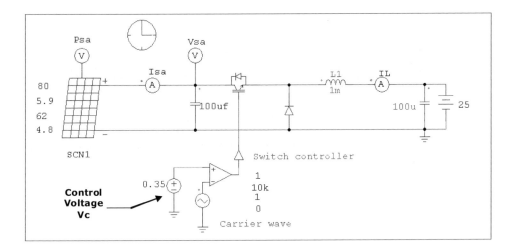

■ 회로도 그리기 (Element)

1. Carrier Wave : Source → voltage → Triangular

2. Comparator : Control → comparator

3. Switch controller : Other → Switch controllers → on-off controller

4. IGBT   : Power→ Switches → IGBT

5. Diode   : Power→ Switches → Diode

6. Battery : Source → Voltage → DC (Battery)

7. DC   : Source→ Voltage → DC

8. Simulation control → Time step : 1E-06 → Total time : 0.1

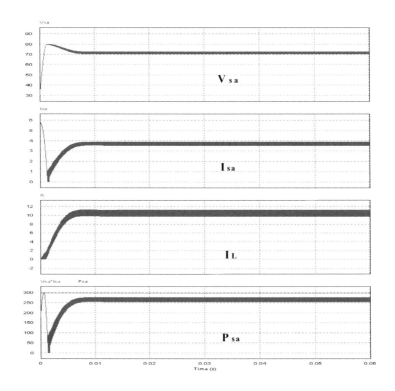

[실습 2] Parameter Variation

1. Observe the V_{sa}, I_{sa}, I_L waveform when control voltage changed from 0.1 to 0.9.

V_c	0.1	0.3	0.5	0.7	0.9
V_{sa}					
I_{sa}					
I_L					
$V_{sa}*I_{sa}$					

2. Observe the V_{sa}, I_{sa}, I_L waveform when L_1 inductance changed from 0.1 mh to 3 mh.

(L_1 : 0.1mh   → 1mh → 2mh → 3mh)

3. Observe V_{sa}, I_{sa}, I_L waveform when carrier frequency changed from 5 kHz to 20 kHz.

(f_s : 5k → 10k → 20k)

4. Observe the V_{sa}, I_{sa}, I_L waveform when input capacitor changed from 10 uf to 1000 uf.

(C_{in} : 10uf → 100uf →   500uf → 1000uf)

[예제 3] 태양전지 전압제어 (V_{sa} Feedback control)

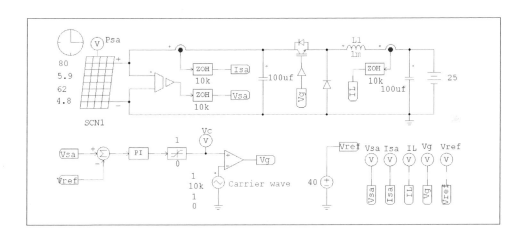

■ 회로도 그리기 (Element)

1. V_{sa}, I_{sa}, I_L : Other → Sensors → voltage/current sensors

2. ZOH   : Control → Digital Control Modules → Zero-Order Hold

3. Label   : Edit → Label (F2)

4. Summer   : Control → Summer(+/-)

5. PI   : Control → PI

6. Limiter   : Control → Limiter

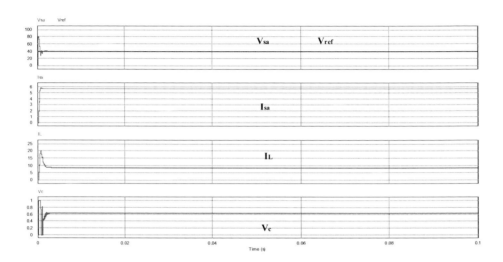

PI Gain setting : (default value → 1, 0.001)   (P : gain, I : time constant)

⇒ Find Best Gain Combination to Obtain smooth and flat waveform of Vc

　　(Hint : P set where I is small, than increase I and adjust P&I gain)

[실습 3] Parameter Variation

1. Observe the Vsa, Isa, IL, Vc waveform when Vref changed from 30 [v] to 75 [V]

   (Do not Change PI gain)

   (L1 : 30V →   40V →   50V →   60V →   70V →   75V)

2. Change Vref library from DC to Square and then give parameters values as
   follows:

   Square : Element → Sources → Voltage → square

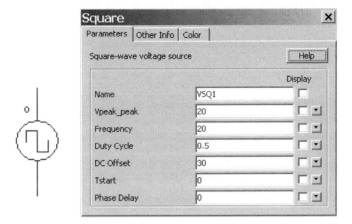

- Adjust Input capacitor larger than 100 [uf], for example 1000 [uf], if you have failed to find proper PI gain, and try again.

- Change Square parameter (Vpeak_peak) from 20V to 10V. This will   make easy to find PI gain

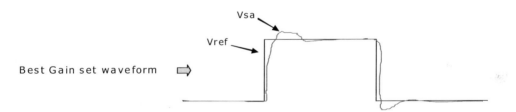

[예제 4] MPPT Control

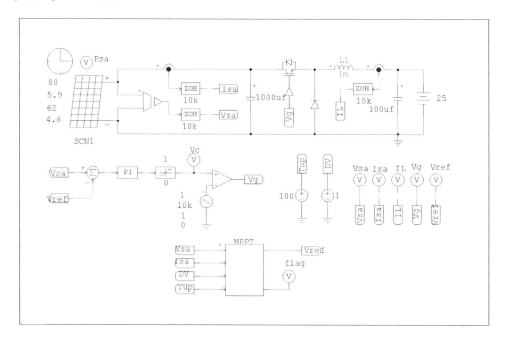

■ 회로도 그리기 (Element)

1. MPPT   : Other → Function Blocks → C Block

2. Simulation control   : Total time : 1

3. DV   : MPPT step size. Set DV to 5 initially, then reduce until 1V

4. Tup   : MPPT Update period

■ MPPT Algorithm (Perturb&Observe)

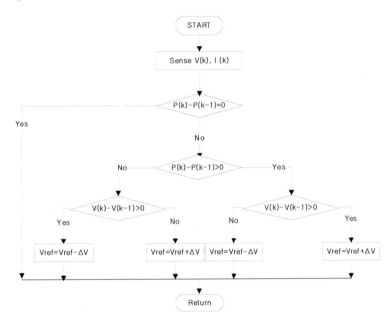

■ MPPT C-Code

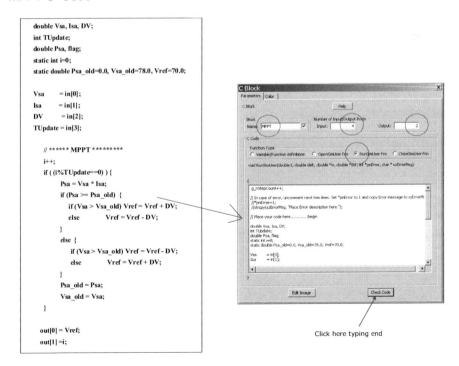

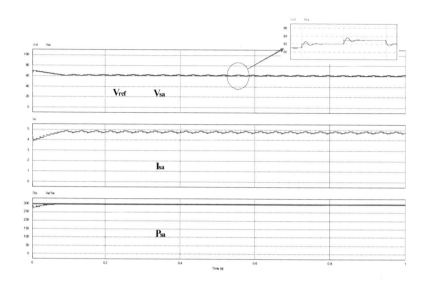

[실습 4] MPPT Parameter Variation

1. Observe the Vsa, Isa, Psa waveform when DV changed from 5 [v] to 0.1 [V]

   (DV : 5V   2.5V   1V   0.5V   0.1V)

2. Observe the Vsa, Isa, Psa waveform when input capacitor changed from 100 [uf] to 1000 [uf]

   (Cin : 100uf   500 uf   1000 uf)

3. Observe the Vsa, Isa, Psa waveform when Solar array parameters changed

Parameter	# 1	# 2	# 3	# 4
Voc [V]	60	70	80	90
Isc [A]	5	6	7	8
Vmp [V]	40	50	60	70
Imp [A]	4	5	6	7

[예제 5] Boost Converter

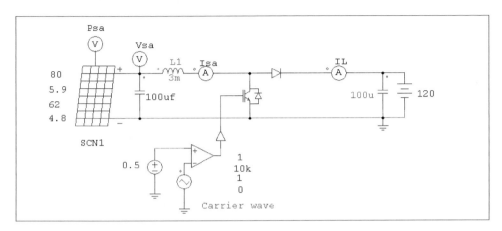

⇐ Boost circuit can be redrawn from Buck converter without add/delete any components. Just change the location and connection of buck converter, you will find boost circuit

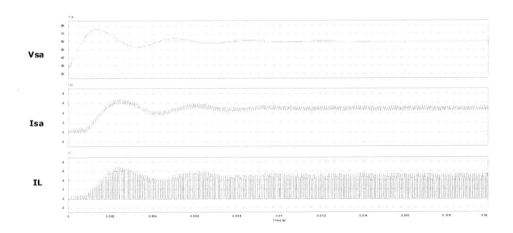

[ProJect # 1]

1. Build MPPT circuit using Boost converter with battery.

2. Simulate with different solar array parameters.

[예제 6] Grid Connected Single-Phase Inverter

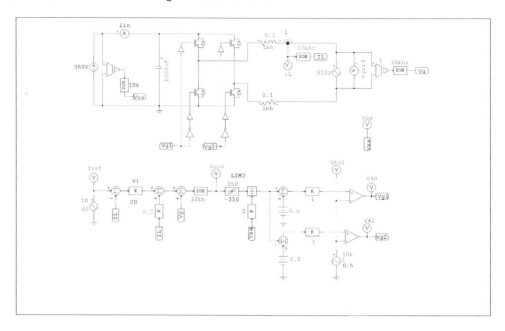

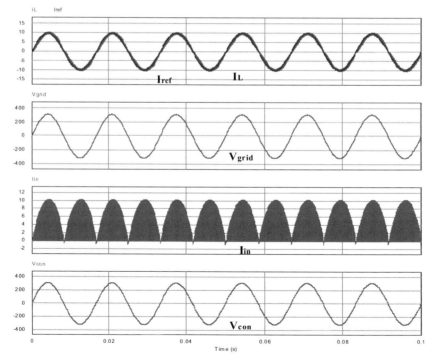

[실습 6] Circuit Parameter Variation

1. Observe the I_L, I_{ref}, I_{in}, V_{con} waveform when amplitude of Iref from 10 to 5, 20

2. Observe the I_L, I_{ref}, I_{in}, V_{con} waveform when P1 gain K changed from 20 to other
   values (K : 5   10   20   40   80)

3. Observe the I_L, I_{ref}, I_{in}, V_{con} waveform when Input voltage 350V to other values

   (Vin : 300   350   400   500)

Note : Should change the Lim3 upper/lower limit as follow input voltage change.

[예제 7] Solar Inverter

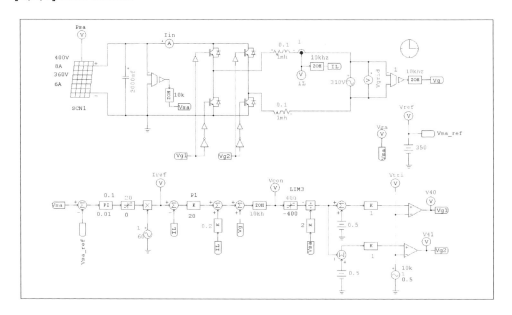

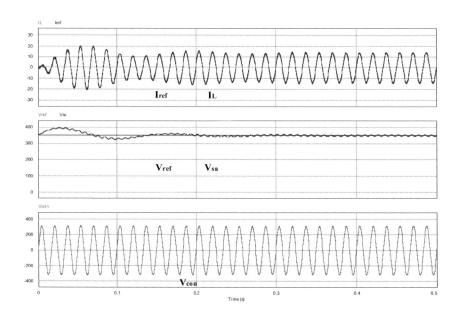

[실습 7] SA Parameter Variation

1. Observe the V_{sa}, V_{ref}, I_L, I_{ref} waveform when Solar array parameters changed.

Parameter	# 1	# 2	# 3	# 4
Voc [V]	60	70	80	90
Isc [A]	5	6	7	8
Vmp [V]	40	50	60	70
Imp [A]	4	5	6	7

[ProJect # 2]

1. Build MPPT circuit using Solar Inverter circuit.

2. Simulate with different solar array parameters.

[예제 8] Solar Boost Inverter

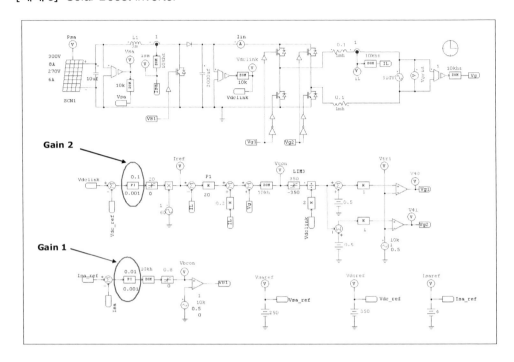

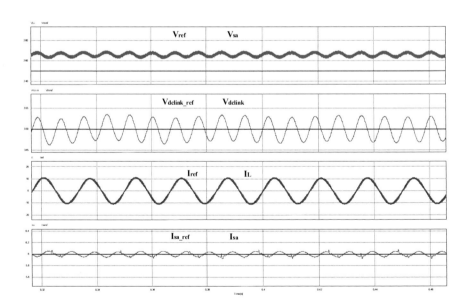

[실습 8] Parameter Variation

1. Observe the waveform when amplitude of V_{dc_ref} from 350 to 400

2. Design Vsa controller instead of Isa controller.

   (Set V_{sa_ref} = 250V)

3. Determine Gain 1 and 2 when solar array parameter changes.

Parameter	# 1	# 2	# 3
Voc [V]	250	300	350
Isc [A]	8	8	8
Vmp [V]	230	275	320
Imp [A]	5	6	6

[ProJect # 3]

1. Build MPPT circuit using Solar Boost Inverter circuit.

2. Simulate with different solar array parameters.

[예제 9] 단독운전 (Islanding detection)

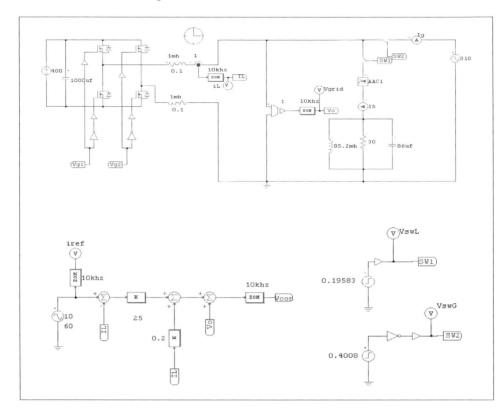

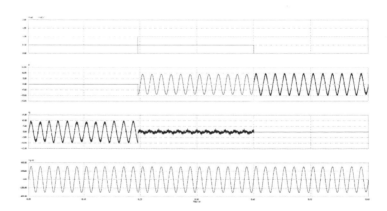

[실습 9]

1. 기준 전류의 크기(10A)를 바꾸어서 계통전압의 변화를 관찰하시오.

2. 부하 조건을 바꾸어서 계통 전압과 전류의 변화를 관찰하시오.

1.6 태양광 인버터 시험 및 평가기준

신재생에너지 설비심사세부기준에서 발췌한 소형 태양광발전용 인버터(계통연계형, 독립형)의 시험 방법 및 평가기준에 대한 규정

1. 적용 범위 이 규격은 정격출력 10kW(직류입력전압 1,000V이하, 교 류 출력 전압 380V이하) 이하인 태양광발전용 인버터 (계통연계형, 독립형)의 시험 방법 및 평가 기준에 대해 규정한다.

2. 태양광발전용 인버터 분류 기본적으로 용도에 따라 독립형과 계통연계형으로 분류 하여 [표 1] 과 같이 정리할 수 있다.

[표 1] 태양광발전용 인버터의 분류

용도	형식	설치장소	비고
계통연계형	단상	실내/실외	실내형 : IP20 이상 실외형 : IP44 이상 (KS C IEC 62093)
	3상	실내/실외	
독립형	단상	실내/실외	
	3상	실내/실외	

3. 정의

3.1 태양 전지 어레이 모의 전원 장치란 태양 전지 어레이의 출력 전류 -전압 특성을 모 의할 수 있는 직류 전원 장치를 의미한다.

3.2 등가 일사 강도란 태양 전지 어레이 모의 전원 장치의 출력 전력 용량을 설정하기 위한 설정상의 일사 강도를 의미한다.

3.3 계통 모의 전원 장치는 계통전원의 이상 및 사고발생을 모의할 수 있는 교류 전원 장치를 의미한다.

3.4. 입력전압

3.4.1 최대 입력전압 (V_{dc_max}) : 인버터의 입력으로 허용되는 최대 입력전압

3.4.2 최소 입력전압 (V_{dc_min}) : 인버터가 발전을 시작하기 위한 최소 입력전압

3.4.3 정격 입력전압 (V_{dc_r}) : 인버터의 정격출력이 가능한 제조사에 의해 규정 (데이터
시트에 명시)된 최적 입력전압. 만일 제조사로부터 규정되지 않은 경우, 다음의
수식으로부터 도출한다 .

$$V_{dc\_r} = (V_{dc\_max} + V_{dc\_min})/2$$

3.4.4 MPP 최대전압 (V_{mpp_max}) : 인버터의 정격출력이 가능한 최대 MPP 전압. 단,
$0.8*V_{dc\_max}$를 초과하지 않는다 .

3.4.5 MPP 최소전압 (V_{mpp_min}) : 인버터의 정격출력이 가능한 최소 MPP 전압

5. 시험 회로

시험 회로는 그림 1 또는 그림 2에 따른다. 독립형이며 교류 출력인 경우는 그림 1(a),
독립형이며 직류 출력인 경우는 그림 1(b), 계통연계형의 통상적인 시험과 외부사고 시
험의 경우 그림 2(a)와 2(b)를 사용한다. 그림 1 및 그림 2는 단상 2선식 교류 출력의 경
우의 표준 시험 회로를 나타낸 것이며, 3상의 경우는 여기에 준한다.

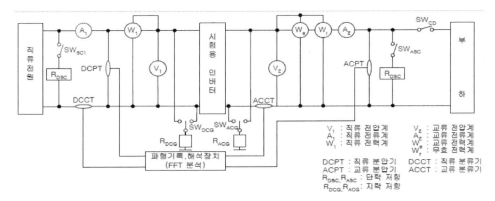

그림 1(a). 태양광발전용 독립형 인버터 시험회로(교류 출력의 경우)

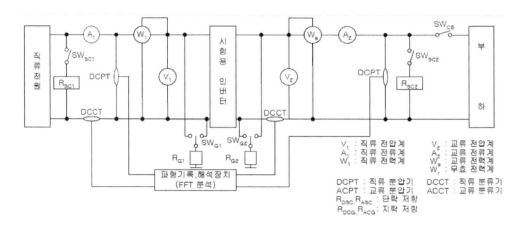

그림 1(b). 태양광발전용 독립형 인버터 시험회로(직류 출력의 경우)

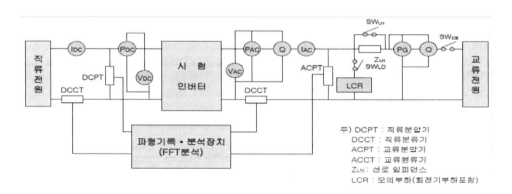

그림 2(a). 태양광발전용 계통연계형 인버터의 시험 회로 Ⅰ

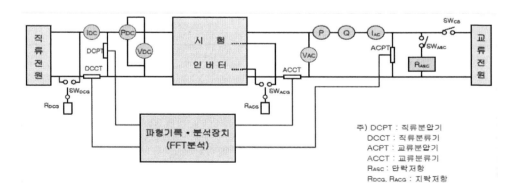

그림 2(b). 태양광발전용 계통연계형 인버터의 시험 회로 Ⅱ

6. 시험 장치

6.1 측정기 : 아날로그 계기 또는 디지털 계기 중 어느 한쪽을 사용하거나, 또는 두 가지 기기를 병용한다. 측정기의 정확도는 파형 기록장치를 제외하고 0.5 급 이상으로 한다. 파형 기록 장치는 1급 이상으로 한다. 필요할 경우 다른 계측기 (오실로스코프 등)를 적절히 병용한다.

6.2 직류 전원

6.2.1 태양전지 어레이 모의 전원 장치 : 태양 전지 어레이 출력 특성을 모의하는 것으로, 임의의 일사 강도와 임의의 소자 온도에 상당하는 태양 전지 어레이의 전류 - 전압 특성을 출력할 수 있으며, 적어도 인버터의 과 입력 내량에 상당하는 출력 전력을 얻을 수 있는 전원 장치로 한다.

6.3 교류 전원

6.3.1 계통모의 전원 장치 : 계통 전원을 모의하는 것으로 설정된 전압, 주파수를 유지할 수 있으며, 또한 전압과 주파수를 임의로 가변할 수 있고, 지정되는 전압의 왜형을 발생할 수 있는 것으로 한다 .

6.3.2 모의 배전선 임피던스 장치 : 계통의 배전선 임피던스를 모의하는 것이며, IEC 규격의 기준 임피던스를 발생할 수 있는 것으로 한다.

6.4 부하 장치 : 인버터의 부하 시험에 사용하는 것으로 선형과 비선형 (모터) 부하로 구성한다. 인버터의 과부하 내량에 상당하는 최대 전력을 소비할 수 있으며, 지정되는 범위에서 역률을 변화시킬 수 있는 것으로 한다. 3상 부하의 경우에는 지정되는 범위에서 부하 불평형을 발생시킬 수 있는 것으로 한다.

7. 시험 방법 및 판정기준

7.1 형태별 시험항목 태양광 독립형과 계통연계형에 따라 다음 [표 2]에 제시된 시험항목을 적용한다.

[표 2] 태양광 발전용 독립형/연계형 인버터의 시험항목

시험 항목		독립형	계통연계형	
1. 구조시험		○	○	
2. 절연성능시험	a) 절연저항시험	○	○	
	b) 내전압시험	○	○	
	c) 감전보호시험	○	○	
	d) 절연거리시험	○	○	
3. 보호기능시험	a) 출력과전압 및 부족전압보호기능시험	○	○	
	b) 주파수 상승 및 저하보호기능시험	○	○	
	c) 단독운전 방지기능시험		○	
	d) 복전후 일정시간 투입방지기능시험		○	
4. 정상특성시험	a) 교류전압, 주파수 추종범위 시험		○	
	b) 교류출력 전류 변형률 시험		○	
	c) 누설전류시험	○	○	
	d) 온도상승 시험	○	○	
	e) 효율 시험	○	○	
	f) 대기손실 시험		○	
	g) 자동기동, 정지시험		○	
	h) 최대전력 추종시험		○	
	i) 출력전류 직류분 검출 시험		○	
5. 과도응답특성시험	a) 입력전력 급변시험	○	○	
	b) 계통전압 급변시험		○	
	c) 부하차단 시험		○	
6. 외부사고 시험	a) 출력측 단락시험	○	○	
	b) 계통전압 순간정전, 강하시험		○	
	c) 부하차단 시험	○	○	
7. 내전기 환경시험	a) 계통전압 왜형률 내량시험		○	*
	b) 계통전압 불평형 시험		○	
	c) 부하 불평형 시험	○	○	
8. 내주위 환경시험	a) 습도시험	○	○	
	b) 온습도 사이클 시험	○	○	
9. 전자기적합성 (EMC)	a) 전자파 장애(EMI)	○	○	
	b) 전자파 내성(EMS)	○	○	

*. 부하 불평형 시험은 3상 인버터만 적용

7.3 절연 성능 시험

a) 절연 저항 시험 : 입력 단자 및 출력 단자를 각각 단락하고, 그 단자와 대지간의 절연 저항을 측정한다. KSC 1302에서 규정하는 대로 시험품의 정격전압이 300V미만에서는 500V, 300V이상 600V이하에서는 1,000V의 절연 저항계를 사용해 측정한다. 단, 필요시 해당 시험을 할 때만 바리스터, Y-CAP, 서지 보호부품을 제거한다.

[판정기준]

• 절연저항은 1㏁ 이상일 것 .

b) 내전압 시험 : KSC 8536에서 규정하는 내전압 시험에 따라 입력 쪽과 출력 쪽으로 나누어 시험한다. 입력 쪽은 입력 단자를 단락하고 그 단자와 대지사이에 입력 정격 전압 (E1)에 따라 50V 이하에서는 500V$_{rms}$, 50V 이상에서는 (2*E1+1000)V$_{rms}$의 크기를 갖는 상용주파수의 교류전압을 1분간 인가한다. 출력 쪽은 출력단자를 단락하고, 그 단자와 대지사이에 출력 정격전압 (E2)에 따라 (2*E2+1000)V$_{rms}$ 상용주파수의 교류전압을 1분간 인가한다. 단, 필요시 해당 시험을 할 때만 바리스터, Y-CAP, 서지 보호부품은 제거한다.

[판정기준]

• 시험 후 운전 성능상의 이상이 생기지 않을 것 .

c) 감전보호시험 : 인버터 충전부와의 접촉으로부터 감전 보호 시험하기 위해 IEC 61032에서 규정한 테스트 핑거 및 테스트 핀 시험을 통해 판정한다. 테스트 핑거에 의한 시험은 30N의 힘으로 인가하여 실시한다.

[판정기준]

• 테스트 핑거 및 테스트 핀에 의한 시험에서 25Vac 또는 60Vdc 이상의 충전부와 접촉되지 않아야 한다 .

- 충전부는 외함 또는 최소한 KSC IEC 60529에 의한 IP2X(고체 침투에 대한 보호등급)의 요구사항에 적합한 보호벽을 가져야 한다. 쉽게 접근 가능한 외함 또는 보호벽의 표면은 실내형의 경우 IP20 이상, 실외형의 경우 IP44 이상이어야 한다.

7.4 보호 기능 시험

7.4.1 실운전 시험

a) 출력 과전압 및 부족전압 보호기능 시험 (독립형 제외) : 인버터를 정격 전압, 정격 주파수 및 정격 출력으로 운전한 상태에서 [표 6]에서 규정한 공칭전압 범위를 이용하여 다음과 같이 실시한다. 모의 계통전원을 조정하여 출력 전압을 서서히 상승시켜 인버터가 정지하는 등급 (출력 과전압 보호 등급)을 측정한다. 정상 운전 전압범위는 공칭전압의 88~110%로 한다.

[표 6]　전압범위별 고장 제거시간

전압 범위 (기준전압에 대한 비율 %)	고장 제거 시간 (초)
V < 50	0.16 이내
50 ≤ V < 88	2.00 이내
110 < V < 120	1.00 이내
V ≥ 120	0.16 이내

※ 고장제거시간 : 계통에서 비정상 전압상태가 발생한 때로부터 전원 발전설비가 계통으로부터 완전히 분리될 때까지의 시간

[판정기준]

- 출력 과전압 보호등급은 공칭전압의 +10%(허용오차 +-2%)로 하고, 출력 부족전압 보호등급은 공칭전압의 -12%(허용오차 +-2%)로 한다.

b) 주파수 상승 및 저하 보호기능 시험 (독립형 제외) : 인버터를 정격 전압 , 정격 주파
  수 및 정격 출력으로 운전하는 상태에서 [표 7]에서 규정한 주파수 범위 및 시간을 만
  족하는지 시험한다.

[표 7] 주파수 범위별 고장 제거시간

주파수 범위(Hz)	고장 제거 시간(s)
〉60.5	0.16 이내
〈59.3	0.16 이내

1) 모의 계통전원을 조정하여 출력전압의 주파수를 정격에서부터 최대 0.05Hz 단위
  로 서서히 상승시켜 인버터가 정지하는 등급(주파수 상승 보호 등급)을 측정한다.

2) 주파수를 정격 주파수에서 주파수 상승 보호 등급의 +0.1Hz까지 계단 함수 형태
  로 인가한 후 인버터가 정지하는 시간(또는 게이트 블록 기능 동작)을 측정한다.

3) 모의 계통전원을 조정하여 출력전압의 주파수를 정격에서부터 최대 0.05Hz 단위
  로 서서히 하강시켜 인버터가 정지하는 등급(주파수 저하 보호등급)을 측정한다.

4) 주파수를 정격 주파수에서 하한 보호 등급의 -0.1Hz까지 계단 함수 형태로 내리면
  서 인버터가 정지하는 동작 시간을 측정한다.

[판정기준]

• 주파수 상승 보호등급은 표준주파수의 +0.5Hz(허용오차는 ±0.05Hz)로 하고, 주
  파수 저하 보호등급은 표준주파수의 -0.7Hz(허용오차는 ±0.05Hz)로 한다.

c) 단독운전 방지기능 시험 : 시험회로는 그림 2(a)로 하고, 〈그림 3〉을 참조한다.
  Quality Factor(Q_f)는 1로 지정하며 수식은 다음과 같다.

$$Q_f = \frac{\sqrt{Q_L \times Q_C}}{P_R}$$

여기서, $P_R = R$에서 소비하는 유효전력, $Q_L = L$에서 발생하는 무효전력, $Q_C = C$에서 발생하는 무효전력이다.

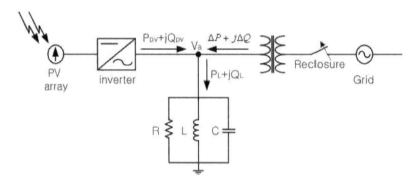

그림 3 계통연계 인버터 단독운전 회로

1) 인버터의 출력을 [표 8]의 시험 조건 되도록 설정하여 다음을 시행한다.

2) 스위치 SW_{LD}를 투입하고 R 부하를 조정하여 부하 소모 전력과 인버터와의 유효전력 차이인 △P가 [표 8]과 [표 9]가 되도록 한다 . (△P = P_{PV}-P_L)

3) L에 발생하는 무효전력의 크기가 R에서 소비되는 소비전력의 크기와 같도록 L 부하를 조정한다. 이와 동시에 C부하를 조정하여 △Q가 [표 8, 9, 10] 이 되도록 한다.

4) [표 8]의 시험조건 A에 대해서는, 인버터 정격 출력전력에 대한 유효 전력 (△P)와 무효 전력 (△Q)의 비(%)를 [표 9]가 되도록 각각 설정한 뒤, SW_{CB}를 개방하여 인버터가 정지하기까지의 시간을 각각 측정한다.

5) [표 8]의 시험조건 B와 C에 대해서는, 인버터 정격 출력전력에 대한 유효전력 △P와 무효전력 △Q의 비(%)를 [표 10]이 되도록 각각 설정한 뒤, SW_{CB}를 개방하여 인버터가 정지하기까지의 시간을 각각 측정한다.

[표 8] 시험 조건

조건	출력	입력 전압(*)
A	정격	〉범위의 90%
B	정격의 50-66%	범위의 50 %, ±10 %
C	정격의 25-33%	〈 범위의 10%

) 인버터의 MPPT전압 범위가 X~Y라고 하면 범위의 90%=X+0.9(Y-X)로 정의한다.

[표 9] 시험조건 A의 유효 전력, 무효 전력의 차이

인버터 정격 출력전력에 대한 유효 전력 (△P)과 무효 전력 (△Q)의 비 (%)				
-10, +10	-5, +10	0, +10	+5, +10	+10, +10
-10,+5	-5, +5	0, +5	+5, +5	+10, +5
-10, 0	-5, 0	0, 0	+5, 0	+10, 0
-10, -5	-5, -5	0, -5	+5, -5	+10, -5
-10, -10	-5, -10	0, -10	+5, -10	+10, -10

[표10] 시험 조건 B&C의 유효 전력, 무효 전력의 차이

인버터 정격 출력전력에 대한 유효 전력 (△P)과 무효 전력 (△Q)의 비 (%)										
0, -5	0, -4	0, -3	0, -2	0, -1	0, 0	0, 1	0, 2	0, 3	0, 4	0, 5

[판정기준]

• 단독운전을 검출하여 0.5초 이내에 개폐기 개방 또는 게이트 블록 기능이 동작할 것.

d) 복전 후 일정시간 투입방지 기능 시험 : 계통이 정전에서 복전한 후 일정시간동안 인버터의 재투입 방지 기능 특성에 관해서 시험한다.

1) 인버터를 정격 출력에서 운전한다.

2) SW_{CB}를 개방하여 정전을 발생시킨 후 10초 동안 유지한다.

3) SW$_{CB}$를 투입하여 복전시킨다.

4) 복전 후 재운전 시간과 교류 출력 전압, 전류를 측정한다.

[판정기준]

- 복전해도 5분 이상 재운전 하지 않을 것.(한전 "분산형전원 배전계통 연계 기술기준")

7.5 정상 특성 시험

a) 교류 전압, 주파수 추종 범위 시험 : 교류 전원을 정격 전압 및 정격 주파수로 운전한다. 직류전원은 인버터 출력이 정격 출력이 되도록 설정한다.

1) 계통 전압의 크기를 공칭전압에서 천천히 변화시켜 공칭전압의 +8%와 10%의 전압에서 교류 출력 전류의 왜형률, 역률 등을 측정한다.

2) 정격주파수 60Hz에서 천천히 변화시켜 60.45Hz와 59.35Hz에서 교류출력 전력, 전류 왜형률, 역률 등을 측정한다.

[판정기준]

- 기준범위 내의 계통전압변화에 추종하여 안정하게 운전할 것.
- 출력 전류의 종합 왜형률은 5% 이내, 각 차수별 왜형률이 3% 이내일 것.
- 출력 역률이 0.95 이상일 것.

b) 교류 출력 전류 변형율 시험

1) 시험 회로 중 SW$_{LN}$(시험회로 Ⅰ, 임피던스 투입 스위치)을 개방하여 기준 임피던스를 b)와 같이 설정하고, 인버터를 정격 출력전압, 정격출력 주파수 및 정격 출력으로 운전한다.

2) 인버터의 출력 전류에 포함되는 차수별 고조파 전류 성분 i_{ACn}을 측정하고, 다음

식에 따라서 전류의 종합 왜형률 THD를 산출한다.

$$THD = \frac{\sqrt{\Sigma i_{Acn}^2}}{I_{AC1}} \times 100(\%) \tag{1}$$

여기서, i_{ACn} : 인버터 출력 전류의 n차 고조파 전류 성분 실효값(A)

      n : 고조파 차수 2 ~ 40차로 한다.

      I_{AC1} : 인버터 출력 전류의 기본파 실효값(A)

회로에서 사용하는 220V, 60Hz의 선로 임피던스는 IEC 60725에 따라 다음과 같이 설정한다.

3상 기준 임피던스 = 0.24Ω+j0.15Ω(각상), 0.16Ω+j0.1Ω(중성선)

단상 기준 임피던스 = 0.4Ω+j0.25Ω

[판정기준]

• 교류 출력 전류 종합 왜형률이 5% 이내, 각 차수별 왜형률이 3% 이내일 것.

c) 누설 전류 시험 : 교류 전원을 정격 전압 및 정격 주파수로 운전한다. 직류 전원은 인버터 출력이 정격 출력이 되도록 설정한다.

 1) 인버터의 기체와 대지와의 사이에 1kΩ의 저항을 접속해서 저항에 흐르는 누설전류를 측정한다.

[판정기준]

• 누설전류가 5mA 이하일 것

e) 효율 시험 : 교류 전원을 정격 전압 및 정격 주파수로 운전한다.

1) 출력전력이 정격출력의 5%, 10%, 20%, 30%, 50%, 그리고 100%일 때의 각각의 전력 변환효율($\eta_{5\%}$, $\eta_{10\%}$, $\eta_{20\%}$, $\eta_{30\%}$, $\eta_{50\%}$, $\eta_{100\%}$)을 측정한다.

[판정기준]

- 정격 출력시 변환 효율(η_{EU})이 90% 이상일 것.

  ($\eta_{EU} = 0.03\,\eta_{5\%} + 0.06\,\eta_{10\%} + 0.13\,\eta_{20\%} + 0.10\,\eta_{30\%} + 0.48\,\eta_{50\%} + 0.20\,\eta_{100\%}$)

- 독립형 인버터의 경우 Euro 변환 효율(η_{EU})이 85% 이상일 것.

f) 대기 손실 시험 KS C 8533에 준한다.

[판정기준]

- 대기 손실이 정격 출력 값의 2% 이하일 것.

g) 자동 기동·정지 시험 태양 전지 어레이 모의 전원 장치의 전압을 인버터 정격 입력 전압(V_{dc_r})으로 설정하고 다음 시험을 실시한다.

1) 등가 일사 강도를 서서히 하강시켜 정지 등급과 정지 절차의 이상 여부를 확인한다.

2) 태양전지 어레이 모의 전원 장치를 인버터 기동 등급 이하의 등가 일사 강도로 설정한다.

3) 등가 일사 강도를 서서히 상승시켜 기동 등급과 기동 절차의 이상 여부를 확인한다.

4) 태양 전지 어레이 모의 전원 장치의 전압을 MPP 최소전압(V_{mpp_min})으로 설정하고, 1)~3)을 실시한다.

5) 태양 전지 어레이 모의 전원 장치의 전압을 MPP 최대전압(V_{mpp_max})으로 설정하고, 1)~3)을 실시한다.

[판정기준]

- 기동·정지 절차가 설정된 방법대로 동작할 것.

• 채터링은 3회 이내 일 것.

(채터링 : 자동기동·정지시에 인버터가 기동.정지를 불안정하게 반복되는 현상)

h) 최대 전력 추종 시험

1) 인버터 정격 출력시의 태양 전지 어레이 모의 전원 장치의 최대 출력 동작 전압을
인버터정격 입력 전압값으로 설정하고 다음 시험을 실시한다.

2) 등가 일사 강도를 정격출력시의 100%, 75%, 50%, 25% 및 12.5%로 한 상태에서
인버터의 입력 전력을 측정하고 다음의 식에 따라서 최대 전력 추종 효율 η_{MPPT}
를 산출한다.

$$\eta_{MPPT} = \frac{P_{INV}}{P_{MAX}} \times 100 (\%) \tag{3}$$

여기서, P_{MAX} : 태양전지 배열의 I-V 특성에서 결정되는 최대전력(W)

P_{INV} : 인버터가 실제로 받아들이는 전력(W)

[판정기준]

• 최대 전력 추종 효율이 95% 이상일 것.

i) 출력 전류 직류분 검출 시험 : 교류 전원을 정격 전압 및 정격 주파수로 운전한다. 직
류 전원은 인버터 출력이 정격 출력이 되도록 설정한다. 인버터의 출력전류를 계측
하여 출력전류의 직류 분을 측정한다. 해당 시험은 상용주파수 변압기를 사용한 인
버터를 제외한 모든 인버터에 적용한다.

[판정기준]

• 직류전류 성분의 유출분이 정격 전류의 0.5% 이내일 것.

7.6 과도 응답 특성 시험

a) 입력 전력 급변 시험

1) 인버터를 정격 출력 전압, 정격 출력 주파수로 운전하고, 태양전지 어레이 모의 전원장치를 이용해 정격의 50% 전력을 인버터에 입력한다.

2) 인버터의 입력 전력을 50%에서 75%로 계단함수 형태(상승시간 0.1초 이하)로 올려서 10초 동안 유지한 후 다시 50% 상태로 되돌린다.

3) 인버터를 정격 출력의 50%에서 운전한다.

4) 인버터의 입력 전력을 50%에서 25%로 계단함수 형태로 내려서(하강시간 0.1초 이하) 10초 동안 유지한 후 50% 상태로 되돌린다.

5) 입력 및 출력의 전압 파형과 전류 파형을 기록한다.

[판정기준]

• 인버터가 직류입력 전력의 급속한 변화에 추종하여 안정적으로 운전할 것 .

b) 계통 전압 급변 시험 : 교류 전원을 정격 전압 및 정격 주파수에서 운전한다. 태양전지 어레이 모의 전원장치는 인버터 출력이 정격출력이 되도록 설정한다.

1) 인버터를 정격 출력에서 운전한다 .

2) 계통 전압을 7.5 의 a)에서 규정한 시험 최대 전압값으로 계단함수 형태(상승시간 1주기 이하)로 급격히 변화시켜 10초동안 유지한 후 다시 정격전압으로 되돌린다.

3) 계통 전압을 정격으로 운전한다.

4) 계통 전압을 7.5의 a)에서 규정한 시험 최소 전압값으로 계단함수 형태 (하강시간 1주기 이하)로 급격히 변화시켜 10초동안 유지한 후 다시 정격전압으로 되돌린다.

5) 입력 및 출력의 전압 파형과 전류 파형을 기록한다.

[판정기준]

- 인버터가 계통전압의 급속한 변동에 추종해서 안정적으로 운전할 것 .

c) 계통 전압 위상 급변 시험 : 교류 전원을 정격 전압 및 정격 주파수에서 운전한다. 태양전지 어레이 모의 전원장치는 인버터 출력이 정격 출력이 되도록 설정한다.

1) 정상 운전 상태의 인버터 출력 전압 위상을 기준으로 하여 0°로 한다.

2) 계통 전압의 위상을 0°에서 +10°까지 계단 함수 형태로 변화시켜서 10 초 동안 유지한 후 다시 계단 함수 형태로 0°로 되돌린다.

3) 계통 전압의 위상을 0°에서 -10°까지 계단 함수 형태로 변화시켜서 10 초 동안 유지한 후 다시 계단 함수 형태로 0°로 되돌린다.

4) 출력 전압 파형, 출력 전류 파형을 기록한다.

5) 위의 위상 변화값 +10°를 +120°로 변경하고, 2), 3)의 시험을 반복한다. 출력 전압 및 전류 파형을 기록한다.

[판정기준]

- ±10° 위상급변시 인버터가 급격히 변화하는 계통전압 위상에 추종하여 안정하게 운전할 것.

- +120° 위상급변시 인버터가 급격히 변화하는 계통전압 위상에 추종하여 안정하게 운전을 계속하거나 또는 안전하게 정지하여 어떠한 부위에도 손상이 없으며, 운전을 정지한 경우 자동기동 할 것

7.7 외부 사고 시험

a) 출력측 단락 시험 시험회로는 그림 2로 한다. 교류 전원으로 순서 1)에서 나타나는 전류값을 발생할 수 있는 것을 사용한다. 이 이외의 장치를 사용하는 경우에는 당사자 사이의 협의에 따른다.

1) 인버터를 정격 출력 전압, 정격 출력 주파수 및 정격 출력에서 운전한다. 그리고 교류 전원장치는 단락 전류를 검출하여, 사고 발생 후 0.3초 이내에 개방하도록 설정한다. 단락 저항 R_{ASC}를 정격 전류의 10배 이상에 해당하는 부하와 같은 값으로 설정한다.

2) 스위치 SW_{ASC}를 폐로하여 단락 상태를 만들며, 이 때 인버터의 출력 전류와 차단 또는 정지 시간을 측정한다.

[판정기준]

• 인버터가 안전하게 정지하고 어떤 부위에도 손상이 없을 것.

b) 계통 전압 순간 정전·순간 강하 시험 : 교류 전원은 정격 전압 및 정격 주파수에서 운전한다. 태양전지 어레이 모의 전원장치는 인버터 출력이 정격 출력이 되도록 설정한다.

1) 인버터를 정격 출력에서 운전한다 .

2) 교류 전원측에 0.3초의 순간 정전 (정격전압의 0%)을 발생시킨다.

3) 순간 정전의 위상 투입각을 0°, 45°, 90°로 하며, 각 위상 투입각의 시험을 2회 실시한다. 이 때 출력전압 파형, 출력 전류 파형을 기록한다.

4) 교류 전원측에 0.3초의 순간 전압 강하 (정격의 70%)를 발생시킨다.

5) 순간 강하의 위상 투입각을 0°, 45°, 90°로 하며, 각 위상 투입각의 시험을 2회 실시한다. 이 때 출력전압 파형, 출력 전류 파형을 기록한다.

[판정기준]

• 순간 정전·전압강하에 대해서 안정하게 정지하거나, 운전을 계속한다. 만일 정지한 경우에는 복전 후 5분 이후에 운전을 재개할 것 .

c) 부하 차단 시험

　1) 인버터 정격 출력 전압, 정격 출력 주파수 및 정격 출력에서 운전한다. 모의부하는 접속하지 않는다.

　2) 그림 2의 스위치 SW_{CB}을 개방한다.

　3) 출력전압 파형, 출력 전류 파형을 기록하여 전압의 변화 및 정지 시간을 측정한다.

[판정기준]

　• 부하차단을 검출하여 개폐기 개방 및 게이트블록 기능이 동작할 것.

7.8 내전기 환경 시험

a) 계통 전압 왜형률 내량 시험 : 시험 회로 중 SW_{LN}(시험회로 I, 임피던스 투입 스위치)을 개방하고, 선로 임피던스를 7.5의 b)와 같은 시험 회로를 구성한다. 교류 전원은 정격 전압 및 주파수로 운전한다. 전압의 종합 왜형률이 대략 8%(3차=5%, 5차=6%)가 되도록 기본파 전압에 중첩시킨다. 태양전지 어레이 모의 전원장치는 인버터가 정격 출력이 되도록 설정한다. 단, 중첩된 교류전압이 인버터의 출력 과전압 보호 기능의 상한 보호 등급을 초과하는 경우에는 상한 보호 등급 미만이 되도록 교류 전원의 출력 전압값을 조정한다.

　1) 인버터를 정격 출력으로 운전한다 .

　2) 계통 전압에 종합 왜형률 8%의 고조파를 중첩한 상태에서 교류 출력 전력, 역률, 교류 출력 전류, 출력 전류 왜형률을 측정한다.

[판정기준]

　• 인버터가 안정하게 운전할 것.

　• 역률이 0.95 이상일 것.

b) 계통 전압 불평형 시험 인버터의 배전방식이 3상 4선식인 경우에 대하여 적용한다. 시험회로 중 SW$_{LN}$(시험회로 Ⅰ, 임피던스 투입 스위치)을 개방하여 기준 임피던스를 7.5의 b)와 같은 시험 회로를 구성한다. 교류 전원은 정격 전압 및 정격 주파수로 운전한다. 상전압의 불평형이 U상 : 220∠0°[V], V상 : 205∠-120°[V], W상 : 227∠120°[V]가 되도록 조정한다. 태양전지 어레이 모의 전원장치는 파워 컨디셔너 출력이 정격 출력이 되도록 설정한다.

1) 인버터를 정격 출력으로 운전한다.

2) 불평형을 발생시킨 상태에서 교류 출력 전력, 역률, 교류 출력 전류, 출력 전류 왜형률을 측정한다.

[판정기준]

- 정격출력에서 안정하게 운전할 것.

- 역률이 0.95 이상일 것.

- 출력 전류의 총합 왜형률이 5% 이하, 각 차수별 왜형률이 3% 이하일 것.

c) 부하불평형 시험 3상 독립형 인버터에 적용한다. 정격용량에 해당하는 부하를 연결한 후 U, V, W상 중 한상의 부하를 0으로 조정한 후 30분 동안 운전한다.

[판정기준]

- 30분 동안 안정하게 운전할 것.

7.9 내주위 환경 시험

a) 습도 시험 (실내용 인버터에 적용)

1) 주위 온도 40℃, 상대습도 90∼95% RH의 환경에서 48시간 방치한다.

2) 충전부와 비충전 금속부 및 외장(외장이 절연물인 경우는 외장에 밀착한 금속박)

과의 사이의 절연 저항 및 내전압을 7.3의 a), b)에서 정하는 방법으로 시험한다.

[판정기준]

- 절연저항은 1MΩ이상일 것.
- 상용 주파수 내전압에 1분간 견딜 것.

b) 온습도 사이클 시험 (실외용 인버터에 적용)

1) KS C 0228의 6.3.1(24시간의 사이클)에 나타내는 저온 서브 사이클을 포함한 24시간의 사이클을 5회 실시한다.

2) 충전부와 비충전 금속부 및 외장 (외장이 절연물인 경우는 외장에 밀착한 금속박)과의 사이의 절연저항 및 내전압을 7.3의 a), b)에서 정하는 방법으로 시험한다.

[판정기준]

- 절연저항은 1MΩ이상일 것 .
- 상용 주파수 내전압에 1분간 견딜 것.

7.10 전기자기 적합성 (EMC) 시험

신청시 시료의 사용 환경이 표시되어야 한다.

7.10.1 전자파 장해 (EMI)

a) 잡음 단자 전압의 한계값

주거용, 상업용 및 경공업 산업 환경에 사용되는 제품의 잡음단자전압의 한계값은 KS C IEC 61000-6-3에 만족하여야 하고, 산업용 환경에 사용되는 제품의 잡음단자전압의 한계값은 KS C IEC 61000-6-4에 만족하여야 한다.

b) 잡음 전계 강도의 한계값

주거용, 상업용 및 경공업산업 환경에 사용되는 제품의 잡음전계강도의 한계값은 KS C IEC 61000-6-3에 만족하여야 하고, 산업용 환경에 사용되는 제품의 잡음전계 강도의 한계값은 KS C IEC 61000-6-4에 만족하여야 한다.

7.10.2 전자파 내성 (EMS)

사용목적에 따라 주거용, 상업용 및 경공업 산업환경에 사용되는 제품은 KS C IEC 61000-6-1에 만족하여야 하고, 산업용 환경에 사용되는 제품의 전자파 내성은 KS C IEC 61000-6-2에 만족하여야 한다. 단, 직류전압단자에 대하여는 적용하지 않는다.

2

직류 전력변환 회로

2.1 전기의 기본용어 및 개념 정리

전기의 기본 용어는 다음과 같다.

- 전압[V], 전류[A], 저항[W]

- 전력[W], 전력량[Wh]

기본용어의 의미를 정리하면 다음과 같다.

- 전압 = 수압 : 물탱크가 높은 곳에 있으면 수압(전압)이 높은 것이다.

- 전류 = 수류 : 물이 흐르는 양을 의미한다.

- 전류는 전압이 높은 곳(물탱크가 높은 곳)에서 낮은 곳으로 흐른다.

- 전력(W) : 전압 x 전류로서 전기가 하는 일을 의미한다.

- 전력량(Wh) : 일정시간에 전기가 한 일(1시간 단위)이다.

- 전력과 전력량은 동일 개념으로서 전력은 1초 동안 한 일, 전력량은 1시간 동안 평균 적으로 한 일을 의미한다.

전기의 기본단위는 MKS 단위를 사용한다.

- 전압 : 1 kV = 1000 V,   1 V = 1000 mV

- 전류 : 1 A = 1000 mA

- 전력 : 1 kW = 1000 W

전류의 흐름에 따라 직류와 교류로 구분한다.

- 직류(DC : Direct Current) : 시간에 따라 크기가 일정한 전압(전류)

- 교류(AC : Alternating Current) : 시간의 흐름에 따라 (+)와 (-)로 연속적으로 변하는 전압(전류)

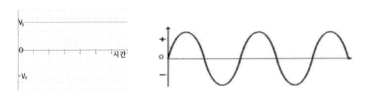

그림 2-1 직류와 교류의 구분 (a) 직류 (b) 교류

● 주기 : 교류에서 동일 사이클이 반복되는 시간(sec)으로 정의한다.

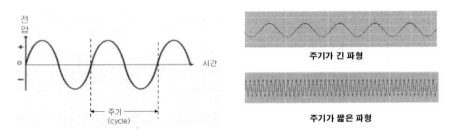

그림 2-2 주기의 정의

● 주파수 : 주기가 1초에 반복되는 횟수(Hz)이다.

예) 60 Hz 교류 = 1초에 60번의 사이클이 발생하는 교류

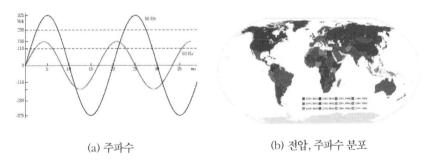

(a) 주파수   (b) 전압, 주파수 분포

그림 2-3 주파수의 정의와 분포도

그림 2-3 (a)에 50 Hz와 60 Hz의 신호를 비교하였다. 60 Hz가 단위 시간당 평균 에너지가 50 Hz보다 높기 때문에 에너지 전송 효율이 우수하다. (b)에 전 세계에서 사용되는 전압, 주파수 분포도를 나타내었다. 유럽과 아시아는 220V/50Hz를 많이 사용하고, 북미에서는 120V/60Hz를 사용하고 있다.

역률(Power factor) : 전압과 전류의 위상차를 의미한다.

● 무효전력 : 일을 수행하는데 소요되지 않는 전력

● 유효전력 : 실제 일을 수행할 수 있는 전력

● 피상전력 : 전압과 전류의 곱 (W = V * I), 단위 : VA

● 역률 = 유효전력 / 피상 전력

그림 2-4에서 알 수 있듯이 역률이 1 인 경우 전압과 전류의 위상차가 없기 때문에 전력은 항상 +로 나온다. 전력은 0 ~ 22 kW 사이에서 발생되고 에너지 전송은 항상 입력에서 출력으로 일어난다. 역률이 0.83 인 경우 위상차 때문에 전력은 -5kW ~ 17kW 사이에서 발생된다. 즉 입력전력의 일부는 다시 입력으로 귀환되어 돌아가게 된다. 이 전력을 무효전력이라 하고 - 전력을 의미한다.

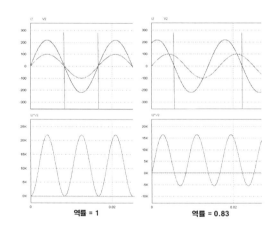

그림 2-4 역률과 에너지 파형

교류 전압 표시 : 크기가 변하는 신호를 정의하기 위해 대푯값이 필요하게 된다. 일반적으로 동일하게 반복되는 신호의 경우 주기 T에 대한 대푯값으로 나타내고, 비주기성 신호에 대해서는 일정한 시간 간격으로 얻어진 대푯값으로 나타낸다.

직류에서는 부호가 바뀌지 않고 크기만 바뀌기 때문에 대푯값으로 주기평균을 취하게 된다. 주기 T에 대한 주기 평균은 다음과 같이 정의된다.

$$V = \frac{1}{T} \int_0^T v dt \qquad (2\text{-}1)$$

교류는 전압(전류)이 +와 - 로 주기적으로 변화하기 때문에, 주기 평균으로 대푯값을 설정하면 항상 0이 나온다. 특히 전기공학에서 사용하는 계통전압과 전류는 주기 평균이 0 이기 때문에 교류에서는 이 값을 사용할 수 없다. 따라서 - 값을 없애기 위해 제곱(square)을 하고 주기평균(mean)을 취한 다음에 제곱 값을 없애주기 위해 루트(root)를 취한 값을 대푯값으로 한다. 이 값을 RMS(root mean square) 값이라 한다. 단어에서 의미하는 것처럼 제곱하고 평균한 후에 루트를 취하는 것이다. (뒷 단어부터 해석)

$$V = \sqrt{\frac{1}{T} \int_0^T v^2 dt} \qquad (2\text{-}2)$$

RMS 값을 우리말로는 실효값(effective value) 이라고도 하는데, 주기적인 파형의 전압이나 전류에 의한 저항에서의 열 효과의 정도를 나타내며, 그 크기는 주기적인 전류나 전압과 동일한 열 효과를 내는 직류전류의 크기나 직류전압의 크기로 정한다. 만약 저항 R에 직류전류 I와 주기전류 i가 흐르는 각각의 경우, 일정한 시간 간격, 일정한 주기 T 동안 동일한 열량 Q가 발생한다고 가정하면,

$$Q = \int_0^T RI^2 dt = \int_0^T Ri^2 dt \qquad (2\text{-}3)$$

이고, 이를 정리하면

$$I = \sqrt{\frac{1}{T}\int_0^T i^2 dt} \qquad\qquad (2\text{-}4)$$

와 같은데 I 를 주기전류 i 의 실효값이라고 한다.

교류신호에 사용되는 또 다른 정의들로 peak 전압, peak-to-peak 전압이 있다. Peak 전압은 0점에서 +나 -의 최고값까지의 전압을 의미하며 Peak-to-Peak 전압은 +전압 최대값에서 -전압 최소값까지의 전압 크기를 말한다.

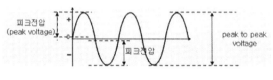

그림 2-5 피크전압의 정의

RMS 전압과 피크전압의 크기를 비교하면 그림과 같이 피크전압이 RMS 전압보다 크다는 것을 알 수 있다. 수학적인 관계식은 다음과 같다.

$$Vrms = \frac{V_{peak}}{\sqrt{2}} \qquad\qquad (2\text{-}5)$$

예를 들어 220V 가정용 교류의 피크 전압은 220V*1.414 = 310 V이다. 태양전지나 배터리와 같은 분산전원을 이용하여 계통에 전력을 보낼 때 전류는 전압이 높은 곳에서 낮은 곳으로 흐르므로, 태양전지나 배터리의 전압의 크기는 계통전압 220V 가 아니라 피크값 310V 보다는 커야 한다.

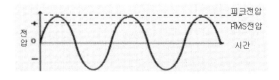

그림 2-6 피크전압과 RMS 전압 크기

전기의 발생(Generation)은 3상 교류 발전기를 통해서 이루어진다. 발전기 출력전압은 1,100V ~ 2,500V의 낮은 전압이기 때문에 장거리 송전을 위해서 변압기를 이용하여 교류 전압을 승압하여 전송하게 된다. 전기를 수요처에 분배하기 위한 배전은 변전소를 통해 이루어지고 여기서는 변압기로 감압하여 수용가에 배분한다.

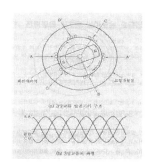 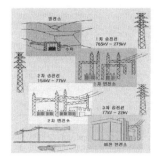 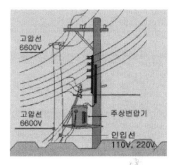

그림 2-7 전기의 발생과 송배전

변압기는 적층된 철판에 1차측 권선과 2차측 권선을 감은 구조를 가지고 있다. 전자기 유도원리에 의해 시간에 따라 변화하는 교류신호가 1차 측에 연결되면 권선비에 비례하는 전압이 2차 측에 유도된다. 용도는 교류전원의 승/감압용으로 사용된다.

만약 변압기에 직류성분을 포함한 신호가 인가되면 어떤 현상이 발생할까? 변압기 권선저항은 교류전압에 대해서 임피던스($j\omega L$)를 가지고 있으므로 전류가 제한되지만 직류신호는 주파수 ω가 0 이므로 아주 작은 동선 저항 R_{wire}만 가지고 있으므로 매우 큰 전류가 흐르게 되어 변압기 과열로 소손되게 된다.

교류 송배전 시스템에서는 직류가 유입될 환경이 없으나, 최근 신재생에너지의 보급으로 계통에 인버터를 이용한 전력 유입이 많아지면서 직류 유입 억제는 안정적인 계통 운영을 위해 중요하게 고려되고 있다.

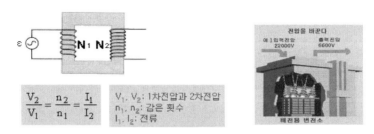

그림 2-8 변압기의 원리

발전기에서 발생된 전기를 원거리 송전할 때 송전망을 구축하게 된다. 결선 방식은 3상 3선식(Delta 결선)을 사용한다. 3상 전력을 전송하는 방식에 Delta 와 Y가 있는데, Delta는 3선, Y는 4선을 사용한다. 장거리 송전시의 원가절감을 위해서 3상 3선식이 사용되고 배전시에는 3상 4선식을 사용한다. 송전은 발전소에서 변전소로 전송되며 송전 전압은 765kV, 345kV, 154kV등 이고 배전은 변전소에서 수용가로 이루어지며 배전 전압은 22.9kV(고압배전), 380V(저압 배전), 220V(단상)이 있다.

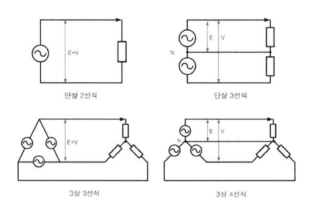

그림 2-9 결선 방식

Y 결선의 장점은 선전압 (line-to-line voltage) 380V, 상전압(line-to-neutral voltage) 220V를 별도의 변압기 없이 얻을 수 있기 때문에 주상변압기와 같이 수용가에 많이 사용된다. 220V는 전등이나 부하 배선으로 380V는 모터나 대형부하와 같은 동력부하로 배전한다.

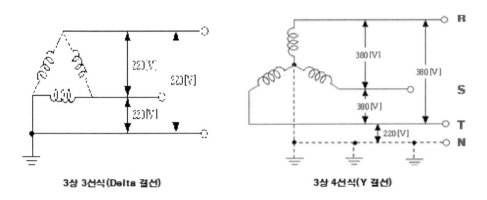

그림 2-10 Delta결선과 Y 결선

직류 전압을 V, 전류 I 라 하면 저항 R은 ohm's 법칙에 의해서 구해진다.

$$V = IR \qquad\qquad (2\text{-}6)$$

전기회로에서 저항이 0 이라는 말은 단락회로(short circuit)를 의미하고, 저항이 무한대라는 말은 개방회로(open circuit)를 의미한다. 단락회로에서는 양단 전압이 0 이고 개방회로에서는 흐르는 전류가 0이다.

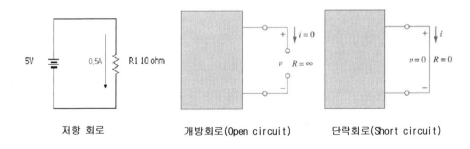

그림 2-11 저항회로, 개방회로, 단락회로

교류에서는 주파수에 따라 저항값이 다르게 나타난다. 주파수에 영향을 받는 교류저항을 임피던스(Impedance)라 하고 인덕터와 커패시터에 나타난다. 표 2-1에 직류와 교류에서의 저항, 커패시터, 인덕터의 임피던스를 표시하였다.

표 2-1 회로소자의 임피던스

	저항	커패시터	인덕터
직류	저항에 비례	직류 차단(Open)	저항 0 (short)
교류	직류와 동일	주파수에 비례	주파수에 비례

전기회로를 해석할 때 사용하는 가장 기본적인 법칙이 키르히호프 전류 법칙(KCL : Kirchoff's current law)과 전압법칙(KVL : Kirchoff's voltage law)이다. 전류법칙은 노드에서 전류의 총 합은 0 이라는 것이고, 전압 법칙은 회로 루프에서 모든 전압의 총 합은 0 이다.

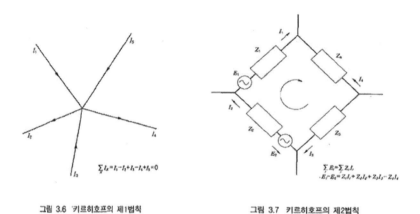

그림 3.6 키르히호프의 제1법칙   그림 3.7 키르히호프의 제2법칙

그림 2-12 키르히호프 전류, 전압 법칙

회로에 전압이 인가된 상태에서 흐르는 전류와 소자에 걸리는 전압을 측정하기 위한 계측기 연결 방법은 그림 2-13과 같다. 키르히호프의 전류, 전압법칙에 따라서 루프 안을 흐르는 전류는 동일함으로 루프(loop) 사이에 전류계(내부 저항 = 0)를 연결한다. 전압측정은 loop 상의 전압의 합은 0 임으로 전압 루프를 건드리지 않고 루프 외부에 측정을 원하는 소자와 병렬로 전압계(내부 저항 = ∞)를 연결한다.

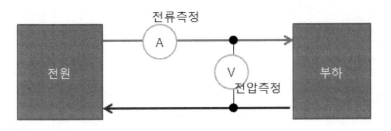

그림 2-13 전류, 전압 측정 방법

2.2 반도체 스위치

(1) 다이오드 (Diode)

 P형 반도체와 N형 반도체를 접합하고, 양단에 금속단자를 부착하면 전기적으로 다이오드(Diode)가 된다. Diode는 한쪽 방향으로는 전류를 쉽게 흐르게 하고 반대방향으로는 전류를 흐르지 못하게 하는 특성을 가지고 있다. P측을 Anode, N측을 Cathode라 부르며 Anode가 Cathode보다 높은 전압이 인가되었을 때 정바이어스(Forward bias) 되었다고 하며 도통(turn-on) 된다. 이와는 반대로 전압이 인가되면 다이오드는 역바이어스(Reverse bias)되었다고 하며 차단(turn-off)된다.

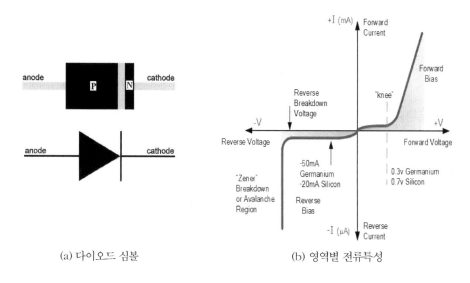

(a) 다이오드 심볼   (b) 영역별 전류특성

그림 2-14 다이오드 특성

다이오드는 가장 중요한 기능이 한쪽 방향으로만 전류를 흐르게 하는 정류작용이다. 전원공급 장치나 신호 처리시 정류작용을 활용한 회로에 적용할 수 있다. 이때는 역방향 전류는 흐르지 못하게 하는 기능을 활용한다.

전원장치에 사용되는 전력용 다이오드는 온/오프 제어불가 스위치로서 단방향 전압저지 및 단방향 전류특성을 가지고 있다. 다이오드가 도통될 때 발생되는 온드롭 (on-drop) 손실 V_F 는 약 1V 내외로 상당한 도전손실을 초래한다. 다이오드가 도통 되었던 다이오드에 가해지는 전원의 극성이 순간적으로 반전되는 경우에는 다이오드가 즉시 차단(turn off)되지는 않고 어느 정도의 시간을 필요로 하게 된다. 이것은 도통 상태에서 P에서 N으로 이동하는 정공이 도체로부터 공급되는 자유전자와 결합하며 모두 소멸되게 되면 다이오드는 차단상태로 바뀐다. 이와 같이 소수캐리어에 의한 역방향 전류를 어느 정도 흘리고 난 후 역저지 능력을 회복하는 과정에서의 특성을 역회복 (reverse recovery)특성이라 한다. 다이오드의 역회복 특성은 다이오드에 따라 다르며 같은 다이오드라 하더라도 회로조건 즉 도통 상태에서의 순방향 전류, 역바이어스 전압의 크기에 따라 달라진다.

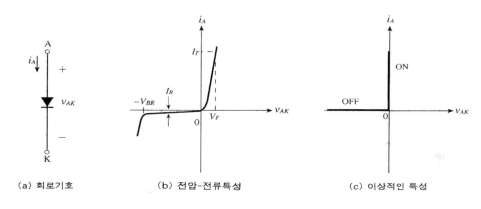

(a) 회로기호   (b) 전압-전류특성   (c) 이상적인 특성

그림 2-15 다이오드 전압전류 특성 그래프

응용분야에 따라서 여러 가지 종류의 다이오드를 적용할 수 있다.

a. Schottky diode : 매우 낮은 출력 전압을 요구하는 회로는 낮은 on-drop 전압을 필요로 하게 된다. 일반적인 전력용 다이오드가 1V 정도의 전압강하를 가지는데 반해 쇼트키 다이오드는 0.3V의 on-drop 전압을 갖는다. 하지만 역방향 저지전압이 50-100V로 낮기 때문에 높은 전압을 가지는 입력에는 사용하기 어려운 단점이 있다.

b. Fast recovery diode : 낮은 역전압 회복 시간을 필요로 하는 고주파 전력변환기에 사용된다. 일반적으로 수백V의 역방향전압과 수백A의 순방향 전류 용량을 갖는 Fast recovery diode는 수 us 정도의 빠른 역방향 회복 시간(t_{rr})을 갖는다.

c. Line frequency diode : 가능한 낮은 turn-on 상태의 전압을 가지고 있으며 그 결과 큰 역방향 회복 시간(t_{rr})을 갖고 있지만 계통 주파수(50~60Hz) 응용에서는 큰 문제가 되지 않는다. 수 천V의 역방향 저지 전압과 수 천A의 용량을 가지고 있으며, 더 큰 용량을 만족시키기 위해 직-병렬 연결도 가능하다.

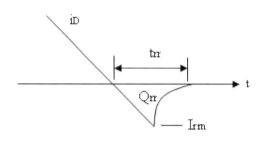

그림 2-16 다이오드 turn-off 특성

(2) 사이리스터(Thyristor)

사이리스터는 turn-on 제어가 가능한 소자로서 정격전압이 높고 정격전류 용량이 커서 대용량의 전력 변환용 장치에서 많이 사용된다. 스위칭 소자로는 가장 먼저 개발된 것으로 실리콘 제어정류기(SCR : Silicon Controlled Rectifier)로 불린다. 대용량 장치에 적합한 장점을 가지고 있지만 직류회로에서 사용할 경우 turn-off를 위한 별도의 제어회로를 필요로 하기 때문에 제어회로와 구동회로의 설계가 복잡한 단점이 있어서 잘 사용되지는 않는다. 하지만 교류회로에서는 음(negative)의 사이클에서 자동으로 차단되어 추가의 turn-off 회로가 필요 없기 때문에 효율적인 시스템 구성이 가능하여 많이 사용되고 있다.

사이리스터의 회로기호와 전압-전류 특성은 그림 2-17 (a)와 (b)에 나타나 있다. 도통 전류는 anode(A)에서 cathode(K)로 흐른다. 차단 상태일 때 순방향 전압을 막아서 도통되지 않는다. 사이리스터는 양(positive)의 펄스를 게이트에 인가함으로 트리거 시킬 수 있다. 그림 (b)의 전압-전류특성에서 off-state와 on-state가 표시되어 있다. 순방향 전압 강하는 수V (일반적으로 1~3V)이다.

사이리스터는 한번 turn-on 되면 게이트 펄스가 없어도 ON 상태가 유지된다. 게이트 펄스에 의해 turn-off될 수 없으며 turn-on되면 다이오드처럼 동작한다. 사이리스터가

연결된 외부회로에 의해서 Anode 전류가 negative가 될 때 turn-off 되고 흐르는 전류
는 0이 된다. Turn-off 된 후 다시 게이트 전류에 의해 turn-on 시킬 수 있는 상태로 회
복할 때까지 시간이 필요하며, 이를 turn-off time interval(t_{off})라고 한다.

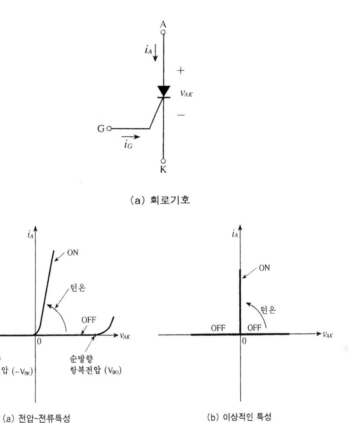

(a) 회로기호

(a) 전압-전류특성   (b) 이상적인 특성

그림 2-17 사이리스터의 심볼과 전압전류 특성

사이리스터는 turn-on 제어가 가능한 소자로 게이트에 인가되는 위상을 조절하여 부하
에 전달되는 평균전력을 조절할 수 있다. 그림 2-18에 PowerSim을 이용한 일반적인 사
이리스터 회로와 각 부의 파형이 나타나 있다.

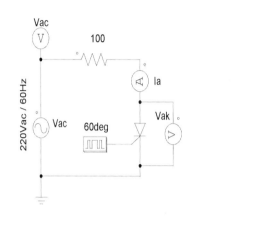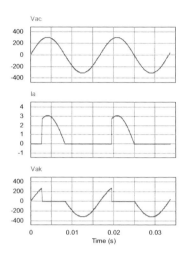

그림 2-18 사이리스터 회로와 동작 파형

(3) 트랜지스터(BJT : Bipolar Junction Transistor)

NPN 트랜지스터의 회로기호와 전압전류 특성은 충분히 큰 베이스 전류 I_B(콜렉터 전류에 비례)를 흘리면 트랜지스터가 trun-on된다. ON 상태를 유지하기 위해서는 베이스 전류가 다음의 조건을 만족해야 한다.

$$I_B > \frac{I_c}{h_{FE}} \tag{1-7}$$

여기서 I_c 는 콜렉터 도통전류이고 h_{FE} 는 BJT의 DC 전류이득이다.

Power BJT의 ON 상태 전압 $V_{ce(sat)}$는 일반적으로 1~2V 정도이므로 도통손실(conduction loss)은 꽤 적은 편이다. BJT는 1400V 정도의 내압을 가지고 있고 수백 A 정도의 전류를 흘릴 수 있다. On 저항은 온도가 증가하면 감소하지만, 현재의 기술수준으로 4개 정도의 BJT는 특별한 보조회로 없이 병렬연결 사용이 가능하다.

BJT는 베이스 전류로 컬렉터 전류를 제어하는 전류제어 스위치이며 온 상태를 유지하

기 위하여 지속적으로 일정 크기의 베이스 전류를 계속 공급해 주어야(전류제어 소자)
하기 때문에 대전류를 필요로 하는 분야에서는 사용이 거의 불가능하다. 따라서 최근
들어 IGBT로 대체되면서 BJT는 시장이나 응용분야에서 거의 퇴출되었다.

(4) MOSFET

N-채널 MOSFET(Metal Oxide Semiconductor Field Effect Transistor)의 회로기호가 그
림 2-19 (a)에 나타나 있다. 그림 (b)에서 알 수 있듯이 MOSFET의 전압-전류특성을 보
면 전압제어소자임을 알 수 있다. 즉 게이트-소스 전압(V_{GS})이 기준값(V_{ths}) 이상이면
turn-on이 되고, V_{GS}가 0 또는 음이면 turn-off된다.

ON 상태를 유지하기 위해서는 V_{GS}가 일정전압 이상이 계속 유지되어야 한다. 게이트
와 소스는 수십 pF의 capacitor로 구성되어 있기 때문에, on에서 off로 바뀌거나 그 반
대의 경우와 같은 천이(transition) 구간을 제외하고는 게이트 전류가 흐르지 않는다.
스위칭 시간은 매우 짧아서 수십 ns에서 수백 ns 이내에 turn-on되거나 반대 상태로 바
뀔 수 있다.

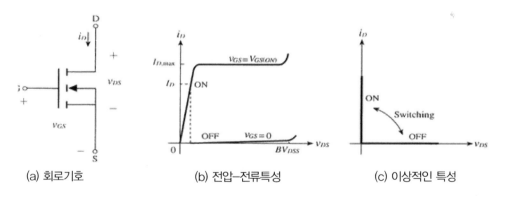

(a) 회로기호   (b) 전압–전류특성   (c) 이상적인 특성

그림 2–19 MOSFET 회로 기호와 전압–전류 특성

드레인과 소스 사이의 On 상태 저항($r_{DS(on)}$)은 소자의 역저지 전압(blocking voltage)
이 증가할수록 커진다. 이 이유로 MOSFET의 전압 정격은 낮은 $r_{DS(on)}$을 가질 수 있는
수십 ~ 수백V의 낮은 전압에 머물러 있다. 하지만 빠른 스위칭 속도 덕분에 스위칭 손

실을 감소시킬 수 있는 장점이 있다. 현재 상용화된 제품들 중에는 1000V 이상의 전압 정격을 갖는 소자도 있지만 전류용량이 작다. 전압 정격이 수십 V 정도이면 100A 정도의 전류 정격을 갖는 소자를 쉽게 구할 수 있다. 최대 V_{GS}는 +/-20V 이지만, +5V로 구동 가능한 MOSFET도 많이 판매되고 있다. MOSFET의 on 저항은 온도가 증가할수록 커지는 특성이 있기 때문에 쉽게 병렬 연결이 가능하다. 즉 큰 전류가 흐르는 소자는 저항이 커져서 전류 흐름을 막기 때문에 병렬 연결된 소자들과의 균형이 유지되게 된다.

(5) GTO (Gate Turn-Off Thyristor)

GTO의 회로 기호와 전압-전류 특성이 그림 2-20에 나타나 있다. 사이리스터와 동일하게 게이트에 펄스를 인가하면 GTO는 turn-on 된다. Gate와 Cathode 사이에 음의 전압을 인가하면 turn-off 되게 된다. 이 경우 상당히 큰 음의 전류가 짧은 시간(수 us)동안 흐르게 되며, 그 크기는 anode 전류의 1/3 정도의 크기를 필요로 한다. GTO는 BJT나 MOSFET처럼 온-오프 제어 가능한 스위치이지만 turn-off 특성은 상당히 다르다. 유도성 부하는 큰 dv/dt를 유발하기 때문에, GTO는 snubber 회로 없이는 inductive turn-off 회로에 사용될 수 없다.

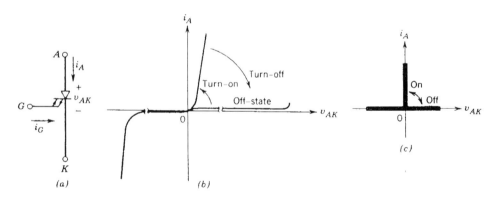

그림 2-20 GTO의 회로 기호와 전압-전류 특성

On 상태 전압은 사이리스터 보다 약간 큰 2~3V 정도이다. 스위칭 속도는 수~수십 us 정도이다. 큰 전압(4.5KV 까지 가능)과 큰 전류(수천 A)를 감당할 수 있기 때문에 고속 전철이나 대용량을 필요로 하는 분야에 사용되고 있다.

(6) IGBT (Insulated Gate Bipolar Transistor)

IGBT의 회로 기호와 전압-전류 특성이 그림 2-21에 나타나 있다. IGBT는 BJT, MOSFET, GTO의 장점을 결합한 소자이다. IGBT는 MOSFET과 동일하게 높은 게이트 임피던스를 가지고 있기 때문에 turn-on 이나 turn-off 하는데 매우 작은 에너지만 필요로 한다. 또한 BJT와 같이 낮은 on-상태 전압(예를 들어 1000V 소자에서 2-3V 의 Von)을 가지고 있다. GTO와 비슷하게 음의 전압을 block하는 분야에 사용도 가능하다. IGBT의 스위칭 속도는 1us 정도이고 1700V 내압과 1500A 정도의 전류용량을 가지는 제품을 구할 수 있다.

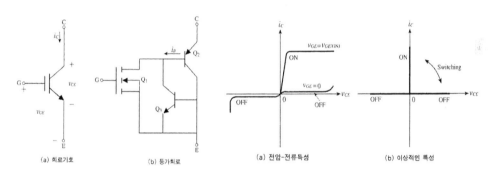

(a) 회로기호   (b) 등가회로   (a) 전압-전류특성   (b) 이상적인 특성

그림 2-21 IGBT 회로 기호와 전압-전류 특성

(1) 온오프 제어특성에 따른 전력반도체 스위치의 분류

	Control		
	Turn-ON	Turn-OFF	
DIODE	X	X	스위치의 턴 온, 턴 오프가 스위치에 인가되는 외부전압과 전류의 조건에 따라 결정됨
SCR Thyristor	O	X	일정한 조건하에서 스위치의 제어신호에 의하여 턴 온, 그러나 턴 오프는 외부회로의 전압, 전류 조건에 의해서만 이루어짐
GTO BJT MOSFET IGBT	O	O	스위치가 포함된 외부회로의 조건에 관계없이 스위치의 제어신호에 의하여 턴 온과 턴 오프가 이루어지는 소자

(2) 동작의 방향성에 따른 전력반도체 스위치의 분류

단방향 전압저지 소자(unipolar voltage-blocking device)

- OFF 상태에서 인가되는 전압의 극성가운데 한쪽 방향의 극성에 대해서는 전류를 흘리지 않으나 반대전압의 극성이 인가되면 파괴되거나 도통하는 소자
  (예 : 다이오드, BJT, MOSFET, IGBT)

양방향 전압저지 소자(bipolar voltage-blocking device)

- OFF 상태에서 인가되는 양방향 극성의 전압에 대하여 견딜 수 있는 소자
  (예 : SCR, 사이리스터, GTO)

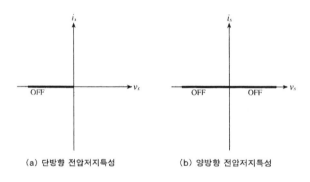

(a) 단방향 전압저지특성   (b) 양방향 전압저지특성

그림 2-22 단방향 전압저지 소자 그래프 특성

단방향 전류 소자(unidirectional current-flow device)

- ON 상태에서 한쪽 방향으로만 전류를 흘릴 수 있는 소자 대부분의 스위치
  (예 : 다이오드, SCR, GTO, BJT, MOSFET, IGBT…)

양방향 전류 소자(bidirectional current-flow device)

- ON 상태에서 양쪽 방향으로 전류를 흘릴 수 있는 소자 (예 : TRIAC)

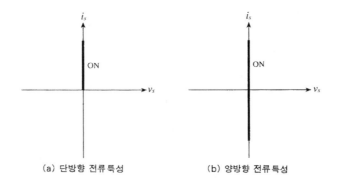

(a) 단방향 전류특성   (b) 양방향 전류특성

그림 2-23 단방향 전류 소자 그래프 특성

표 2-2 스위칭 소자 특성 비교표

구 분	BJT (Transistor)	MOSFET	IGBT
기 호	i_C↓ C + B ○— V_{CE} i_B→ — E C : Collector B : Base E : Emitter	i_D↓ D + G ○— V_{DS} + — V_{GS} S — D : Drain G : Gate S : Source	i_C↓ C + B ○— V_{CE} + V_{BE} — — E
VI 특성	i_C $I_{C,max}$ I_C ON $i_B = i_{B(ON)}$ OFF $i_B = 0$ 0 $V_{CE(sat)}$ v_{CE}	i_D $I_{D,max}$ $V_{GS} = V_{GS(ON)}$ I_D ON OFF $V_{GS} = 0$ 0 BV_{DSS} v_{DS}	i_C $V_{GE} = V_{GE(ON)}$ ON $V_{GE} = 0$ OFF v_{CE} OFF 0
구동방식	• 전류제어 소자 -베이스전류로 컬렉터 전류 제어	• 전압제어 소자 - $V_{GS} \leq 0$ 이면 오프, $V_{GS} \geq V_{th}$ 이면 온상태 유지	• 전압제어 소자 - MOSFET 과 동일하게 구동
동작주파수	• 수십 kHz	• 수백 kHz (가장 높음)	• 수십 kHz
On 저항	• 작음 : $V_{CE(on)}$ = 0.2~0.4V	• 큼 : 1.0 Ω (IRF730)	• 작음 : 대용량 전류 가능 • 1700V-3600A(ABB)
응용분야	• 중소용량의 전력변환 - IGBT로 대체	• 중소용량의 전력변환 -고주파수 스위칭	• 중소용량의 전력변환장치 에 거의 전적으로 사용
기타	•	• 내부 역방향다이오드 생성 -역회복 시간이 느림	•

2.3 정류기(Rectifier)

정류기(rectifier)란 교류를 직류로 변환하는 장치를 말한다. 정류기에는 다이오드 정류기, 사이리스터 정류기 등이 많이 사용된다. 다이오드나 사이리스터의 가장 큰 장점은 turn-off가 외부회로 조건에 의해 자동으로 이루어진다는 것이다. 즉 교류의 음의 반주기에서 역 바이어스에 의해 자동으로 turn-off 됨으로 회로 구성이나 동작이 아주 간단히 이루어질 수 있는 장점이 있다.

(1) 다이오드 반파 정류기

다이오드를 사용한 가장 간단한 정류회로인 반파 정류회로(Half wave rectification)와 파형이 그림 2-24에 나타나 있다. 반파 정류회로는 단상 교류전원, 다이오드 그리고 부하로만 이루어져 있다. 그림에서는 부하를 저항 부하대신 유도성 저항 부하를 사용한 예를 설명하고 있다.

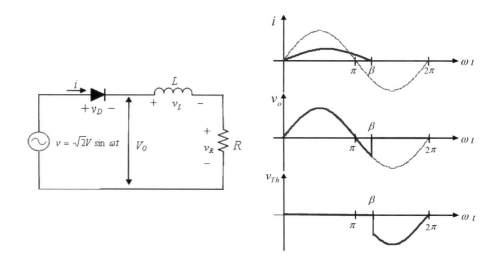

그림 2-24 유도성 부하를 갖는 반파정류 회로와 파형

(1) $0 \leq \omega t \langle \delta$ 일 때

입력전압이 양(positive)이므로 Diode가 turn-on되어 전류가 흐르기 시작한다. 인덕터
전압 $v_L = v - v_R > 0, \ (v > v_R)$ 이 양에서 음으로 바뀌는 시점에서 전류 i의 최대가
발생한다. 전류 i는 증가하다가 $\omega t = \delta$ 에서 감소하기 시작해서

$$v = v_o = v_L + v_R = L\frac{di}{dt} + Ri = \sqrt{2} \ V sin\omega t$$

$$v_L = v - v_R = 0 \ \ (v = v_R \ at \ \omega t = \delta) \tag{2-8}$$

(2) $\delta \leq \omega t \langle \beta$ 일 때

인덕터에 축적된 에너지를 모두 방출하기 위해서는 출력전류 i가 계속 흘러야 되며
$\omega t = \beta$ 에서 에너지 방출은 종료된다. 이 구간에서 다이오드는 계속 ON 상태를 유지
하고 있고 인덕터 전압은 전류방출로 음(negative)을 유지한다.

$$v_L = v - v_R < 0, \ (v < v_R)$$

전류 i 는 감소하다가 $\omega t = \beta$ 에서 인덕터에 저장된 에너지를 모두 방출하고 영(zero)
이 된다.

(3) $\beta \leq \omega t \langle 2\pi$ 일 때

다이오드는 OFF 되고 입력전압은 모두 다이오드에 인가된다($v_D = v$). 출력전류, 인덕
터 전압은 다음과 같이 모두 0 이다($i_o = v_L = v_R = 0$).

(2) 다이오드 전파정류회로(Full wave rectification)

R-L 유도성 부하를 갖는 단상전파 정류회로를 그림에 나타내었다. 인덕터 L이 매우 큰
경우 각 부분의 전압, 전류 파형을 나타낸다. 부하 인덕턴스 L의 값이 매우 크기 때문에

출력전류는 평활 되어 리플성분을 거의 포함하지 않는다. 전원전압 v_s가 양(+)의 반주기($0 \leq \omega t < \pi$) 동안에는 다이오드 D_1과 D_4가 ON 되고 음(-)의 반주기($\pi \leq \omega t < 2\pi$) 동안에는 D_2, D_3가 ON 된다.

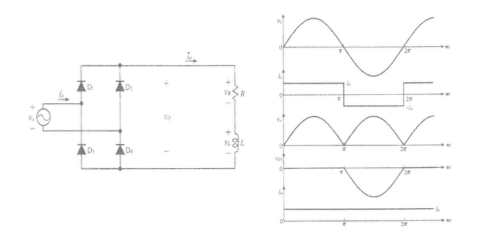

그림 2-25 단상 전파정류회로와 각 부 파형

따라서 전원측 전류 i_s는 그림과 같이 구형파의 교류가 되고 그 크기는 출력전류 i_o와 같다. 출력전압 v_o의 파형은 저항부하를 갖는 전파정류회로와 동일하다. 출력전압의 평균값과 출력전류의 평균값은 다음과 같이 구해진다.

$$\overline{v_o} = \frac{1}{\pi} \int_0^\pi v_o d(\omega t) = \frac{1}{\pi} \int_0^\pi \sqrt{2}\, V sin(\omega t) d(\omega t) = \frac{2\sqrt{2}\,V}{\pi}$$

$$\overline{i_o} = \frac{\overline{i_o}}{R} = \frac{2\sqrt{2}\,V}{\pi R} \tag{2-9}$$

다이오드 정류기는 입력전원이 순 바이어스되면 무조건 ON되기 때문에 출력을 제어할 수가 없다. 즉 다이오드 정류기는 ON-OFF 제어만 가능하기 때문에 출력을 제어하기 위해 ON 제어가 가능한 소자인 사이리스터를 사용하고 있다. 물론 사이리스터는 OFF 제어는 외부회로에 의해서 자동으로 이루어진다.

(3) 단상위상제어 정류기

그림에 유도성 부하를 갖는 단상위상제어 정류기 회로와 각 부 파형을 나타내었다. 구성은 다이오드 대신 turn-on 시점 제어가 가능한 반도체 소자인 사이리스터를 사용한 점이 다르다. 위상각($\omega t = \alpha$)에서 게이트 전류가 인가되면 turn-on되어 인덕터 전류 i_o 가 0이 되는 시점 $\omega t = \beta$ 까지 ON된다. 그 후 스위치 전류는 차단되고 음의 반주기 ($\omega t = \pi + \alpha$)에서 위 과정들이 반복된다.

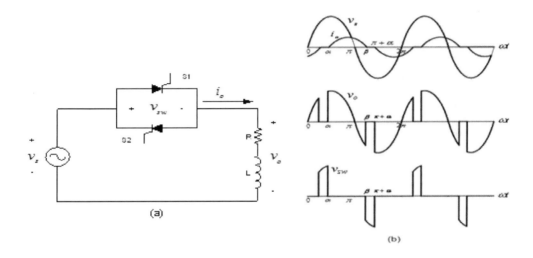

그림 2-26 단상위상제어 정류기회로와 각 부 파형

부하전류의 실효값은 입력이 부하에 전달되는 위상각 α, β에 의존한다.

$$I_o = \sqrt{\frac{1}{\pi} \int_\alpha^\beta i_o^2(\omega t)d(\omega t)} \tag{2-10}$$

부하에서 소모되는 전력 $P = I_o^2 R$로 주어진다.

2.4 DC-DC 컨버터

DC-DC 컨버터는 DC 입력전압을 출력조건에 맞게 변환하여 DC 출력으로 내보내는 장치이다. 기계적인 변환이 아닌 반도체 스위치와 전기 소자들을 조합하여 다양한 전기 회로로 구성되어 진다. 크게 Linear regulator와 Switching regulator로 분류된다.

(1) Linear Regulator

리니어 regulator는 직류 입력전원과 직렬로 연결된 Series pass element(Q_1)와 오차 증폭기(error amplifier), 그리고 Q_1을 구동하기 위한 전류증폭기(current amplifier)로 구성되어 진다.

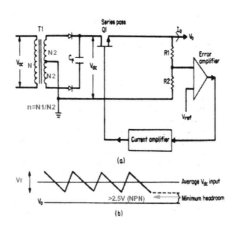

그림 2-27 Linear regulator (a) 회로 (b) 출력 전압 파형

Linear regulator의 원리는 Series pass element(Q_1)를 가변저항으로 이용하는 것이다. 즉 linear 영역에서 동작시키게 된다. Q_1의 등가저항을 R_Q 라고 하면 $R_Q = \dfrac{\triangle V_{CE}}{\triangle I_c}$ 로 정의된다. ($\triangle V_{CE}$ 는 콜렉터와 에미터 양단의 전압 변화량이고 $\triangle I_c$ 는 콜렉터전류 변화량이다.)

Linear regulator는 그림 2-28의 등가회로로 해석할 수 있다. R_0 는 부하 저항이다.

1) 원하는 출력 V_o = 5V 이고, R_o = 5 Ω 이라면

$$V_o = \frac{R_o}{R_Q + R_o}\, V_{dc} = \frac{5}{R_Q + 5} \times 10 = 5V, \ \text{스위치 등가저항} \ R_Q = 5\,\Omega \text{이 된다.}$$

2) 입력전압 V_{dc}가 20V로 변했을 때는

$$V_o = \frac{5}{R_Q + 5} \times 20 = 5V \ \text{임으로} \ R_Q = 15\,\Omega \text{으로 바뀌면 된다.}$$

3) 출력저항 R_o 가 5 Ω에서 10 Ω으로 변화하였을 때 (V_{dc} =10V)

$$V_o = \frac{10}{R_Q + 10} \times 10 \ \text{임으로} \ R_Q = 10\,\Omega \text{이다.}$$

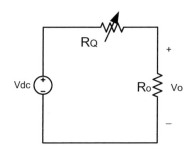

그림 2-28 Linear regulator의 등가회로

Linear 레귤레이터는 MOSFET 이나 BJT를 linear 영역, 즉 Variable resistance로 동작시키게 된다. 입력전압을 저항으로 낮추는 것이므로 정상동작을 위해서는 최소한 입력과 출력의 전압차이가 1.2V 이상 존재해야 한다. 이를 Headroom voltage라 하며 최근에는 headroom 전압을 낮춘 LDO (Low dropout regulator)가 많이 판매되고 있다.

Linear 레귤레이터의 장점은 출력전압 리플이 거의 없으며, 넓은 대역폭으로 빠른 응답 특성을 가진다. 또한 아주 단순한 구조와 적은 부품수로 인한 낮은 가격으로 제작이 가능하다는 장점도 있지만, 전압 강하(step-down)만 가능하고 저항 손실로 인한 과도한 열 발생으로 효율이 낮다는 단점도 가지고 있다. 일반적으로 1kW 이하의 전원 장치에

서 많이 사용된다.

(2) Switching Regulator

스위칭 레귤레이터는 반도체 소자, 커패시터, 인덕터 및 변압기로 구성되는 DC/DC 컨버터를 말한다. 반도체 소자는 입력 전원을 제어하여 출력으로 전달시켜 주는 역할을 하며 인덕터와 커패시터와 같은 수동소자들은 출력전압의 불필요한 리플 성분을 제거하기 위한 필터 역할을 한다. 변압기는 입력과 출력을 전기적으로 절연(isolation) 시킬 필요가 있을 경우에 사용된다.

BJT, MOSFET과 같은 반도체 소자는 포화영역(Saturation region)에서 ON / OFF Switch로 작용한다. Linear regulator에서는 선형영역에서 동작시키기 위해서 BJT (MOSFET)의 Base(Gate)에 미세한 전류(미세 전압)를 인가하여 가변 저항으로 동작하지만, Switching regulator 는 포화영역에서 동작시키기 위해 아주 큰 전류(전압)를 가하면 반도체 소자의 출력단이 단락(ON) 되고, 0 전류이하 (0 V 이하)를 인가하면 출력단이 개방(OFF)되게 된다.

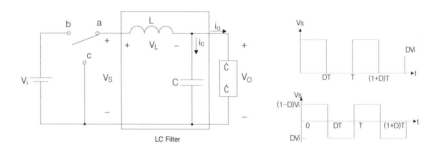

그림 2-29 스위칭 레귤레이터의 기본회로와 전압 파형

Switching regulator의 중요한 특징으로 시비율(Duty cycle)이 있다. 이것은 스위치를 ON, OFF 시키는 비율을 나타내는 것으로 일정주기(일반적으로 스위칭 주파수를 말한다)내에서 ON, OFF의 비율을 의미하며, 출력을 제어하는 중요한 파라미터가 된다.

Switching regulator의 장점은 변환 효율이 높기 때문에 고출력 응용이 가능하고, 다출력(multiple output)이 가능하고 전압을 자유롭게 Up/Down/Inversion/Isolation 이 가능하다는 것이다.

단점으로는 스위칭 노이즈가 발생하고 제한된 대역폭으로 인해 출력 응답 특성이 느리고 LC filter나 반도체 스위치 그리고 제어 IC 등의 사용으로 고가인 점이다.

1) Buck Converter (step-Down)

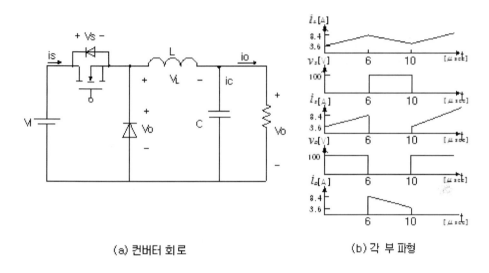

(a) 컨버터 회로   (b) 각 부 파형

그림 2-30 Buck 컨버터의 기본 회로 및 파형

Buck 컨버터는 입력전압 V_i 보다 낮은 범위의 직류전압으로 변환하여 부하에 공급하는 장치이다. 그림 2-30에 buck 컨버터의 회로 구성을 보였다. 직류 전원과 부하사이에 연결된 스위치 S의 On/Off 비율을 제어함으로써 출력전압 V_o 의 평균값을 얻어낸다.

스위치 S 가 On 되어 있는 시간을 T_{on}, Off되어 있는 시간을 T_{off}, 그리고 스위칭 주기를 T라고 하면 출력전압 V_o는 식 (2-11)과 같이 표현된다.

$$V_o = \frac{T_{on}}{T} Vin = \frac{T_{on}}{T_{on} + T_{off}} Vin \qquad (2-11)$$

식에서 보는 바와 같이 출력전압이 스위치 S의 On-Off의 시간적 비율로 제어되기 때문에 Duty 제어라 한다. Buck 컨버터의 특성은 인덕터가 출력에 연결되어 있기 때문에 연속적인 출력전류를 얻을 수 있지만 입력전류는 불연속이다. 따라서 연속적인 출력전류를 필요로 하는 battery 충전기나 power supply와 같은 응용 분야에 사용된다.

입출력 전달함수는 인덕터에 volt-sec balance 원리를 적용하여 얻을 수 있다.

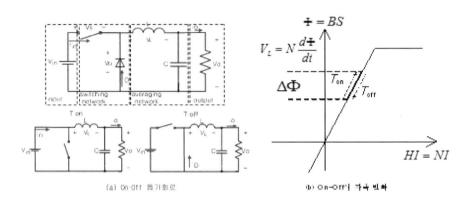

그림 2-31 스위칭시 등가회로와 자속변화

정상상태에서 인덕터에 축적된 자기에너지(자속)의 양은 항상 일정해야 한다. 즉 On 기간의 시작점에서의 inductor 전류의 양과 Off 시점의 종료점에서의 전류의 양은 같아야만 한다는 것이다.

스위치 On 기간 동안의 등가회로가 그림 2-31 (a)에 나타나 있고 다음이 성립한다.

$$Vin = V_L + V_o , \ V_L = Vin - V_o \tag{2-12}$$

스위치 Off 기간 동안은

$$-V_L + V_o = 0, \ V_L = V_o \tag{2-13}$$

인덕터의 자속은 흐르는 전류에 비례하며, 전류가 많이 흐를수록 자속도 많아지게 된다. 그림 2-31 (b)에 전류와 자속의 관계 그래프가 나타나 있다. 자속은 항상 + 이므로 인덕터 전압이 음이 나올 수가 있으므로 절대값을 취하여 volt-sec balance를 계산하게 된다.

On 기간과 Off 기간에서의 자속의 변화량이 동일해야 함으로

On 기간 자속변화량 : $\Delta\Phi_+ = |\dfrac{V_L}{N}\Delta t| = \dfrac{Vin - V_o}{N}T_{on}$

Off 기간 자속변화량 : $\Delta\Phi_- = |\dfrac{V_L}{N}\Delta t| = \dfrac{V_o}{N}T_{off}$

$\Delta\Phi_+ = \Delta\Phi_-$

$$G_v = \dfrac{V_o}{Vin} = \dfrac{T_{on}}{T_{on} + T_{off}} = D \tag{2-14}$$

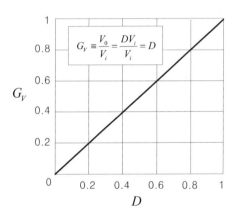

$$G_V \equiv \dfrac{V_o}{V_i} = \dfrac{DV_i}{V_i} = D$$

그림 2-32 Buck 컨버터의 입출력 전달함수

인덕터 전류의 최대값과 최소값은 다음의 공식에 의해 얻어진다. Off 기간 동안의 등가

회로에서 $V_L = V_o$ 이고, $L\dfrac{di}{dt} = V_o$ 임으로 $L\dfrac{\Delta i_L}{T_{off}} = V_o$ 이고 $\Delta i_L = \dfrac{V_o}{L}(1 - D)T$

로 주어진다.

평균 전류 I_L 은 on 시점 I_{max} 전류와 off 시점 I_{min} 전류의 평균이기 때문에 다음의 수식

을 얻을 수 있다.

$$I_{min} = I_L - \dfrac{\Delta i_L}{2} = \dfrac{V_o}{R} - \dfrac{1}{2}[\dfrac{V_o}{L}(1 - D)T] = V_o[\dfrac{1}{R} - \dfrac{(1 - D)}{2Lf}]$$

$$I_{\max} = I_L + \frac{\triangle i_L}{2} = \frac{V_o}{R} + \frac{1}{2}\left[\frac{V_o}{L}(1-D)\,T\right] = V_o\left[\frac{1}{R} + \frac{(1-D)}{2Lf}\right] \qquad (2\text{-}15)$$

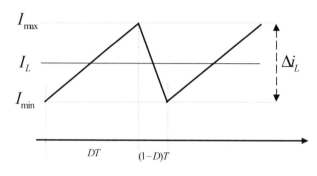

그림 2-33 인덕터 전류 파형

인덕터 전류($I_{\min}$)가 0 이 되는 경우를 경계조건(boundary condition)이라 하고 지금까지와는 다른 동작 특성이 나타나게 된다. 즉 off 구간에서 전류가 0 인 모드가 하나 더 생기기 때문에 기존의 선형인 전달함수 D 가 불연속전류 조건인 경우에는 복잡한 비선형의 전달함수로 표현되게 된다. 경계 조건에서 연속 전류인 구간을 CCM (Continuous Conduction Mode)이라 하고, 불연속전류인 구간을 DCM (Discontinuous Conduction Mode)으로 분류한다. CCM과 DCM의 동작조건이 다르고 입출력 전달함수도 달라지게 된다.

Buck 컨버터의 제어기는 일반적으로 PI(Proportional-Integral)제어기가 많이 사용된다. PI제어기는 선형(linear)제어기이기 때문에 전달함수가 D와 같이 선형으로 구현되는 시스템에서 잘 동작한다. 하지만 불연속전류 조건과 같은 비선형 시스템에서는 동작한다는 보장이 없기 때문에 시스템을 설계할 때 불연속전류 조건으로 동작하지 않게 회로 파라미터를 선정하는 것이 중요하다.

경계조건에서 $I_{\min}$ =0 임으로 $I_{\min} = 0 = V_o\left[\frac{1}{R} - \frac{(1-D)}{2Lf}\right]$, $(Lf)_{\min} = \frac{(1-D)R}{2}$ 이고

$$L_{\min} = \frac{(1-D)R}{2f} \qquad (2\text{-}16)$$

출력전압 리플은 커패시터 전압의 리플과 동일하며 다음의 수식으로 얻어진다. 커패시터 기본 공식으로부터 $Q = CV_o$, $\triangle Q = C\triangle V_o$, $\triangle V_o = \dfrac{\triangle Q}{C}$ 를 얻을 수 있고, 이것을 그림 2-34에 대입하면 $\triangle Q = \dfrac{1}{2}\dfrac{T}{2}\dfrac{\triangle i_L}{2} = \dfrac{T\triangle i_L}{8}$ 이라는 관계식을 얻을 수 있다. 이로부터 출력전압 리플은 다음 수식으로 구해진다.

$$\triangle V_o = \frac{T\triangle i_L}{8C} \tag{2-17}$$

off-time에서의 인덕터 전류변화량은 $\triangle i_L = \dfrac{V_o}{L}(1-D)T$ 로 주어진다.

$$\triangle V_o = \frac{T\triangle i_L}{8C} \equiv \frac{V_o(1-D)}{8LCf^2} \tag{2-18}$$

출력전압 리플량(%)은

$$\frac{\triangle V_o}{V_o} = \frac{(1-D)}{8LCf^2} \tag{2-19}$$

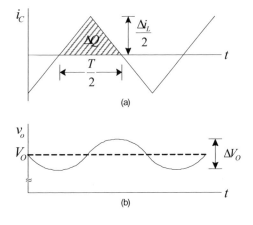

그림 2-34 출력전압 파형 a) Capacitor current (b) Capacitor ripple voltage

2) Boost converter

Boost 컨버터는 입력전압 보다 높은 전압을 얻어내기 위해 사용된다(그림 2-35). 회로 구성은 buck 컨버터에서 사용하였던 부품들을 위치만 바꾸어 배치한 형태로 buck 컨버터와 쌍대(Duality) 관계를 가진다.

스위치 S가 ON 되면 인덕터 L 에는 입력전압 V_i 가 걸리며 다이오드 D 에는 출력전압 V_o가 역방향으로 걸려서 다이오드는 OFF 된다. S가 OFF 되면 인덕터에 흐르는 전류 i_L OFF 되어 있던 다이오드 D를 통과하면서 ON 시키고 출력 커패시터 C를 충전시킨다. 인덕터 전압 v_L 의 평균값 V_L은 다음과 같다.

$$V_L = VinD + (Vin - V_o)(1 - D) \tag{2-20}$$

정상상태(steady state)에서 인덕터 전압 v_L의 평균은 0 이 되어야 한다. 인덕터 전압의 평균이 0이 되지 않으면 인덕터 전류 i_L은 계속 상승하거나 하강한다. 따라서 인덕터 전압의 평균값 V_L 은 0 이 되며 입출력 전달 함수 G_V를 구하면 다음과 같다.

$$G_V = \frac{V_o}{Vin} = \frac{1}{1 - D} \tag{2-21}$$

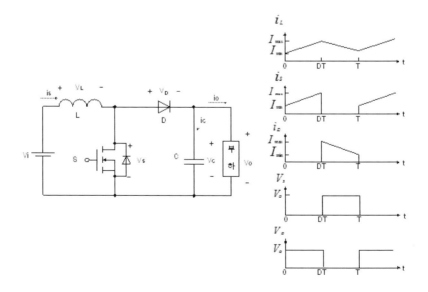

그림 2-35 Boost 컨버터의 회로와 파형

Boost 컨버터의 특성은 인덕터가 입력측에 연결되어 있기 때문에 연속적인 입력전류를 얻을 수 있지만 출력전류는 불연속이다. 따라서 입력전류를 제어하는데 유리하기 때문에 PFC(Power Factor Correction)나 계통관련 power converter와 같은 응용 분야에 사용된다.

입출력 전달함수는 인덕터에 volt-sec balance 원리를 적용하여 얻을 수 있다.

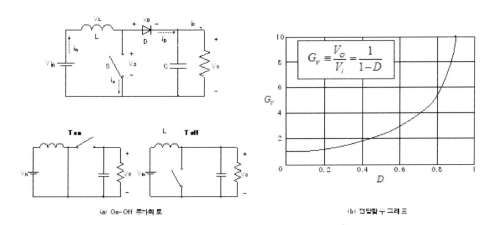

$$G_v \equiv \frac{V_o}{V_i} = \frac{1}{1-D}$$

(a) On-Off 등가회로　　　　　(b) 전달함수 그래프

그림 2-36 등가회로와 전달함수 그래프

On 기간과 Off 기간에서의 자속의 변화량이 동일해야 함으로

On 기간 자속변화량 : $\Delta\Phi_+ = |\frac{V_L}{N}\Delta t| = \frac{Vin}{N}T_{on}$

Off 기간 자속변화량 : $\Delta\Phi_- = |\frac{V_L}{N}\Delta t| = \frac{V_o - Vin}{N}T_{off}$

$$\Delta\Phi_+ = \Delta\Phi_-$$

$$G_v = \frac{V_o}{Vin} = \frac{T_{on}}{T_{on} + T_{off}} = \frac{1}{1-D} \tag{2-22}$$

전달함수에서 Duty 가 0에 접근하면 이론적으로는 Gain이 무한대가 되지만, 실제적으로는 인덕터의 저항, 스위칭 시간 제약 등을 고려하면 3~5배 정도의 승압이 적당한 시스템에 적합하다.

인덕터 전류의 최대값과 최소값은 다음의 공식에 의해 얻어진다. On 기간 동안의 등가
회로에서 $V_L = Vin$ 이므로

$L\dfrac{di}{dt} = Vin$ 임으로 $L\dfrac{\Delta i_L}{T_{on}} = Vin$ 이고 $\Delta i_L = \dfrac{Vin}{L}DT$ 로 주어진다. 전력 손실이 0

이라고 가정하면, $VinI_L = V_oI_o$ 이고, $I_o = \dfrac{V_o}{R}$, $V_o = \dfrac{Vin}{1-D}$ 이다. 따라서 인덕터

평균전류 $I_L = \dfrac{V_oI_o}{Vin} = \dfrac{1}{1-D}\dfrac{V_o}{R} = \dfrac{Vin}{R(1-D)^2}$ 으로 주어진다.

인덕터 최소전류 $I_{\min}$ 과 최대전류 $I_{\max}$ 는 다음 관계식으로 정리된다.

$$I_{\min} = I_L - \dfrac{\Delta i_L}{2} = \dfrac{Vin}{R(1-D)^2} - \dfrac{VinD}{2Lf}$$

$$I_{\max} = I_L + \dfrac{\Delta i_L}{2} = \dfrac{Vin}{R(1-D)^2} + \dfrac{VinD}{2Lf} \tag{2-23}$$

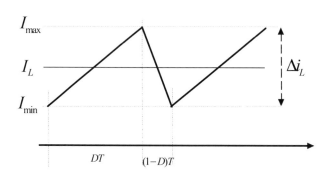

그림 2-37 인덕터 전류 파형

경계조건에서 $I_{\min} = 0$ 임으로

$I_{\min} = 0 = \dfrac{Vin}{R(1-D)^2} - \dfrac{VinD}{2Lf}$ 으로부터 $(Lf)_{\min} = \dfrac{RD(1-D)^2}{2}$ 이 구해진다.

$$L_{\min} = \frac{D(1-D)^2 R}{2f} \qquad (2\text{-}24)$$

출력전압 리플은 커패시터 전압의 리플과 동일하며 다음의 수식으로 얻어진다. 커패시터 C에는 DT구간 동안 $I_o = \dfrac{V_o}{R}$ 의 방전 전류가 흐르고 $\triangle v_o$ 는 이 구간동안 감소한 커패시터 전압이 된다는 사실을 이용해서, 커패시터 기본 공식으로부터 $Q = CV_o = I_o DT$ 이고 $\triangle Q = C\triangle V_o = I_o D\triangle T$ 가 되어 출력전압 리플은

$$\triangle V_o = \frac{V_o DT}{RC} = \frac{V_o D}{RCf} \qquad (2\text{-}25)$$

출력전압 리플량(%)은 다음과 같이 주어진다.

$$\frac{\triangle V_o}{V_o} = \frac{D}{RCf} \qquad (2\text{-}26)$$

3) Buck-Boost converter (Step Up / Down)

Buck-Boost 컨버터도 Buck 컨버터와 동일한 부품들을 사용해서 구성된다. 스위치 S가 ON 되면 입력전압이 인덕터에 전류로 흐르게 된다. 인덕터 전압 v_L 은 V_i 가 되며 다이오드에 출력전압이 역방향으로 걸려서 OFF된다. 스위치가 OFF되면 인덕터 전류가 다이오드를 통과하면서 ON시키고 출력 커패시터에 충전되게 된다. 출력 전압은 입력전압보다 작거나 크게 만들 수가 있다.

Buck-Boost 컨버터의 특성은 인덕터가 입력과 출력 사이에 연결되어 있기 때문에 불연속 입력전류와 불연속 출력전류를 가지고 있다. 따라서 감압과 승압을 자유롭게 할 수 있으나, 입,출력 전류에 노이즈가 심하여 큰 전력을 요하는 응용에는 사용할 수 없고, 보조전원과 같이 입출력 전압 범위가 넓고 출력전류가 작은 분야의 회로에 사용된다.

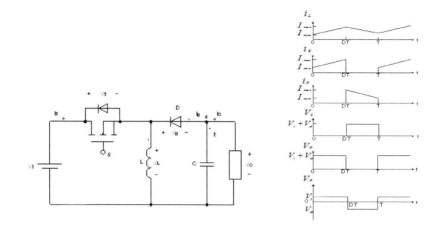

그림 2-38 Buck-boost 컨버터 회로와 각 부 파형

인덕터에 volt-sec balance 원리를 적용하여 입출력 전달함수를 구하면 다음과 같다.

On 기간과 Off 기간에서의 자속의 변화량이 동일해야 함으로

On 기간 자속변화량 : $\triangle\Phi_+ = |\dfrac{V_L}{N}\triangle t| = \dfrac{Vin}{N}T_{on}$

Off 기간 자속변화량 : $\triangle\Phi_- = |\dfrac{V_L}{N}\triangle t| = \dfrac{V_o}{N}T_{off}$

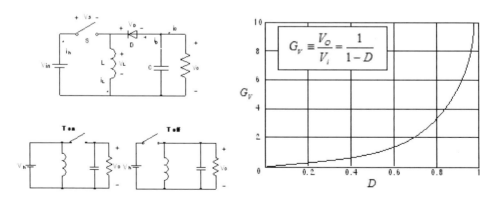

$$G_V \equiv \frac{V_O}{V_i} = \frac{1}{1-D}$$

그림 2-39 등가회로와 전달함수 그래프

$$\triangle \Phi_+ = \triangle \Phi_-$$

$$G_v = \frac{V_o}{Vin} = \frac{T_{on}}{T_{on} + T_{off}} = \frac{D}{1 - D} \tag{2-27}$$

그림 2-39 (b)에 입출력 전달함수를 나타내었다. Boost 컨버터와 동일하게 D 가 1에 가까워지면 이득이 크게 증가하나, 실제 회로 구현상에서는 스위칭 시간과 저항이나 회로 기생(parasite) 성분에 의해 최대 이득은 3~5배로 제한된다.

입력전력 $P_{in} = Vin I_s = Vin(I_L D)$ 이고 출력전력 $P_{out} = V_o I_o = \dfrac{V_o^2}{R} = \dfrac{1}{R} \dfrac{D^2}{(1-D)^2} Vin^2$ 으로 주어진다. 입력과 출력전력이 같다고 하면, $Vin(I_L D) = \dfrac{D^2 Vin^2}{R(1-D)^2}$ 이 되어 인덕터 평균전류 $I_L = \dfrac{D Vin}{R(1-D)^2}$ 이 된다.

인덕터 전류의 최대값과 최소값은 다음과 같이 주어진다.

$$I_{min} = I_L - \frac{\triangle i_L}{2} = \frac{VinD}{R(1-D)^2} - \frac{VinD}{2Lf}$$

$$I_{max} = I_L + \frac{\triangle i_L}{2} = \frac{VinD}{R(1-D)^2} + \frac{VinD}{2Lf} \tag{2-28}$$

경계조건에서 $I_{min} = 0$ 임으로 $\dfrac{VinD}{R(1-D)^2} = \dfrac{VinD}{2Lf}$ 이 되어 $(Lf)_{min} = \dfrac{RD(1-D)^2}{2}$

$$L_{min} = \frac{D(1-D)^2 R}{2f} \tag{2-29}$$

출력전압 Ripple은

$$|\Delta Q| = \left(\frac{V_o}{R}\right)DT = C\Delta V_o \quad \text{임으로}$$

$$\Delta V_O = \frac{V_o DT}{RC} = \frac{V_o D}{RCf} \tag{2-30}$$

출력전압 리플량(%)은 다음과 같이 주어진다.

$$\frac{\triangle V_o}{V_o} = \frac{D}{RCf} \tag{2-31}$$

지금까지 설명된 컨버터 내용을 이용하여 다음 조건을 만족시키는 Buck 컨버터를 설계하여 보자.

Buck 설계 사양

　　　Input　Voltage : 48 V

　　　Output Voltage : 18 V at 10 Ω

　　　Output Voltage Ripple 〈 0.5 %

　　　Inductor current : continuous (CCM)

Duty, Inductance, Capacitance, Peak voltage, Effective current for inductor and capacitor 값을 계산하시오.

Solution)

1) Duty calculation :

$$D = \frac{V_O}{V_S} = \frac{18}{48} = 0.375$$

2) 인덕터 전류가 연속이 되는 최소 크기

$$L_{min} = \frac{(1-D)R}{2f} = \frac{(1-0.375)\cdot 10}{2\cdot(40000)} = 78\mu H$$

확실하게 연속이 되도록 25%정도 크게 잡으면

$$L = 1.25 \cdot L_{min} = (1.25)\cdot(78\mu H) = 97.5\mu H$$

3) 인덕터 전류의 평균값과 변화량

$$I_L = \frac{V_O}{R} = \frac{18}{10} = 1.8A$$

$$\Delta I_L = \left(\frac{V_S - V_O}{L}\right)DT = \left(\frac{48-18}{97.5\cdot(10)^{-6}}\right)\cdot(0.375)\cdot\left(\frac{1}{40000}\right) = 2.88[A]$$

4) 인덕터 전류의 최대값과 최소값

$$I_{max} = I_L + \frac{\Delta i_L}{2} = 1.8 + 1.44 = 3.24A$$

$$I_{min} = I_L - \frac{\Delta i_L}{2} = 1.8 - 1.44 = 0.36A$$

5) 인덕터 전류의 실효값

$$I_{L,rms} = \sqrt{I_L^2 + \left(\frac{\Delta i_L/2}{\sqrt{3}}\right)} = \sqrt{(1.8)^2 + \left(\frac{1.44}{\sqrt{3}}\right)^2} = 1.98[A]$$

6) 커패시터 크기

$$C = \frac{1-D}{8L\left(\dfrac{\Delta V_O}{V_O}\right)f^2} = \frac{1-0.375}{8\cdot(97.5)\cdot(10)^{-6}\cdot(0.005)\cdot(40000)^2} = 100[\mu F]$$

설계된 파라미터를 이용한 Buck 컨버터의 구성은 다음과 같다.

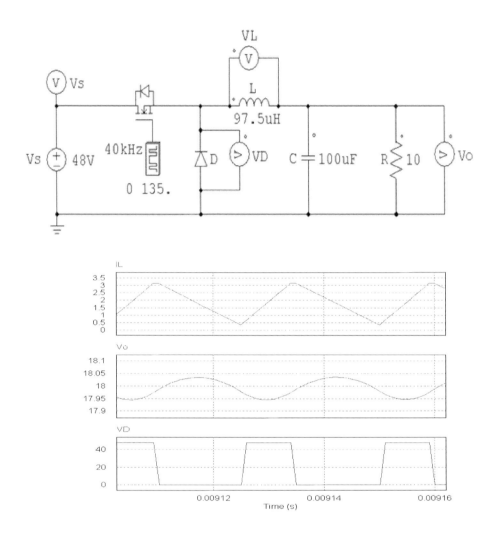

그림 2-40 시뮬레이션 파일과 파형

절연형 컨버터(Transformer Isolated Converter)

입력과 출력이 전기적으로 절연(isolation)되어 있을 필요가 있을 때 사용되는 컨버터이
다. 절연형 컨버터는 Off-line 컨버터라고도 하며 계통과 연결된 전원을 입력으로 받을
때 사용된다. 안전을 위해서 컨버터 출력은 입력 계통과 전기적으로 절연되어야 하기 때
문에 Off-line 컨버터라고 한다. Forward 컨버터와 Flyback 컨버터가 있다. Forward 컨
버터는 Buck 컨버터에서 유래되었고 Flyback 컨버터는 Buck-Boost에서 유래되었다.

1) Forward 컨버터

그림 2-41에 Buck 컨버터에서 유래된 forward 컨버터를 보여주고 있다. 변압기는 1차 측과 2차 측을 전기적으로 절연하며, 1차 측과 2차 측의 권선비가 n인 이상적 변압기를 가정하였다. 컨버터 출력전압 v_o는 Buck 컨버터와 같이 시비율 D를 조절함으로써 제어된다. Buck 컨버터에서는 스위치가 high side쪽에 붙어 있기 때문에 Gate driving하는데 어려움이 있기 때문에 forward 컨버터에서는 스위치를 밑으로 붙여서 게이트 구동시 ground level로 동작시킴으로 쉽게 할 수 있는 장점이 있다. 스위치 S가 ON 되는 DT 구간 동안 변압기의 1차측 전압은 V_{in} 이고 2차 측은 nV_{in}이다. 따라서 2차 측에서 보면 입력을 nV_{in}을 가진 buck 컨버터이므로 전달함수는 다음과 같이 주어진다.

$$G_V = \frac{V_o}{V_i} = nD \tag{2-32}$$

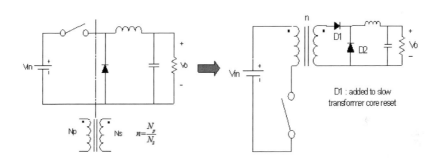

그림 2-41 Forward 컨버터의 회로

Reset by tertiary winding

제 3의 winding(N_c)를 추가한 형태로 N_c : N_p를 조절하여 스위치 OFF시에 발생하는 전압 spike를 V_{ds}의 최대값으로 제한시켜 스위치가 파손되는 것을 방지할 수 있다. 파워 스위치(MOSFET, IGBT, DIODE)의 최대 정격은 OFF시에 걸리는 V_{ds} 최대전압과 ON시에 출력단에 흐르는 최대전류로 결정된다. OFF시의 V_{ds}의 값은 다음과 같다.

$$V_{ds} = \left(1 + \frac{N_p}{N_c}\right) Vin \tag{2-33}$$

$N_c : N_p$ = 1:1 로 유지하면 OFF시의 최대 스파이크 전압을 입력전압의 2배로 제한시킬 수가 있기 때문에 가장 효율적인 스위치 내압을 결정할 수 있다.

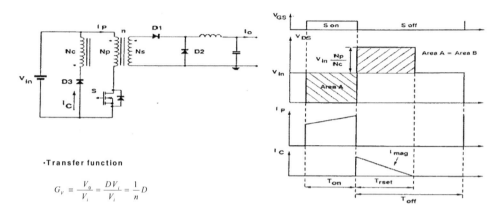

·Transfer function

$$G_V \equiv \frac{V_0}{V_i} = \frac{DV_i}{V_i} = \frac{1}{n}D$$

그림 2-42 Reset winding을 가진 forward 컨버터의 회로와 파형

2) Flyback 컨버터

Flyback 컨버터는 Buck-Boost 컨버터의 인덕터를 Coupled - inductor로 바꾸어 놓음으로서 얻어진다. Coupled inductor는 transformer core에 air-gap을 넣은 것으로 기능은 트랜스포머와 다르다. 변압기는 1차 측에서 전압전류를 받아서 권선비($N_p : N_s$)에 따라 2차 측으로 에너지를 넘겨주는 역할을 한다. 이때 전압과 전류는 다른 값으로 바뀌게 된다. 변압기의 전달함수는 다음과 같다.

$$\frac{V_1}{V_2} = \frac{I_2}{I_1} = \frac{N_p}{N_s} \tag{2-34}$$

여기에서 V_1, I_1, N_p : 1차측 전압 전류, 권선비

V_2, I_2, N_s : 2차측 전압 전류, 권선비

Coupled-inductor란 시간차를 두고 전류를 저장하는 소자로서 ON 시점에서 1차 측 권

선에 전류를 저장하여, OFF시에 2차 측 권선으로 넘겨주는 역할을 한다. 일반 inductor
에 1차 winding을 감은 후에 반대 방향으로 2차 winding을 감은 형태를 취하고 있다.

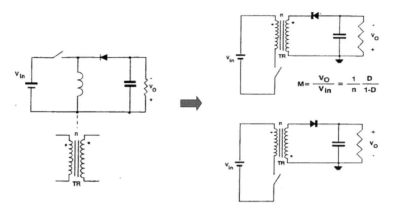

그림 2-43 Flyback 컨버터의 회로 변천 단계

Flyback 컨버터는 Buck-Boost 컨버터에 절연 변압기를 추가한 형태이고 스위치의 위
치가 low side에 붙어 있다는 점을 제외하면 Buck-Boost 컨버터와 동일하다. 따라서
변압기 2차측의 전압이 nV_{in} 임으로 입출력 전달함수는 다음과 같다.

$$G_V = n\frac{D}{1-D} \tag{2-35}$$

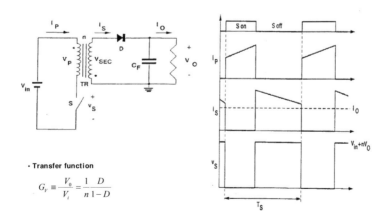

그림 2-44 Flyback 컨버터의 회로와 동작 파형

3) Bridge 컨버터

브리지 컨버터는 두 개 이상의 스위치로 이루어진 컨버터이다. 스위치 Q_1, Q_2가 교대로 동작하면서 입력전압 V_{in}을 교대로 반전($\pm V_{in}$) 시킨 후 전파정류(full wave rectification)시켜서 원하는 출력을 얻어내는 방식이다. Bridge 컨버터 종류로는 Push-Pull 컨버터, Half bridge 컨버터, Full bridge 컨버터가 있다. 시비율 D로 동작시킬때의 전달함수는 다음과 같다.

Topology	Transfer function
Push-Pull	nD
Half bridge	nD
Full bridge	2nD

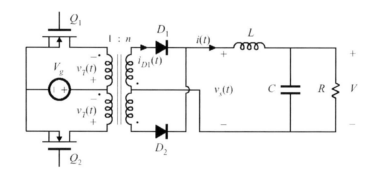

(a) Push-Pull Converter

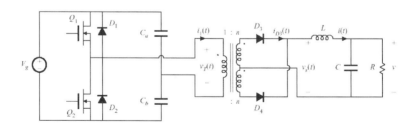

(c) Full bridge Converter

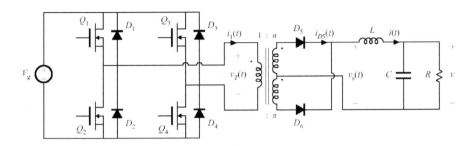

그림 2-45 Bridge 컨버터 종류

4) 양방향(Bi-directional) 컨버터

지금까지 설명한 컨버터는 에너지가 입력에서 출력으로 전달되는 구조를 가지고 있었다. 즉 입력은 Source 로 작용하고 출력은 Sink 로 작용하는 단방향(uni-directional) 구조였다. 최근 분산전원의 활발한 보급과 확대로 계통연계를 하거나 두 에너지원(Source) 사이에서 전력전달을 해야 할 필요성이 늘어나고 있다. 가장 대표적인 예가 배터리나 super capacitor일 것이다. 이러한 목적을 위해서 양방향 컨버터가 활발히 연구되고 있다. 가장 단순하면서도 널리 보급된 양방향 컨버터는 Buck(Boost) 형태이다. Buck 컨버터는 Boost 컨버터와 쌍대(Duality) 관계임으로 Buck 컨버터의 입력과 출력을 바꾸면 Boost 컨버터가 된다. 따라서 다이오드를 스위치로 교체하면 Buck 과 Boost 컨버터가 하나의 토플로지로 통합될 수 있다. 그림에 양방향 컨버터의 구조를 보여주고 있다.

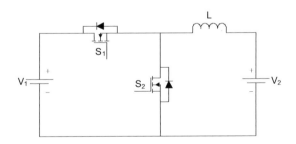

그림 2-46 양방향 컨버터의 구조

양방향 컨버터 동작은 Buck 동작과 Boost 동작으로 구분된다.

Buck Operation은 Step Down 과정으로 전력이 V_1에서 V_2로 이동된다. 이때 S_2는 OFF

되고 S_1을 시비율 제어하여 원하는 출력을 얻어낸다.

Boost Operation은 Step Up 과정으로 전력이 V_2에서 V_1로 이동된다. 이때 S_1는 OFF 되고 S_2 를 시비율 제어하여 원하는 출력을 얻어낸다.

그림 2-47에 동작모드에 따른 power flow를 표시하였다.

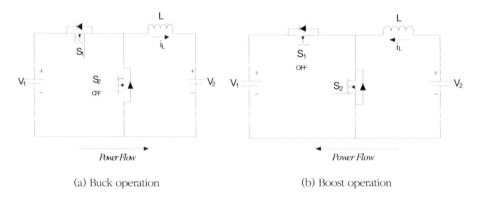

(a) Buck operation   (b) Boost operation

그림 2-47 양방향 컨버터의 전력 흐름(power flow)

양방향 컨버터가 사용되는 실제 응용분야는 계통연계형 BESS (Battery Energy Storage System) 나 HEV (Hybrid Electric Vehicle) 이다.

컨버터 모델링

반도체 스위치와 L, C와 같은 전기소자로 이루어진 컨버터를 수학적으로 모델링하는 가장 일반적인 방법이 상태공간 평균화 모델 방정식(State - Space Average Model)을 이용하는 것이다. 그림 2-48에 Buck 컨버터의 ON 시점 회로와 OFF 시점 등가회로를 나타내었다. Mode 해석을 수행하면

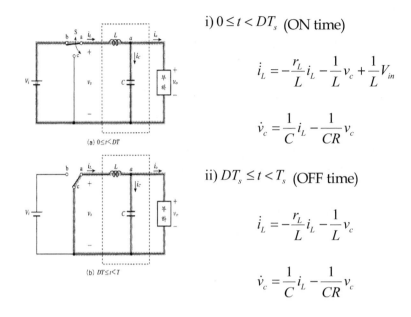

i) $0 \le t < DT_s$ (ON time)

$$\dot{i}_L = -\frac{r_L}{L}i_L - \frac{1}{L}v_c + \frac{1}{L}V_{in}$$

$$\dot{v}_c = \frac{1}{C}i_L - \frac{1}{CR}v_c$$

ii) $DT_s \le t < T_s$ (OFF time)

$$\dot{i}_L = -\frac{r_L}{L}i_L - \frac{1}{L}v_c$$

$$\dot{v}_c = \frac{1}{C}i_L - \frac{1}{CR}v_c$$

그림 2-48 구간별 등가회로와 미분방정식

구간별로 얻어진 미분방정식에 Averaged model을 이용하여 상태공간모델(State-space model)을 구하면 다음과 같다.

$$\dot{x} = Ax + Bu$$

$$y = Cx + Eu$$

$$A = \begin{bmatrix} -\dfrac{r_L}{L} & -\dfrac{1}{L} \\ \dfrac{1}{C} & -\dfrac{1}{CR} \end{bmatrix} D + \begin{bmatrix} -\dfrac{r_L}{L} & -\dfrac{1}{L} \\ \dfrac{1}{C} & -\dfrac{1}{CR} \end{bmatrix}(1-D) = \begin{bmatrix} -\dfrac{r_L}{L} & -\dfrac{1}{L} \\ \dfrac{1}{C} & -\dfrac{1}{CR} \end{bmatrix}$$

$$Bu = \begin{bmatrix} \dfrac{1}{L}V_{in} \\ 0 \end{bmatrix} D + \begin{bmatrix} 0 \\ 0 \end{bmatrix}(1-D) = \begin{bmatrix} \dfrac{D}{L}V_{in} \\ 0 \end{bmatrix} = \begin{bmatrix} \dfrac{1}{L}V_{in} \\ 0 \end{bmatrix} \cdot D$$

$$C = \begin{bmatrix} 1 & 0 \\ 0 & 1 \end{bmatrix}, \ E = 0 \tag{2-36}$$

SimuLink를 이용한 Simulation 모델은 다음과 같다.

Buck 컨버터의 회로 파라미터 :

$L = 100\mu H, \ C = 100\mu F, \ R = 1\Omega, \ r_L = 0.1\Omega, \ V_{in} = 100V$ 이면 시스템 matrix A,

B, C, E는 다음과 같이 구해진다.

$$A = \begin{bmatrix} -10^3 & -10^4 \\ 10^4 & -10^4 \end{bmatrix}, \ B = \begin{bmatrix} 10^6 \\ 0 \end{bmatrix}, \ C = \begin{bmatrix} 1 & 0 \\ 0 & 1 \end{bmatrix}, \ E = 0$$

Duty 가 바뀔 때의 출력파형 변화를 관찰하기 위한 Simulink 모델은 그림 2-49과 같이 주어진다.

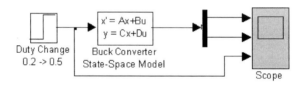

그림 2-49 시뮬레이션 모델

입력 파라미터는 다음과 같이 주어진다.

시뮬레이션 결과를 표시하면 다음과 같다.

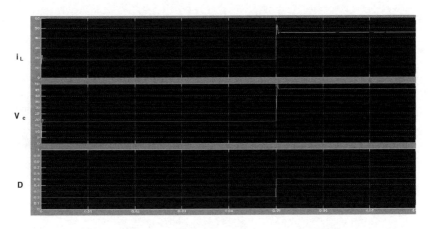

그림 2-50 Duty 변화에 대한 Buck 컨버터 출력 변화

실습예제) 시뮬레이션 모델을 작성하고 출력을 표시하시오.

1) Output voltage regulation by PI Controller

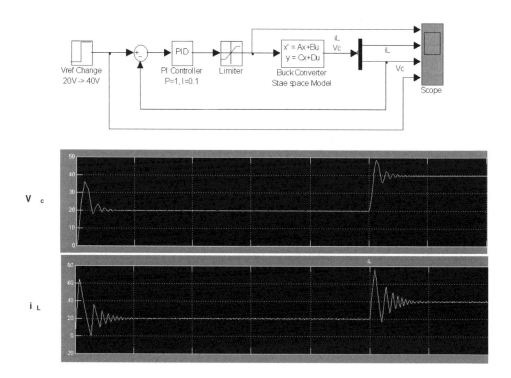

2) Using Power System Block Tool box

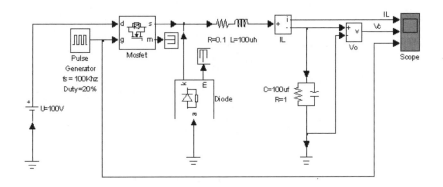

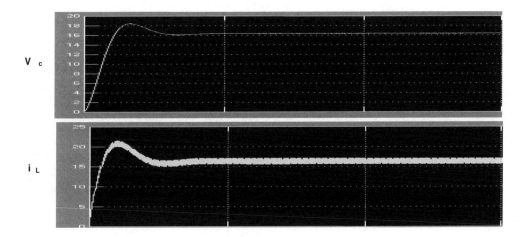

3) Output voltage regulation

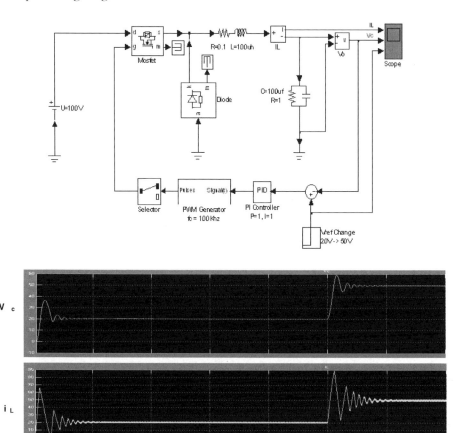

2.5 제어기 설계

제어(CONTROL)란 시스템의 출력이 원하는 상태가 되도록 입력 신호를 적절히 조절하는 방법을 말한다. 간략화된 제어시스템 구성이 그림 2-51에 블록 다이어그램으로 표시되어 있다.

그림 2-51 제어시스템

제어시스템의 응답특성을 정의하면 다음과 같다.

● 과도 응답 (Transient Response)은 초기 상태에서 시작된 점진적인 변화 응답

● 정상 상태 응답 (Steady-state Response)은 원하는 상태에 근접한 응답

● 정상 상태 오차 (Steady-state Error)는 입력 명령 - 정상 상태 응답

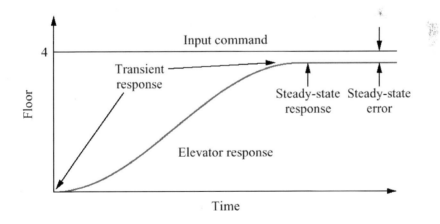

그림 2-52 제어시스템의 응답특성

제어 시스템은 개루프 시스템(Open-Loop System)과 폐루프 시스템(Closed-Loop System)으로 분류된다. 개루프 시스템은 제어기(Controller) + Process(Plant) 가 Cascade 로 연결된 형태로서 제어기에 적합한 형태로 변환하는 입력변환기(Input transducer) 가 필요하며, 출력에 대한 정보를 받지 못하므로, 출력이나 입력에 외란 (Disturbance)이 발생하였을 때 출력에 오차를 발생시킬 수 있다. 출력 정보가 필요 없고, 사전에 알고 있는 입력-출력 이득만 가지고 입력에 대한 gain을 선정함으로 출력에 오차가 발생하면 보상이 되지 않는다. 낮은 가격으로 시스템 구성이 가능하기 때문에 간단하고 시스템 특성이 아주 느린 응용 분야에 사용된다. 사용 예는 Toaster, Mechanical system with Damper등이다. 그림 2-53에 개루프 시스템의 블록도를 표시 하였다.

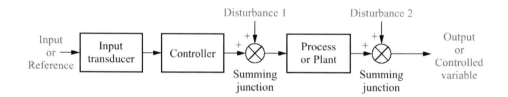

그림 2-53 개루프 시스템의 블록도

폐루프 시스템은 출력궤환 (Feedback) 시스템이라고도 하면 출력이 출력변환기(Output transducer, sensor) 에 의해 변환되어 입력으로 더해지는 형태를 가지고 있다. 즉 Plant input = (Reference input - Feedback output)의 형태를 가지고 있다. 장점은 외란에 대한 보상(Compensation)이 이루어져 과도응답 특성과 정상상태오차를 개선할 수 있지만, 출력 transducer (or sensor) 가격과 비교기가 필요하기 때문에 개루프 시스템보다는 비싸고 복잡하다. 일반적으로 제어시스템이나 제어기 설계라고 이야기 할 때는 폐루프 시스템을 의미한다. 그림 2-54에 폐루프 시스템의 블록도를 보여주고 있다.

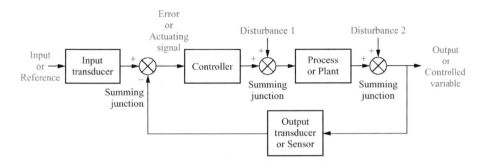

그림 2-54 폐루프 시스템의 블럭도

제어시스템을 설계하는 방법은 원하는 출력신호를 입력과 비교한 후 제어기 입력으로 사용하는 것이다. 제어기는 일반적으로 단순하면서 정상상태 오차를 0으로 만들 수 있는 PI 제어기를 사용한다. PI 제어기의 가장 큰 장점은 항상 수렴하며, 회로나 디지털로 쉽게 구현이 가능하다는 것이다.

제어기 구성은 크게 single-loop control과 Two-loop control로 나누어진다. Single-loop 제어기는 하나의 제어 대상만을 조절하기를 원할 때 사용된다. 전력전자 시스템에서 제어 대상은 커패시터 전압, 인덕터 전류가 가장 일반적인 제어대상이 된다.

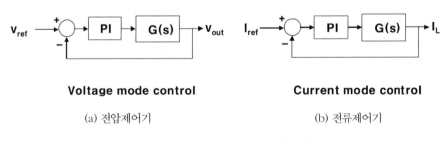

Voltage mode control　　　　　　**Current mode control**

(a) 전압제어기　　　　　　　　　　(b) 전류제어기

그림 2-55 Single-loop 제어 시스템

Single-loop 제어기의 가장 큰 문제점은 여러 개의 상태변수 중에서 제어 대상 하나만을 추적하다보면 다른 변수가 한계치를 넘는 상황이 자주 발생한다는 것이다. 예를 들어 커패시터 전압만 제어하다 보면, 커패시터 전압은 원하는 수준으로 제어가 되는데 스위치에 너무 큰 전류가 흘러서 소손되거나 파괴되는 경우가 생기는 것이다. 따라서 이러한 문제점을 해결하기 위해서 Two-loop 제어기가 사용되는데 출력오차의 PI 제어

기 출력을 다른 변수의 제어기 입력으로 사용하는 것이다. 예를 들어 출력 커패시터 전
압제어를 위해서 전압 오차를 PI 제어기 입력으로 사용하고, 제어기 출력을 인덕터 전
류 기준으로 설정하고 실제 인덕터 전류와의 오차를 PI 제어하여 PWM 스위치를 구동
하는 형태를 말한다. 그림 2-56에 Two-loop 시스템을 나타내었다.

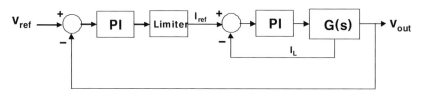

Two-loop control

Outer loop : Voltage control (Slow Dynamics)
Inner loop : Current control (Fast Dynamics)

그림 2-56 Two-loop 제어 시스템

Two-loop 시스템은 두 개의 제어기가 내부루프(inner loop)와 외부루프(outer loop)로
구성된 cascade 형태로 구성되어 있다. 내부 루프에는 응답속도가 빠른 상태변수를 제
어하는 제어기가 위치하고 외부 루프에는 응답속도가 느린 제어기가 위치하고 있다.
이때 내부제어기의 대역폭(bandwidth)은 외부제어기의 대역폭보다 10배 정도 빠르게
설계하여 제어기간의 간섭(interaction)을 없애는 것이 중요하다. 두 개의 PI 제어기 이
득(gain)이 서로 간섭받지 않도록(decoupling) 이득 설정하는 것이 가장 어려운 문제이
다. 전력변환기 응용에서는 커패시터 전압이 인덕터 전류보다 응답 속도가 느리므로
외부에 전압제어기가 내부에 전류제어기가 위치하는 것이 일반적이다.

제어기 Gain 크기에 따른 응답특성을 보면 이득이 크면 빠른 상승시간을 가지고 있지
만 Overshoot도 커진다. 이득을 작게 주면 천천히 상승하면서 Overshoot 없는 시스템
을 구성할 수 있다. 일반적으로 가장 많이 사용되는 응답특성은 임계응답(critical
damping)을 갖도록 이득을 설정한다.

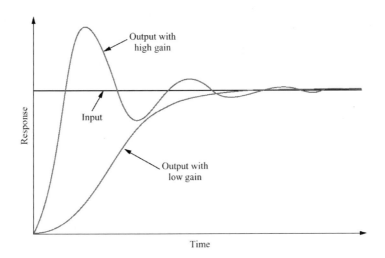

그림 2-57 제어기 이득(Gain)의 크기에 대한 응답

제어기 출력은 반도체 스위치(MOSFET, IGBT)를 구동하기 위해 사용된다. 제어기 출력은 시간에 따라 변하는 Analog 값이고 스위치 구동입력은 On/Off 비율이다. 따라서 Analog 출력을 Digital On/Off 로 바꾸어주는 변환기가 필요한데 가장 많이 사용되는 방법이 PWM(Pulse Width Modulation) 방법이다. DC/DC 컨버터를 구동하기 위한 PWM 생성 방법은 일정한 신호주기(T_s)를 갖는 톱니파(saw tooth wave)와 제어기 출력(V_m)을 비교기(carrier)를 사용해서 만들어낸다.

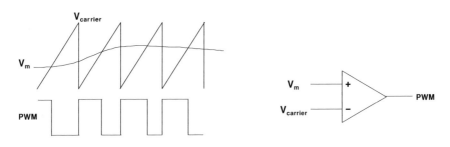

그림 2-58 PWM 파형 생성

톱니파 Carrier는 주파수, 진폭, Offset을 고려해서 설정되어야 한다. 즉 Carrier의 스위칭 주파수가 $f_s = 1/T_s$로 주어지고 진폭이 0~1V로 결정되면 제어기 출력(V_m)도 진폭

0~1V 사이에 위치하도록 설정하면 Duty 변화 범위를 0 ~ 100[%]까지 유지할 수 있다. 시뮬레이션을 위해서 Carrier는 PSIM Library에서 Triangular wave voltage source 를 선택한다.

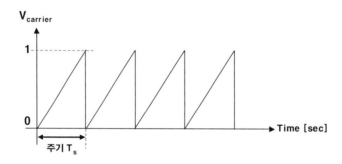

그림 2-59 톱니파(Carrier) 설정

PID(Proportional-Integrate-Derivative) 제어기는 비례-적분-미분 제어기로서, 실제 산업현장(Plant, Process control)에서 가장 많이 사용되는 제어기이다. PID 제어기에 의해 제어 대상을 제어하는 PID 제어계는 다음과 같은 단위 궤환 제어계로 구성된다.

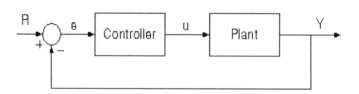

그림 2-60 PID 제어기의 구성

PID 제어기는 입력과 출력의 오차를 이용하여 가장 빠른 시간 내에서 오차를 0이 되게 만드는 것이 목적이고 제어기의 수학적인 표현식은 다음과 같다.

$$u = K_p e + K_I \int e \, dt + K_D \frac{de}{dt} \tag{2-37}$$

원하는 특성을 가지도록 설정 이득 (K_p, K_I, K_D)을 설정하는 것은 쉬운 일이 아니다. 제어기 이득을 쉽게 구하는 수많은 방법들이 연구, 개발되었으나 현실적으로 Plant 변수가 변화하거나 외부 환경에 대해서 강인(robust)하게 설계하는 방식은 아직도 계속 연구 중이다. 특히 미분제어기는 출력신호를 미분하기 때문에 시스템에 노이즈가 발생되거나 높은 주파수 대역의 신호에 대해서는 제어기의 안정성(stability)을 보장할 수 없다. 표 2-3에 제어기 이득에 따른 시스템의 일반적인 특성 변화를 나타내었다.

표 2-3 제어기 이득에 따른 시스템의 일반적인 특성 변화

	상승시간	오버슈트	정착시간	정상상태오차
K_P 증가	감소	증가	약간 변화	감소
K_I 증가	감소	증가	증가	제거
K_D 증가	약간변화	감소	감소	약간변화

미분 제어기의 불안정(unstability) 특성으로 컨버터에서는 PI 제어기를 일반적으로 가장 많이 사용한다. PI제어기의 특징은 정상상태 오차를 0으로 만들 수 있고 빠른 상승시간을 유지할 수 있으므로 수 십 us의 응답특성을 필요로 하는 전력전자 분야에서는 가장 많이 사용되고 있다.

PI 제어기를 구현하는 방법은 Analog 방법과 Digital 방법이 있다.

1) OP Amp를 이용한 Analog PI 제어기 구성은 그림과 같다.

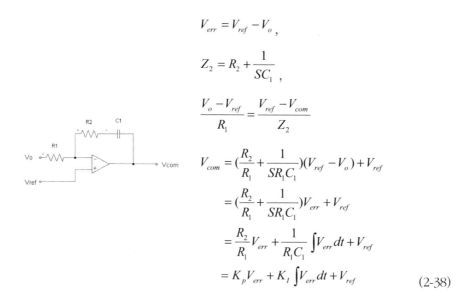

$$V_{err} = V_{ref} - V_o,$$

$$Z_2 = R_2 + \frac{1}{SC_1},$$

$$\frac{V_o - V_{ref}}{R_1} = \frac{V_{ref} - V_{com}}{Z_2}$$

$$V_{com} = (\frac{R_2}{R_1} + \frac{1}{SR_1C_1})(V_{ref} - V_o) + V_{ref}$$

$$= (\frac{R_2}{R_1} + \frac{1}{SR_1C_1})V_{err} + V_{ref}$$

$$= \frac{R_2}{R_1}V_{err} + \frac{1}{R_1C_1}\int V_{err}dt + V_{ref}$$

$$= K_p V_{err} + K_I \int V_{err}dt + V_{ref} \qquad (2\text{-}38)$$

비례(P) 제어기 이득은 $K_p = R_2/R_1$으로 주어지고 적분(I) 제어기 이득 $K_I = 1/R_1C_1$으로 주어진다. OP Amp를 이용한 Analog PI 제어기는 SMPS와 같이 소형 전력변환 장치나 저가격을 필요로 하는 전원장치 등에 많이 사용된다.

2) Micro-Processor를 이용한 Digital PI 제어기

Digital PI 제어기는 A/D 컨버터를 통해 변환된 상태변수들을 이용하여 일정한 샘플링 시간마다 다음의 Code를 수행하도록 제어기 프로그램을 하면 된다. C-언어를 사용한 프로그램 예제이다.

```
Verr = Vref - Vo ;

Verr_sum += Verr ;

Vcom = Kp*Verr + KI*Verr_sum ;
```

2.6 DC/DC 시뮬레이션

PSIM을 이용한 DC/DC 전력변환기 시뮬레이션은 다음의 예제를 포함하고 있다.

[예제 1] Linear Regulator

[예제 2] 전압 제어기

[예제 3] 전류 제어기

[예제 4] Two Loop 제어기

[예제 5] Two Loop Controller using Real Hardware

[예제 6] C-Block을 이용한 제어기

[예제 7] 입력 전압 변화에 대한 제어기 성능 비교

[예제 1] Linear Regulator

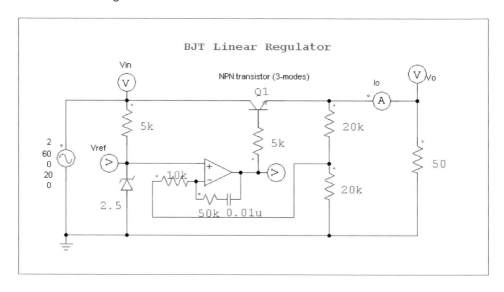

■ 시뮬레이션 결과

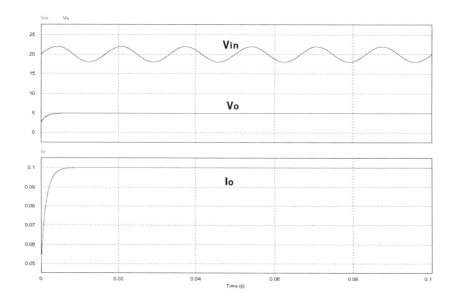

[예제 2] 전압 제어기

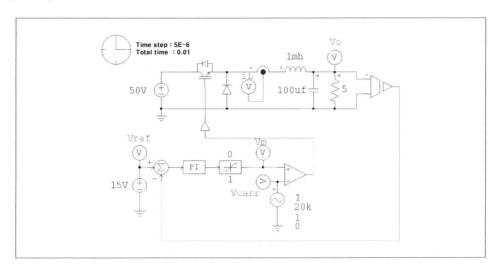

■ 전압 제어기 특성

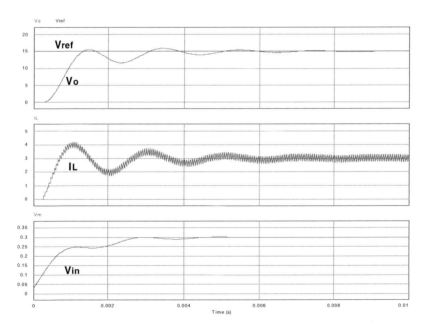

[예제 3] 전류 제어기

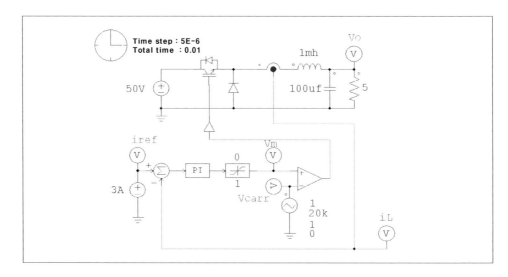

Find Proper PI gain.

■ 전류 제어기 특성

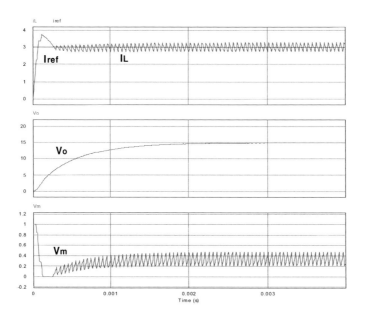

[예제 4] Two Loop 제어기

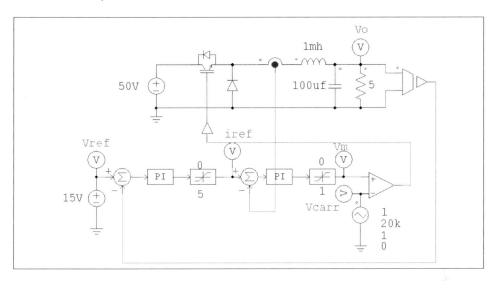

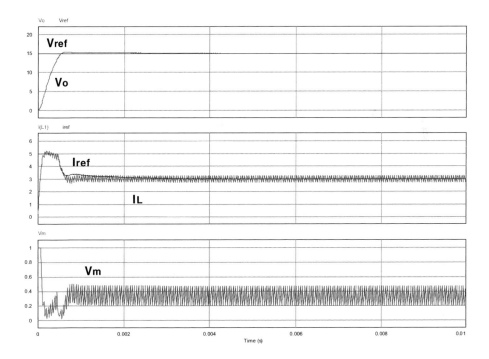

[예제 5] Two Loop Controller using Real Hardware

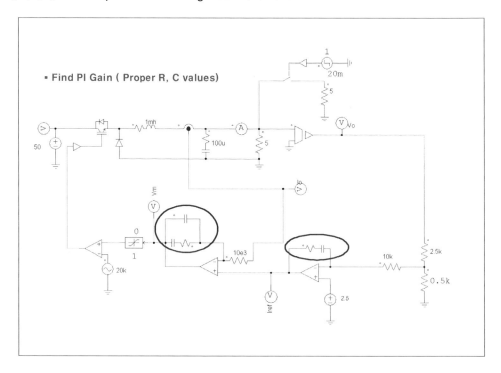

Find PI gains (proper R, C values)

[예제 6] C-Block을 이용한 제어기

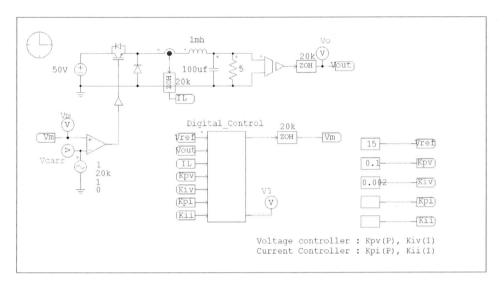

- ## C-Code를 이용한 제어 프로그램

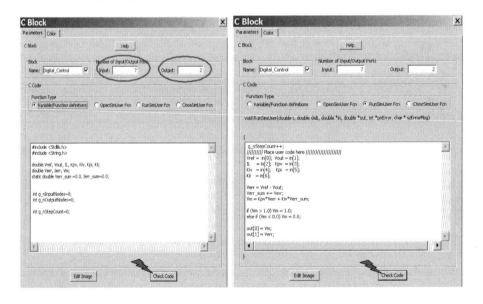

■ C-Block을 이용한 전압제어기 성능 (Simulation)

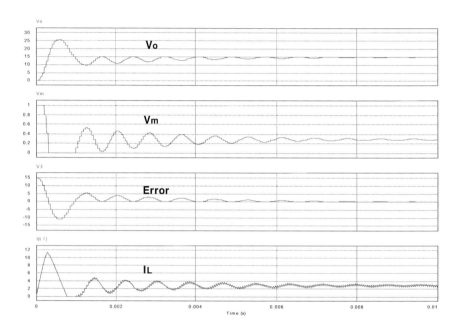

[실습 6] C-Block을 이용한 Two Loop 제어기 실습

C-block 을 이용한 Two Loop 제어기 코드를 작성하여 시뮬레이션 하기.

원하는 특성이 나올 수 있도록 Gain 선정하기

[예제 7] 입력 전압 변화에 대한 제어기 성능 비교

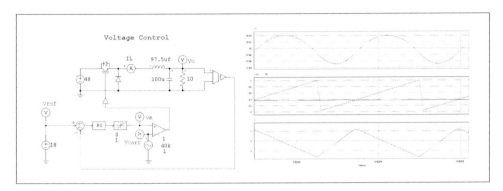

1. Determine PI controller Gain

2. Input voltage change : From 40V to 60V

   (Use element → source → voltage → square)

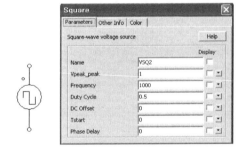

3

교류 전력변환 회로

3.1 인버터의 개요

교류 전력변환회로(Inverter) 란 직류전압(전류)를 교류전압(전류)로 변환하는 DC/AC 전력변환 장치인 인버터를 의미한다. 오늘날 인버터는 DC/DC 변환기와 더불어 산업계나 가정에서 가장 많이 응용되는 전력변환장치로 교류모터 구동, UPS, 태양광 인버터, 전력저장장치 및 계통에 연결된 전력기기 등 그 응용 분야는 매우 다양하고 광범위하다.

DC/DC 변환기와 마찬가지로 DC/AC 변환장치도 MOSFET, IGBT, GTO 등과 같은 On, Off 제어가능한 반도체 스위치를 사용하고 있다. 인버터란 직류 출력 대신에 출력 전압이나 전류의 크기와 주차수를 임의로 제어할 수 있는 교류를 발생시키는 장치를 의미한다. 이러한 인버터를 PWM 인버터(PWM inverter)라 한다.

인버터는 다음과 같이 분류된다.

- 출력 상(phase)의 개수 : 단상, 3상, 다상(multi-phase)

- 적용 분야 : CVCF, VVVF

- 입력 형태 : VSI, CSI

- 출력 파형 : Square wave, Step wave, Sinusoidal

- 변조 기법 : Sinusoidal PWM, Trapezoidal PWM, Space Vector PWM

일반 가정에서는 단상 교류를 사용하고 공장이나 대 전력이 요구되는 분야에서는 3상 교류를 사용한다. Multi-phase 인버터와 같은 특수한 분야에서는 다상을 사용하는 경우도 있다. 인버터는 사용되는 분야에 따라서 CVCF(Constant Voltage Constant Frequency)와 VVVF(Variable Voltage Variable Frequency)로 분류된다. CVCF는 계통(utility grid)시스템과 같이 항상 일정한 전압(예를 들어 220V, 380V)과 일정 주파수(예를 들어 60Hz)를 유지하고 있는 곳에 사용되는 인버터이다. 인버터 출력은 전압과 주파수를 조절할 수 없기 때문에 출력 전류의 크기와 위상만을 제어할 수 있다. 신재생에너지와 같이 계통에 연결해서 사용하는 인버터는 모두 CVCF의 구조를 가지고 있다. VVVF는 주로 교류모터를 구동하기 위해서 사용된다. 교류모터의 토크와 속도는 교류 전압의 크기와 주파수에 비례함으로 전압과 주파수를 동시에 변화시킬 수 있는 인버터 가 바로 VVVF이다. 하드웨어 구성을 보면 CVCF와 VVVF는 동일하고, 제어하는 방법 만 다르다.

입력전원의 형태에 따라서 입력이 직류 전압원인 경우는 전압원 인버터(VSI : Voltage Source Inverter)라 하고 입력이 직류 전류원인 경우는 전류원 인버터(CSI : Current Source Inverter) 라 한다. 전압원 인버터는 Buck 컨버터처럼 출력전압이 입력전압보 다 작은 경우에 사용되고 전류원 인버터는 Boost 컨버터처럼 출력전압이 입력전압보다 큰 곳에 사용된다.

출력 파형이 구형파(square)인 경우 가장 높은 기본파 출력전압을 얻을 수 있지만, 고 주파 하모닉 성분들이 많이 포함되어 있어서 전동기와 같이 부드러운 정현파 (sinusoidal wave)를 요구하는 분야에는 사용이 불가능하고, 전열기나 전등처럼 저항 성 부하를 가진 교류 부하에 적합한 파형이다. 계단파(Step)는 구형파에 전압이 0인 구 간을 넣어서 기본파 출력 전압은 구형파 보다 낮지만 고주파 하모닉 성분들이 많이 감 소한다. 저항성 부하에 사용이 가능하고 고성능을 요하지 않고, 구동만 되면 되는 팬 모 터와 같은 단상 교류 모터에도 사용이 가능하다. 정현파는 가장 sine 파형에 가까운 출 력을 가지고 있어서 기본파 출력전압은 가장 낮지만 하모닉 성분들도 가장 적다. 주로 고성능 교류모터나 엄격한 전력품질이 요구되는 계통연계형 인버터에 많이 사용된다.

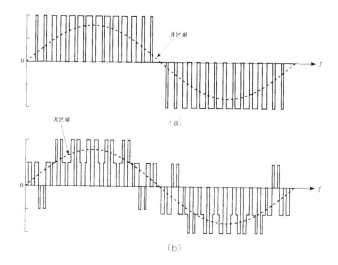

그림 3-1 인버터의 출력전압 파형

인버터의 교류 출력전압 파형의 형태로 그림 3-1 (a) 단상 인버터 (b) 3상 인버터의 부하 상전압을 각각 나타내었다. 인버터를 제어한다는 의미는 교류 출력전압에서 다음중 하나 이상을 제어하는 것을 의미한다.

● 기본파의 크기

● 기본파의 주파수

● 고조파 성분

일반적으로 인버터의 출력은 가능한 한 정현파에 가까운 파형이 되도록 제어한다. 즉 이상적인 인버터의 출력 파형은 고조파를 전혀 포함하지 않는 기본파(fundamental waveform)만의 깨끗한 정현파가 된다. 그러나 실제의 인버터의 출력 파형은 그림과 같이 직류 입력전압을 스위칭한 전압의 부분(segment)들의 조합으로 구성됨으로 고조파 성분이 포함되어 왜곡된 형태의 비정현 주기파가 된다.

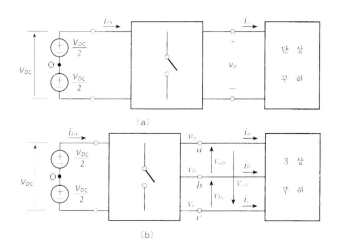

그림 3-2 인버터의 교류 출력전압 (a) 단상 (b) 3상

인버터의 교류 출력전압에 대한 용어를 정리하면 다음과 같다.

● 출력상전압(output phase voltage) : 단상 인버터의 경우 출력 상전압은 v_o 를 의미한다. 3상 인버터에서 출력상전압은 직류 입력전원 V_{DC} 의 중간점, 즉 O점의 전위를 기준으로 나타낸 a, b, c 점의 전압(v_a, v_b, v_c) 를 말한다.

● 부하상전압(load phase voltage) 단상 인버터의 경우 v_o 가 되며 출력 상전압과 같다. 3상 인버터에서는 Y-결선된 3상 부하의 중성점(n)의 전위를 기준으로 나타낸 a, b, c 점의 전압(v_{an}, v_{bn}, v_{cn}) 를 말한다.

● 출력선간전압(output line-to-line voltage) : 단상 인버터의 경우 출력 선간전압은 출력상전압과 같다. 3상 인버터에서는 a와 b, b와 c, c와 a 사이의 전압 (v_{ab}, v_{bc}, v_{ca}) 를 말한다.

3.2 단상 Full Bridge Inverter

단상 풀브리지 인버터(single phase full bridge inverter)는 단일 직류 전원으로부터 단상 교류 출력전압을 발생, 부하에 공급하는 기능을 갖는다. 이하 단상 인버터라 칭한다. 교류 출력 전압의 파형은 그림 3-3의 양방향 스위치 S_a와 S_b를 제어하는 방법에 따라서 정해진다.

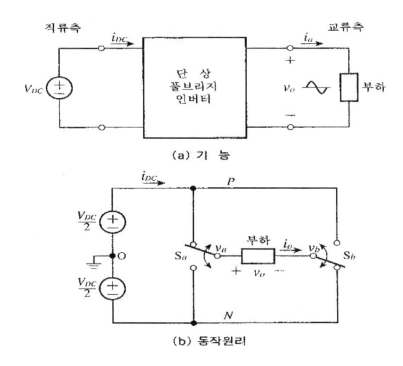

그림 3-3 단상 풀브리지 인버터의 기능과 동작원리

즉 단상 인버터는 2개의 폴로 제어되며, 출력전압 v_o는 두 폴전압 v_a 와 v_b의 차이와 같다. 즉

$$v_o = v_a - v_b \tag{3-1}$$

스위치 S_a와 S_b의 접점 상태에 따라 부하에 공급 가능한 출력전압은 표 3-1과 같이 주어진다.

표 3-1 스위칭 상태표

S_a	S_b	v_o
P	N	V_{DC}
N	P	$-V_{DC}$
P	P	0
N	N	0

1. 입출력 특성

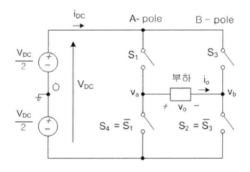

그림 3-4 단상 인버터의 구성

그림 3-4에 4개의 스위치로 구성된 단상 인버터를 보여주고 있으며, 한 pole에 속한 스위치는 서로 상보적(complimentary)인 스위치 동작을 한다. 즉

$$S_2 + S_3 = 1$$
$$S_1 + S_4 = 1 \tag{3-2}$$

각 스위치들의 존재함수를 이용하여 폴전압 v_a와 v_b를 나타내면

$$v_a = S_1 \left(\frac{V_{dc}}{2} \right) + S_4 \left(-\frac{V_{dc}}{2} \right)$$

$$v_b = S_3 \left(\frac{V_{dc}}{2} \right) + S_2 \left(-\frac{V_{dc}}{2} \right) \tag{3-3}$$

와 같다. 따라서 단상 인버터의 출력전압 v_o는 다음과 같이 얻어진다.

$$v_o = v_a - v_b = S_{FB} V_{DC} \tag{3-4}$$

단상 인버터의 스위칭 함수 S_{FB}는 다음과 같이 정의된다.

$$S_{FB} = \left(\frac{S_1 - S_4}{2} \right) - \left(\frac{S_3 - S_2}{2} \right) = S_1 - S_3 \tag{3-5}$$

스위치 S_1과 S_3는 서로 독립적으로 스위칭 가능하므로 다음 관계식이 성립한다.

$$S_{FB} \in \{ 1, \ 0, \ -1 \} \tag{3-6}$$

입력전류 i_{DC}는 부하전류 i_o와 각 스위치들의 스위칭 함수에 의해서 정해진다.

$$i_{DC} = S_1 i_o + S_3 (-i_o) = S_{FB} i_o \tag{3-7}$$

따라서 스위칭 함수 S_{FB}를 이용하면 단상 인버터 동작을 완전히 기술할 수 있다. 스위치에서 소모되는 전력이 없다고 가정하면 입력전압 P_i는 출력전력 P_o와 항상 같다.

$$P_i = V_{DC}i_{DC} = v_o i_o = P_o \tag{3-8}$$

따라서 평균 입력전류 I_{DC} 는 다음과 같이 주어진다.

$$I_{DC} = <i_{DC}> = \frac{<P_o>}{V_{DC}} \tag{3-9}$$

2. 정현파 출력전압 제어

단상 인버터의 출력전압을 구분하면 구형파(square wave), 계단파(step wave), 정현파 (sinusoidal wave)로 나누어진다. 구형파의 경우 가장 높은 전열기나 전등처럼 저항성 부하를 가진 교류 부하에 적합한 파형이다. 계단파는 구형파에 전압이 0인 구간을 추가 하여 기본파 출력 전압은 구형파 보다 낮지만 고주파 하모닉 성분들이 많이 감소한다. 저항성 부하에 사용이 가능하고 고성능을 요하지 않고, 구동만 되면 되는 팬 모터와 같 은 단상 교류 모터에도 사용이 가능하다. 정현파는 가장 sine 파형에 가까운 출력을 가 지고 있어서 기본파 출력전압은 가장 낮지만 하모닉 성분들도 가장 적다. 주로 고성능 교류모터나 엄격한 전력품질이 요구되는 계통연계형 인버터에 많이 사용된다. 구형파 와 계단파의 정확한 해석은 다루지 않고 출력 파형만을 그림 3-5에 나타내었다.

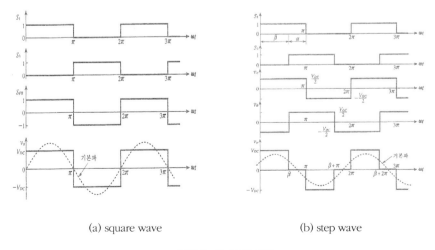

(a) square wave   (b) step wave

그림 3-5 출력 파형

단상 인버터는 서로 독립적으로 스위칭 할 수 있는 2개의 폴로 구성됨으로 각 폴의 폴 전압을 정현파 PWM 제어하는 것이 가능하다.

단상 인버터를 정현파 PWM 제어할 때, 각 폴의 스위칭 순간은 그림 3-6과 같이 2개의 기준파 v_{ra}와 v_{rb}를 하나의 반송파 v_c와 비교하여 순시적으로 정한다. 여기서 반송파 v_c 는 진폭 1, 주파수 f_c 인 삼각파이고, 기준파 v_{ra}와 v_{rb}는 진폭 m_a 주파수 f인 정현 파이고 서로 180°의 위상차를 갖는다. 즉

$$v_{ra} = m_a \sin(\omega t) = -v_{rb} \tag{3-10}$$

정현파 PWM 제어되는 단상 인버터에서 지폭변조지수 m_a와 주파수 변조지수 m_f는 다음과 같이 정의된다.

$$m_a = \frac{Amplitude\ of\ reference}{Amplitude\ of\ carrier\ wave}$$

$$m_f = \frac{Frequency\ of\ carrier\ wave}{Frequency\ of\ reference} = \frac{f_c}{f_r} \tag{3-11}$$

그림 3-6은 $m_a = 0.8$, $m_f = 8$인 정현파 PWM 제어 방식을 나타낸다.

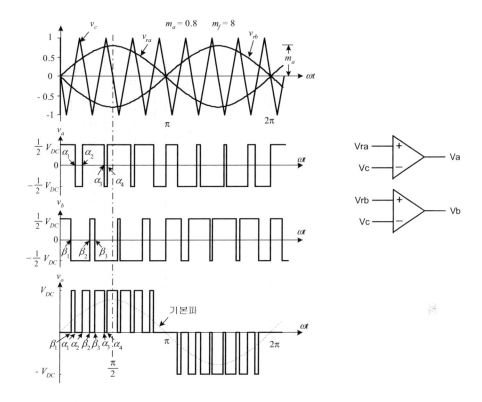

그림 3-6 단상 인버터의 정현파 PWM제어

단상 인버터에서 각 스위치들을 제어하는 방법은 다음과 같다.

a- 폴에 대해서

$$\begin{cases} v_{ra} > v_c : \ S_1 \ \textbf{ON}, \ S_4 \ \textbf{OFF} \Rightarrow v_a = \ \dfrac{V_{DC}}{2} \\[3mm] v_{ra} < v_c : \ S_1 \ \textbf{OFF}, \ S_4 \ \textbf{ON} \Rightarrow v_a = -\dfrac{V_{DC}}{2} \end{cases}$$

b-폴에 대해서

$$\begin{cases} v_{rb} > v_c : \ S_3 \ \textbf{ON}, \ S_2 \ \textbf{OFF} \Rightarrow v_b = \ \dfrac{V_{DC}}{2} \\[3mm] v_{rb} < v_c : \ S_3 \ \textbf{OFF}, \ S_2 \ \textbf{ON} \Rightarrow v_b = -\dfrac{V_{DC}}{2} \end{cases} \tag{3-12}$$

정현파 PWM은 a-폴과 b-폴에서 동시에 발생하는 스위칭을 피함으로써 출력전압 파형의 스위칭 주파수가 각 폴전압 파형스위칭 주파수의 2배가 되는 효과를 갖는다. 또 V_{DC}와 $-V_{DC}$사이의 직접적인 천이를 피함으로서 부하에서의 전압 충격도 완화된다.

출력전압의 기본파 성분은 각 폴전압의 기본파 성분으로부터 구할 수 있다. a-폴 전압과 b-폴 전압의 기본파 성분을 각각 v_{af}, v_{bf} 라고 하면

$$v_{af} = \frac{V_{DC}}{2} m_a \sin\omega t = -v_{bf} \tag{3-13}$$

이고 출력전압의 기본파 성분 v_f는 다음과 같다.

$$v_f = v_{af} - v_{bf} = V_{DC} m_a \sin\omega t \ , 0 \le m_a \le 1 \tag{3-14}$$

따라서 기본파 성분의 실효값 V_1 은

$$V_1 = \frac{1}{\sqrt{2}} V_{DC} m_a \tag{3-15}$$

이고 m_a에 선형적으로 증가한다. 또 m_a 가 1보다 작은 선형변조(linear modulation)으로 얻을 수 있는 V_1 의 최대값은 V_{DC} 이다.

정현파 PWM은 기본파의 크기와 기본파의 주파수를 제어가능하다. 고조파 성분은 반송파 주파수에 반비례함으로 반송파(Carrier wave) 주파수를 증가시키면 억제할 수 있으나, 스위칭 손실이 증가함으로 상호 trade-off 가 필요하다. 그림 3-7에 정현파 PWM시 발생하는 고조파 성분을 나타내었다.

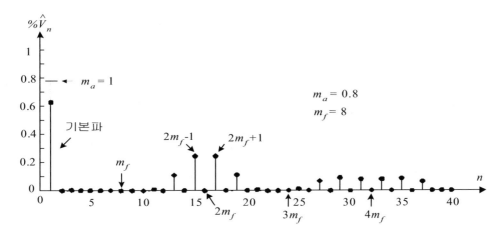

그림 3-7 정현파 PWM 고조파 성분 예

3.3 단상 인버터 시뮬레이션

단상 인버터를 구동하기 위한 PWM 생성 방법은 일정한 신호주기(T_s)를 갖는 삼각파 (triangular wave)와 제어기 출력(V_m)을 비교기(carrier)를 사용해서 만들어낸다.

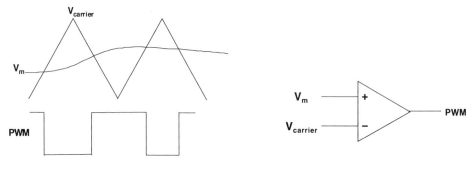

그림 3-8 PWM 파형 생성

삼각파 Carrier는 주파수, 진폭, Offset을 고려해서 설정되어야 한다. 즉 Carrier의 스위칭 주파수가 $f_s = 1/T_s$로 주어지고 진폭이 -1~1V로 결정되면 제어기 출력(V_m)도 진폭 -1~1V 사이에 위치하도록 설정하면 Duty 변화 범위를 0 ~ 100[%]까지 유지할 수 있다. 시뮬레이션을 위해서 Carrier는 PSIM Library에서 Triangular wave voltage source 를 선택한다.

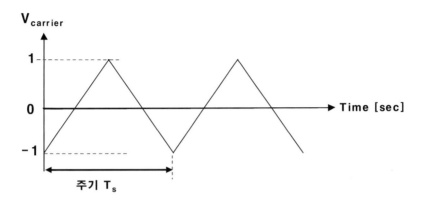

그림 3-9 삼각파 (Carrier) 설정

시뮬레이션은 PSIM을 사용한다. C-block을 이용한 제어기 코드를 작성할 때 하드웨어를 고려한 코드 작성이 가능하다. 다음은 DSP나 마이크로 프로세서를 제어기로 사용하는 경우 시뮬레이션에서 DSP 제어코드와 동일 코드를 시뮬레이션 코드로 사용하면 하드웨어와 시뮬레이션 코드를 공유할 수 있기 때문에 제어기 개발 기간이 짧아지고 trouble shooting시 문제점을 쉽게 파악할 수 있는 장점이 있다.

인버터 제어기로 많이 사용되는 DSP 320F28335를 이용한 시뮬레이션 코드는 다음과 같다.

● DSP에 내장된 PWM 생성 모듈인 Counter 를 이용함.

● Counter 주기에 해당하는 값 = 스위칭 주파수

● Compare 값 = 모듈레이션 Vm

Ex) Counter = 1000. (스위칭 주파수 = 10Khz) ⇒ Carrier에 해당

　　Compare = 400. ⇒ V_m에 해당

　　⇒ Duty = 0.4 인 PWM 생성

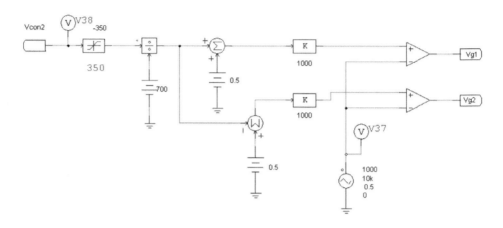

그림 3-10 DSP PWM을 생성하기 위한 시뮬레이션 파일

시뮬레이션은 다음의 예제를 포함하고 있다.

[예제 1] 정현파 PWM 생성

[예제 2] 인버터 시뮬레이션(UPS)

[예제 3] 인버터 시뮬레이션 - 계통연계

[예제 4] 인버터 시뮬레이션 (C-Code)

[예제 1] 정현파 PWM 생성

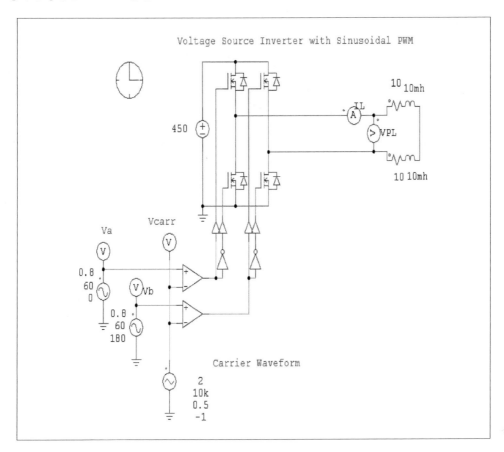

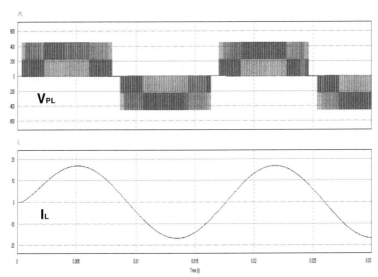

[예제 2] 인버터 시뮬레이션(UPS)

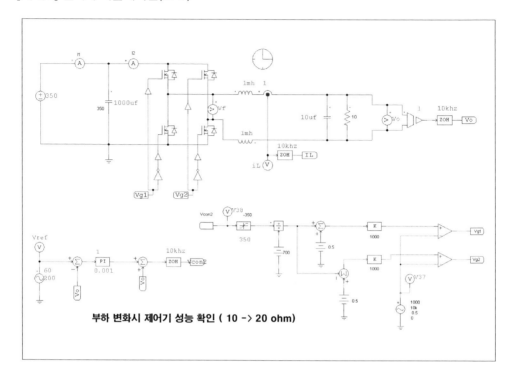

부하 변화시 제어기 성능 확인 (10 -> 20 ohm)

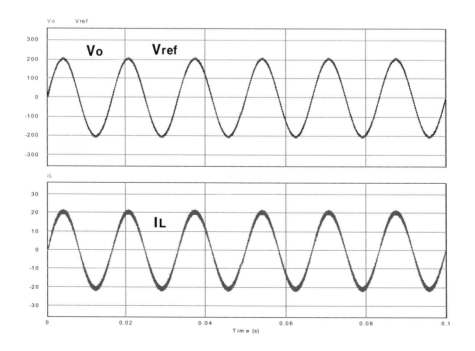

[예제 3] 인버터 시뮬레이션 – 계통연계

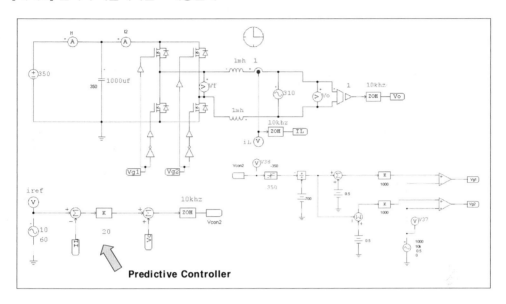

Predictive Controller

- 계통연계 목적 : 단위 역률로 전력 전송

- 제어기 설계

From Inverter output equation,

$$V_f = L\frac{di_L}{dt} + V_o$$

Transforming into digital Control System

$$V_f(k+1) = L\frac{i_L(k+1) - i_L(k)}{T_s} + V_o(k)$$

1 sample time안에 control 된다면,

$$i_{ref}(k) = i_L(k+1)$$

제어 입력은

$$V_f(k+1) = \frac{L}{T_s}[i_{ref}(k) - i_L(k)] + V_o(k)$$

예) Ts : 100 us (10Khz), L = 2 mh $\Rightarrow$ $\dfrac{L}{T_s} = \dfrac{2}{0.1}\dfrac{mh}{m\sec} = 20$

■ 시뮬레이션 결과

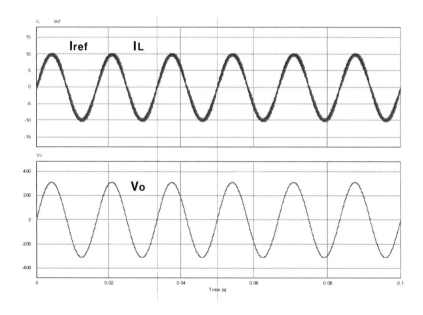

[실습]

기준 전류 크기가 바뀔 때의 제어기 성능 확인 (5A → 10A → 20A)

[예제 4] 인버터 시뮬레이션 (C-Code)

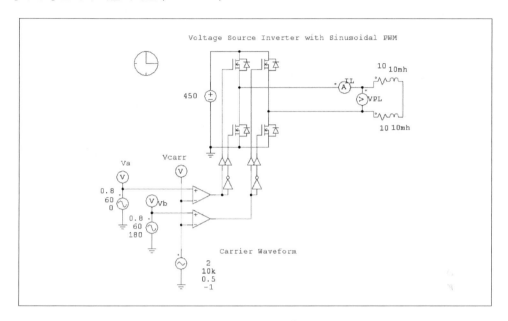

■ 제어기 C-Code

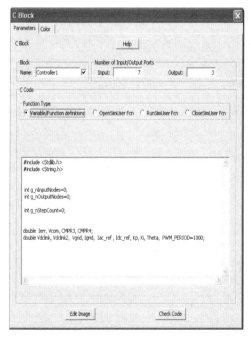

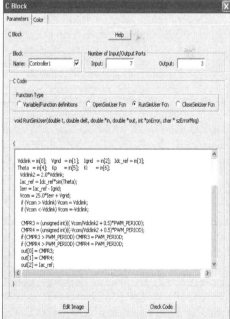

■ 시뮬레이션 결과

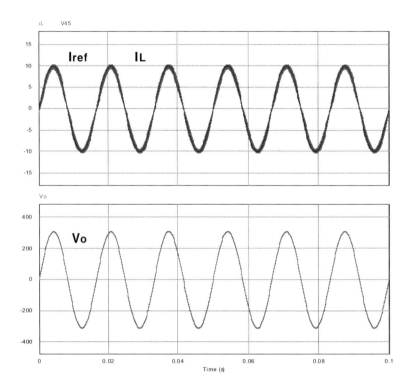

3.4 3상 인버터

3상 인버터(three-phase inverter)는 그림 3-11과 같이 단일 직류 입력으로부터 3상 교류 출력전압을 발생하여 3상 부하에 공급하는 기능을 가진다. 3상 교류전압의 파형은 그림의 양방향 전환스위치 S_a, S_b, S_c 를 제어하는 방법에 따라 달라진다.

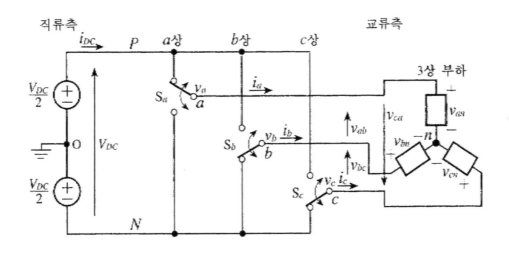

그림 3-11 3상 인버터의 기능과 동작원리

3상 인버터는 서로 독립적으로 동작할 수 있는 3개의 폴로 구성되며 각 폴은 a상, b상, c상의 출력 상전압 v_a, v_b, v_c 를 각각 발생한다. 여기서 출력 상전압이란 직류 입력전원 V_{DC} 의 중간점, 즉 O점의 전위를 기준으로 나타낸 각 폴의 출력전압임에 유의하여야 한다. 3상 인버터의 각 출력 상전압은 서로 120° 의 위상차를 갖도록 제어된다. 그러므로 출력 상전압의 차인 출력 선간전압 v_{ab}, v_{bc}, v_{ca} 도 서로 120° 의 위상차를 갖는다.

3상 부하가 Y-결선된 평형 부하일 때, 각 폴의 스위칭 상태에 따른 3상 부하의 연결상태는 그림 3-12와 같다. 3상 부하는 직류 입력전압을 공급하는 두 레일 P와 N 사이에 놓이는데, 3상 인버터의 스위칭 상태에 따라 부하의 각 상 입력은 P 또는 N에 접속된다.

예를 들어 그림 (a)의 3상 부하의 한 상은 P에, 나머지 두 상은 N에 연결된 상태이다.

이 경우 부하의 중성점 n의 전압 v_n은 O점의 전위를 기준으로 할 때, $-\dfrac{1}{6}V_{DC}$가 된다. 만약 a상은 P에, b상과 c상은 N에 연결된 경우라면,

$$v_{an} = v_{Pn} = \frac{2}{3}V_{DC}$$

$$v_{bn} = v_{cn} = v_{Nn} = -\frac{1}{3}V_{DC} \tag{3-16}$$

가 됨을 알 수 있다.

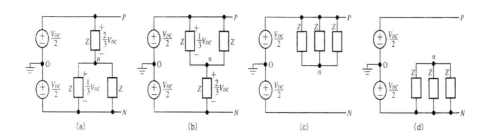

그림 3-12 3상 부하의 연결 상태

표 3-2는 3상 인버터에서 스위칭 상태에 따른 인버터의 출력 상전압과 출력 선간전압, 부하의 부하 상전압을 정리한 것이다. 표에서 알 수 있듯이, 스위칭 상태에 따라 가능한 전압의 레벨은 다음과 같다.

출력 상전압 $(v_a, v_b, v_c) \in \left\{ \dfrac{V_{DC}}{2},\ -\dfrac{V_{DC}}{2} \right\}$

출력 선간전압 $(v_{ab}, v_{bc}, v_{ca}) \in \left\{ V_{DC},\ 0,\ -V_{DC} \right\}$

부하 상전압 $(v_{an}, v_{bn}, v_{cn}) \in \left\{ \dfrac{2V_{DC}}{3},\ \dfrac{V_{DC}}{3},\ 0,\ -\dfrac{V_{DC}}{3},\ -\dfrac{2V_{DC}}{3} \right\}$

출력 상전압은 O 점에 대한 전압이고 부하 상전압은 중성점 n에 대한 전압이다.

표 3-2 3상 인버터의 스위칭 상태표

스위칭상태			출력 극전압			출력 선간전압			부하 상전압		
S_a	S_b	S_c	v_a	v_b	v_c	v_{ab}	v_{bc}	v_{ca}	v_{an}	v_{bn}	v_{cn}
0	0	0	$-V_{dc}/2$	$-V_{dc}/2$	$-V_{dc}/2$	0	0	0	0	0	0
0	0	1	$-V_{dc}/2$	$-V_{dc}/2$	$V_{dc}/2$	0	$-V_{dc}$	V_{dc}	$-V_{dc}/3$	$-V_{dc}/3$	$2V_{dc}/3$
0	1	0	$-V_{dc}/2$	$V_{dc}/2$	$-V_{dc}/2$	$-V_{dc}$	V_{dc}	0	$-V_{dc}/3$	$2V_{dc}/3$	$-V_{dc}/3$
0	1	1	$-V_{dc}/2$	$V_{dc}/2$	$V_{dc}/2$	$-V_{dc}$	0	V_{dc}	$-2V_{dc}/3$	$V_{dc}/3$	$V_{dc}/3$
1	0	0	$V_{dc}/2$	$-V_{dc}/2$	$-V_{dc}/2$	V_{dc}	0	$-V_{dc}$	$2V_{dc}/3$	$-V_{dc}/3$	$-V_{dc}/3$
1	0	1	$V_{dc}/2$	$-V_{dc}/2$	$V_{dc}/2$	V_{dc}	$-V_{dc}$	0	$V_{dc}/3$	$-2V_{dc}/3$	$V_{dc}/3$
1	1	0	$V_{dc}/2$	$V_{dc}/2$	$-V_{dc}/2$	0	V_{dc}	$-V_{dc}$	$V_{dc}/3$	$V_{dc}/3$	$-2V_{dc}/3$
1	1	1	$V_{dc}/2$	$V_{dc}/2$	$V_{dc}/2$	0	0	0	0	0	0

출력 상전압은 2-레벨 파형이지만, 출력 선간 전압은 3-레벨, 부하상전압은 5-레벨의 파형을 얻는 것이 가능하다.

2) 3상 인버터의 입출력 특성

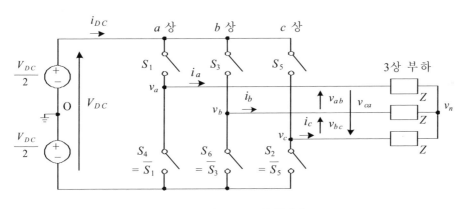

그림 3-13 3상 인버터

그림 3-13은 6개의 스위치로 구성된 3상 인버터이다. 각 폴의 두 스위치는 서로 상보(complimentary)적으로 동작한다. 즉

$$\left.\begin{array}{l} S_1 + S_4 = 1 \\ S_3 + S_6 = 1 \\ S_5 + S_2 = 1 \end{array}\right\}$$

(3-17)

또 각 폴의 상단 스위치의 존재함수 S_1, S_3, S_5 는 서로 120° 의 위상차를 갖는다. 각 스위치의 존재함수를 사용하여 인버터의 출력전압을 나타내면 다음과 같다.

$$v_a = S_1\left(\frac{V_{dc}}{2}\right) + S_4\left(-\frac{V_{dc}}{2}\right) = S_a V_{dc} \qquad S_a = \frac{1}{2}(S_1 - S_4) = S_1 - \frac{1}{2}$$

$$v_b = S_3\left(\frac{V_{dc}}{2}\right) + S_6\left(-\frac{V_{dc}}{2}\right) = S_b V_{dc} \qquad S_b = \frac{1}{2}(S_3 - S_6) = S_3 - \frac{1}{2}$$

$$v_c = S_5\left(\frac{V_{dc}}{2}\right) + S_2\left(-\frac{V_{dc}}{2}\right) = S_c V_{dc} \qquad S_c = \frac{1}{2}(S_5 - S_2) = S_5 - \frac{1}{2}$$

(3-18)

출력 선간전압은 다음 식으로 표시된다.

$$v_{ab} = v_a - v_b = S_{ab} V_{DC} \qquad S_{ab} = S_a - S_b = S_1 - S_3$$

$$v_{bc} = v_b - v_c = S_{bc} V_{DC} \qquad S_{bc} = S_b - S_c = S_3 - S_5$$

$$v_{ca} = v_c - v_a = S_{ca} V_{DC} , \qquad S_{ca} = S_c - S_a = S_5 - S_1$$

(3-19)

O점을 기준으로 한 Y-결선된 3상 부하의 중성점, n점의 전압 v_n 은

$$v_n = \frac{\dfrac{v_a}{Z} + \dfrac{v_b}{Z} + \dfrac{v_c}{Z}}{\dfrac{1}{Z} + \dfrac{1}{Z} + \dfrac{1}{Z}} = \frac{1}{3}(v_a + v_b + v_c) = \frac{1}{3}(S_a + S_b + S_c)V_{DC}$$

(3-20)

Note : o 점을 기준으로 한 n 점의 전위는 3상부하의 연결 상태에 따라 -V$_{DC}$/6, +V$_{DC}$/6, +V$_{DC}$/2, -V$_{DC}$/2 가운데 하나가 된다.

부하 상전압은 다음 식을 표시된다.

$$v_{an} = v_a - v_n = S_{an}V_{DC} \qquad S_{an} = \frac{1}{3}(2S_a - S_b - S_c) = \frac{1}{3}(2S_1 - S_3 - S_5)$$

$$v_{bn} = v_b - v_n = S_{bn}V_{DC} \qquad S_{bn} = \frac{1}{3}(-S_a + 2S_b - S_c) = \frac{1}{3}(-S_1 + 2S_3 - S_5)$$

$$v_{cn} = v_c - v_n = S_{cn}V_{DC} \; , \qquad S_{cn} = \frac{1}{3}(-S_a - S_b + 2S_c) = \frac{1}{3}(-S_1 - S_3 + 2S_5) \quad (3\text{-}21)$$

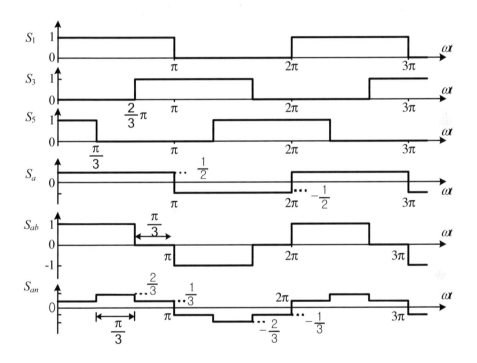

그림 3-14 3상 인버터의 스위칭 함수

3상 인버터의 입력전류 i_{DC} 는 부하전류 $i_a,\, i_b,\, i_c$ 와 각 상의 스위치 상태에 따라서 정해진다. 3상 인버터 그림을 참조하면

$$i_{DC} = S_1 i_a + S_3 i_b + S_5 i_c \tag{3-22}$$

이다. 또 KCL에 의하면 $i_a + i_b + i_C = 0$인 관계식을 이용하여 정리하면 3상 인버터 입력전류는 다음과 같이 표현된다.

$$i_{DC} = S_1 i_a + S_3 i_b + S_5 i_c = S_1 i_a + S_3 i_b + S_5 i_c - \frac{1}{2}(i_a + i_b + i_c) = S_a i_a + S_b i_b + S_c i_c \quad (3\text{-}23)$$

3) 출력전압의 제어

1) 6-step 제어

3상 인버터를 구성하는 3개의 폴은 각기 독립적으로 제어 가능하다. 만일 각 폴의 상단과 하단 스위치를 180^0 간격으로 번갈아 스위칭하고, 각 폴 전압 파형이 서로 120^0의 위상차를 갖도록 제어한다면, 각부의 전압 및 전류파형은 그림3-15와 같다. (c)의 부하 상전압은 한 주기 동안 60^0 구간씩 6차례에 걸쳐 값이 단계적으로 변하는 6-스텝 파형이되므로 이를 6-step 제어라 한다. 3상 인버터가 6-step 제어될 때, 출력 상전압, 출력선간전압, 부하 상전압은 각각 2-레벨, 3-레벨, 4-레벨 파형이 된다.

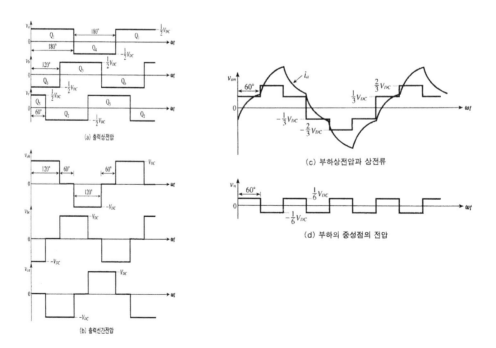

그림 3-15 3상 인버터의 6-step 파형

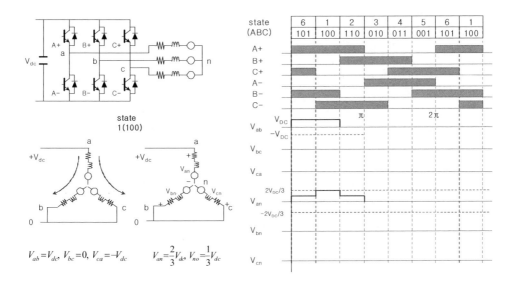

그림 3-16 스위치 상태에 따른 전압 파형

출력 파형의 주파수 해석

6-스텝 제어되는 3상 인버터의 각 상의 출력 상전압은 구형파이고, 각 상의 출력상전압은 120°의 위상차를 가지므로

$$v_a = \frac{2V_{DC}}{\pi} \sum_{n=1,3,5,...}^{\infty} \frac{1}{n}\sin(n\omega t)$$

$$v_b = \frac{2V_{DC}}{\pi} \sum_{n=1,3,5,...}^{\infty} \frac{1}{n}\sin n(\omega t - \frac{2}{3}\pi)$$

$$v_c = \frac{2V_{DC}}{\pi} \sum_{n=1,3,5,...}^{\infty} \frac{1}{n}\sin n(\omega t + \frac{2}{3}\pi)$$

(3-24)

가 된다.

출력 선간전압은 위 식들을 정리하면 다음과 같다.

$$v_{ab} = v_a - v_a = \frac{4V_{DC}}{\pi} \sum_{n=1,3,5,\ldots}^{\infty} \frac{1}{n} \cos\frac{n\pi}{6} \sin n(\omega t + \frac{\pi}{6})$$

$$= \frac{2\sqrt{3}V_{DC}}{\pi}[\sin(\omega t + 30°) - \frac{1}{5}\sin 5(\omega t + 30°) - \frac{1}{7}\sin 7(\omega t + 30°) + \frac{1}{11}\sin 11(\omega t + 30°)\cdots]$$

$$v_{bc} = v_b - v_c = \frac{4V_{DC}}{\pi} \sum_{n=1,3,5,\ldots}^{\infty} \frac{1}{n} \cos\frac{n\pi}{6} \sin n(\omega t - \frac{\pi}{2})$$

$$= \frac{2\sqrt{3}V_{DC}}{\pi}[\sin(\omega t - 90°) - \frac{1}{5}\sin 5(\omega t - 90°) - \frac{1}{7}\sin 7(\omega t - 90°) + \frac{1}{11}\sin 11(\omega t - 90°)\cdots]$$

$$v_{ca} = v_c - v_a = \frac{4V_{DC}}{\pi} \sum_{n=1,3,5,\ldots}^{\infty} \frac{1}{n} \cos\frac{n\pi}{6} \sin n(\omega t + \frac{5\pi}{6})$$

$$= \frac{2\sqrt{3}V_{DC}}{\pi}[\sin(\omega t + 150°) - \frac{1}{5}\sin 5(\omega t + 150°) - \frac{1}{7}\sin 7(\omega t + 150°) + \frac{1}{11}\sin 11(\omega t + 150°)\cdots]$$

$$(3-25)$$

식에서 출력 선간전압은 $6k \pm 1$ 차수의 고조파 성분만을 포함한다는 점에 유의한다. 이는 대칭 3상 회로의 성질에 따라 출력 상전압에는 존재하던 $3,6,9,12,\ldots$(3 배수) 차수의 고조파 성분이 제거되어 출력선간 전압에는 나타나지 않기 때문이다. 출력 선간 전압을 알면 3상의 성질로부터 부하상전압을 구할 수 있다. 예를 들어 부하 상전압 v_{an}은 출력 선간전압 v_{ab}가 크기는 $\frac{1}{\sqrt{3}}$ 배, 위상은 30°만큼 지연된 것이다.

$$v_{an} = \frac{1}{\sqrt{3}} v_{ab}(\omega t - 30°) = \frac{2V_{DC}}{\pi}[\sin(\omega t) - \frac{1}{5}\sin 5\omega t - \frac{1}{7}\sin 7\omega t + \cdots]$$

$$v_{bn} = v_{an}(\omega t - 120°) = \frac{2V_{DC}}{\pi}[\sin(\omega t - 120°) - \frac{1}{5}\sin 5(\omega t - 120°) - \frac{1}{7}\sin 7(\omega t - 120°) + \cdots]$$

$$v_{cn} = v_{an}(\omega t + 120°) = \frac{2V_{DC}}{\pi}[\sin(\omega t + 120°) - \frac{1}{5}\sin 5(\omega t + 120°) - \frac{1}{7}\sin 7(\omega t + 120°) + \cdots]$$

$$(3-26)$$

O점의 전위를 기준으로 하는 부하 중성점의 전위 v_n 은 크기가 $V_{DC}/6$ 인 구형파이며 출력전압 주파수의 3배가 되는 주파수를 기본 주파수로 갖는다. 즉

$$v_n = \frac{4}{\pi} \cdot \left(\frac{V_{DC}}{6} \right) \sum_{n=1,3,5,\dots}^{\infty} \frac{1}{n} \sin 3n\omega t \qquad (3\text{-}27)$$

출력파형(출력상전압, 출력선간전압, 부하상전압)의 실효값을 각각 V_{ao}, V_{LL}, V_{an} 이라고 하면 다음과 같다.

출력 상전압 $\quad V_{ao} = \sqrt{\frac{1}{\pi} \int_0^\pi \left(\frac{V_{DC}}{2} \right)^2 d(\omega t)} = \frac{V_{DC}}{2} = 0.5\, V_{DC}$

출력 선간전압 $\quad V_{LL} = \sqrt{\frac{1}{\pi} \int_0^{2\pi/3} V_{DC}^{\,2} d(\omega t)} = \sqrt{\frac{2}{3}} V_{DC} = 0.82\, V_{DC}$

부하 상전압 $\quad V_{an} = \sqrt{\frac{1}{\pi} \int_0^\pi v_{an}^{\,2} d(\omega t)} = \frac{\sqrt{2}}{3} V_{DC} = 0.47\, V_{DC} \qquad (3\text{-}28)$

출력파형 기본파의 실효값을 각각 $V_{ao(1)}$, $V_{LL(1)}$, $V_{an(1)}$ 라 하면

$$V_{ao(1)} = V_{an(1)} = \frac{1}{\sqrt{2}} \cdot \frac{2V_{DC}}{\pi} = \frac{\sqrt{2} V_{DC}}{\pi} = 0.45\, V_{DC}$$

$$V_{LL(1)} = \frac{1}{\sqrt{2}} \cdot \frac{2\sqrt{3} V_{DC}}{\pi} = \frac{\sqrt{6} V_{DC}}{\pi} = 0.78\, V_{DC} \qquad (3\text{-}29)$$

2) 정현파(Sinusoidal) PWM

3상 인버터의 정현파 PWM 제어는 일정한 직류 입력전압 V_{DC} 로부터 크기와 주파수가 가변될 수 있는 평형 3상(balanced 3-phase)의 제어 출력전압을 얻으려 하는 경우에 가장 널리 사용되는 출력전압 제어방식이다.

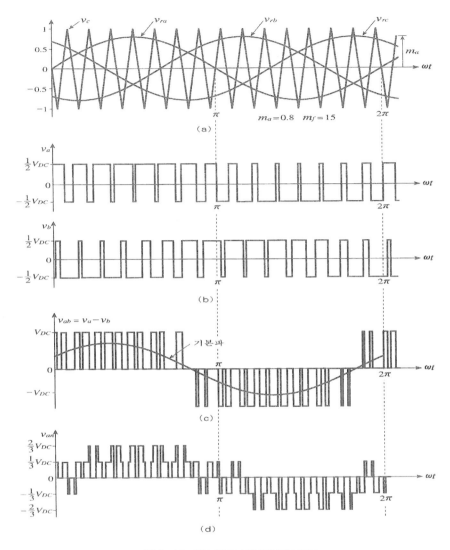

그림 3-17 3상 인버터의 정현파 PWM

3상 인버터에서 정현파 PWM 제어는 각 폴의 폴전압을 단상 풀브리지와 같이 정현파
PWM으로 하되, 그림 3-17 (a)와 같이 평형 3상 정현파의 기준파 신호와 각 상에 공통
인 반송파 신호를 사용한다. 예를 들면 a 상의 경우 기준파 v_{ra}와 반송파 v_c를 비교하여
단상 정현파와 같이 PWM 제어된다.

a, b, c 상에 각각 대응되는 정현파의 기준 신호 v_{ra}, v_{rb}, v_{rc} 는 진폭 m_a, 주파수 f이

고, 삼각파의 반송파 v_c는 진폭 1, 주파수 f_c이다. 진폭변조지수와 주파수변조지수는 단상 풀브리지와 동일하다. 그림에 $m_a = 0.8$, $m_f = 15$ 인 3상 정현파 PWM 제어방식과 각 부의 파형을 나타낸다.

정현파 PWM 제어되는 3상 인버터에서 출력선간전압은 그림 (c)에서 보듯이 단극성 파형이다. 또 부하 상전압은 (d)와 같이 5-레벨의 파형이 된다.

기본파 성분

진폭변조지수 m_f 가 1 보다 작은 선형변조 영역에서 3상 인버터의 출력상전압의 기본파 성분은 전과 같이 구할 수 있다. 출력 상전압의 기본파의 실효값 $V_{ao(1)}$는

$$V_{ao(1)} = \frac{1}{\sqrt{2}} \cdot \frac{V_{DC}}{2} m_a \tag{3-30}$$

와 같다. 평형 3상 회로에서 선간전압의 크기는 상전압 크기의 $\sqrt{3}$ 배이다. 그러므로 출력 선간전압의 기본파의 실효값 $V_{LL(1)}$은

$$V_{LL(1)} = \sqrt{3} V_{ao(1)} = \frac{\sqrt{3}}{2\sqrt{2}} V_{DC} m_a \tag{3-31}$$

가 된다. 또 부하상전압

$$V_{an(1)} = \frac{1}{\sqrt{3}} V_{LL(1)} = V_{ao(1)} \tag{3-32}$$

3상 인버터가 선형변조 정현파 PWM 제어될 때 출력상전압, 출력선간전압, 부하상전압의 기본파 성분의 실효값은 진폭변조지수 m_a에 비례하여 증가함을 알 수 있다. 선형변조 영역에서 출력선간전압의 최대 실효값 $V_{LL(1),\max}$ 는 $m_a = 1$ 일 때의 값이며,

$$V_{LL(1),\max} = \frac{\sqrt{3}}{2\sqrt{2}} V_{DC} = 0.61 V_{DC}$$

$$(3\text{-}33)$$

이고 $V_{LL(1),\max}$ 는 6-스텝 제어될 때 얻는 출력 선간전압 실효값의 78.6%에 지나지 않는다.

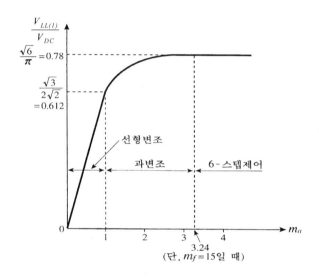

그림 3-18 3상 인버터의 동작영역과 출력 선간전압의 실효값

$m_a > 1$ 인 과변조(overmodulation)가 되면 출력선간전압의 크기는 그림 3-18과 같이 $V_{LL(1),\max}$ 이상으로 증가한다. 과변조 영역에서는 m_a 의 증가에 대해서 $V_{LL(1)}$ 의 크기가 비선형적으로 증가하며, m_a 가 일정값 이상 ($m_f = 15$인 경우 3.24)이 되면 인버터의 출력전압이 6-스텝 제어하는 경우와 같게 되어 $V_{LL(1)}$ 의 크기는 더 이상 증가하지 않는다.

3상 인버터가 과변조 영역에서 동작하면 선형변조할 때보다 더 큰 출력전압을 얻을 수 있지만, m_a 의 증감에 대해서 비선형적인 제어특성을 갖고 선형 변조시에는 나타나지 않았던 고조파 성분이 포함되어 파형이 나빠지는 단점이 있다.

6-step과 정현파 PWM을 출력 선간전압 기본파 성분으로 비교하면 다음과 같다.

$$V_{LL(1)} = \frac{\sqrt{6}V_{DC}}{\pi} = 0.78\,V_{DC} \quad (for\ 6-step)$$

$$V_{LL(1),max} = 0.61\,V_{DC} \quad (for\ Sinusoidal)$$

정현파 PWM을 구현하는 방법은 각 상전압 명령 $v_{an}^{*}, v_{bn}^{*}, v_{cn}^{*}$ 에 $\dfrac{1}{V_{dc}}$ 을 곱하여 x_a, x_b, x_c 를 얻은 뒤에 삼각파와 비교하여 스위치 구동 신호 S_1, S_3, S_5 를 얻는다.

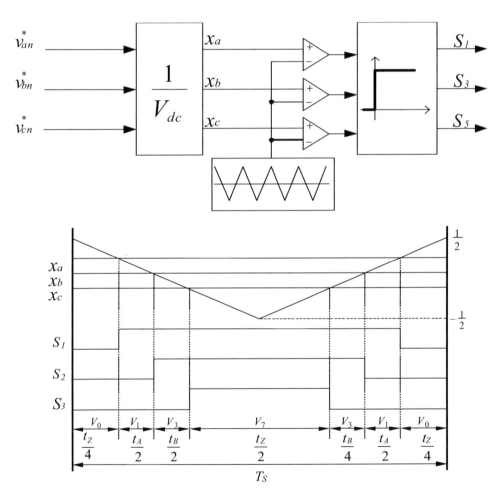

그림 3-19 정현파 PWM 구현방법

3) 공간 벡터(Space Vector) PWM

서로 독립적으로 동작할 수 있는 3개의 폴로 구성되는 3상 인버터에서 정현파 PWM은 본질적으로 각 폴을 단상 하프브리지 인버터처럼 독립적으로 정현파 PWM 하는 방식이다. 즉 3상 정현파 PWM 제어에서는 한 상의 스위칭 상태를 결정하는데 다른 상의 스위칭 상태는 고려되지 않는다.

공간벡터(space vector) PWM은 정현파 PWM과는 달리 6개의 스위치를 한꺼번에 고려하여 인버터의 스위칭 상태를 미리 계산된 순서(sequence)와 지속시간(dwell time)에 따라 전환해주는 방식이다. 이때 기준(reference)이 되는 부하 상전압과 각상의 부하 상전압이 스위칭 주기 동안 평균적으로 각각 같도록 인버터 상태(state)의 순서와 각 상태의 지속시간을 정한다. 공간벡터 PWM은 각 스위칭 주기마다 수치계산을 필요로 하므로 마이크로 프로세서를 포함하는 디지털 하드웨어에 의해서 구현된다.

공간 벡터(SV)전압 변조 방식의 기본원리는 PWM 한 주기(Ts) 내에서 기준 전압 벡터와 평균적으로 동일한 전압을 인버터의 유효벡터들을 이용해서 합성해내는 것이다. 즉, 지령 출력 전압 벡터가 주어진 경우 PWM 주기 동안 지령 전압 벡터에 가장 가까운 두 유효 전압벡터와 영 벡터를 이용하여 평균적으로 전압 지령 벡터와 동일한 전압을 발생시키는 것이다.

좌표변환과 공간벡터

3상 시스템에서 3상의 크기 F_a, F_b, F_c 는 직교하는 3개의 양 F_d 와 F_q 로 변환될 수 있다. 3상을 2상으로 변환하는 대응관계는 다음과 같다.

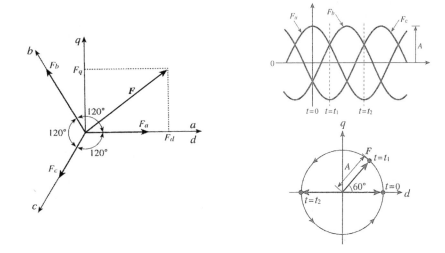

그림 3-20 a–b–c 좌표와 d–q 좌표간 변환

$$F = F_d + jF_q = \frac{2}{3}\left(F_a + F_b e^{i\frac{2}{3}\pi} + F_c e^{-i\frac{2}{3}\pi}\right)$$ (3-34)

단, 3상은 평형이라고 가정한다. $F_a + F_b + F_c = 0$ 이다.

3상이 평형일 경우, F_a, F_b, F_c 가운데 두 값만이 독립적으로 정해지므로, 고정된 3상의 양을 고정된 d-q 축의 양으로 변환하므로 고정좌표 d-q 변환(stationary d-q transform), 또는 간단히 d-q 변환이라 한다.

윗 식을 실수부와 허수부로 나누어 행렬식으로 나타내면 다음과 같다.

$$\begin{bmatrix} F_d \\ F_q \end{bmatrix} = \frac{2}{3}\begin{bmatrix} 1 & -\dfrac{1}{2} & -\dfrac{1}{2} \\ 0 & \dfrac{\sqrt{3}}{2} & -\dfrac{\sqrt{3}}{2} \end{bmatrix}\begin{bmatrix} F_a \\ F_b \\ F_c \end{bmatrix}$$ (3-35)

수식을 조합하여 역변환을 구하면 다음과 같다. 즉

$$\begin{bmatrix} F_a \\ F_b \\ F_c \end{bmatrix} = \begin{bmatrix} 1 & 0 \\ -\dfrac{1}{2} & \dfrac{\sqrt{3}}{2} \\ -\dfrac{1}{2} & -\dfrac{\sqrt{3}}{2} \end{bmatrix} \begin{bmatrix} F_d \\ F_q \end{bmatrix}$$

$$(3\text{-}36)$$

3상의 양이 일정한 값이면 d-q 변환된 2상의 양은 일정한 복소수, 즉 d-q 평면상의 고정점 또는 고정된 벡터가 된다. 그러나 만일 3상의 양이 시간의 함수로 변하면, d-q 변환된 2상의 양은 d-q 평면상의 움직이는 점으로 표현될 것이다. 예를 들어 평형 3상의 정현파인 F_a, F_b, F_c 를 d-q 변환하면 복소 평면상에 반지름 A(정현파의 진폭)의 원의 궤적을 따라 회전하는 벡터가 된다.

공간벡터(space vector)란 3상 인버터에서 특히 부하상전압을 d-q 변환하여 얻은 복소수 혹은 전압 벡터를 말한다. 3상 인버터에서 6개의 스위치를 조작하여 얻을 수 있는 서로 다른 인버터 상태는 표 3-3과 같이 모두 8개 이므로 8개의 공간벡터가 정의될 수 있다. 표 3-3에 3상 인버터의 모든 가능한 스위치 상태와 각 스위칭 과정에 대응하는 부하상전압 및 공간벡터를 나타냈다.

$$V_k = \begin{cases} \dfrac{2}{3} V_{DC} e^{j\frac{(k-1)\pi}{3}} & k = 1, 2, \ldots 6 \\ 0 & k = 0, 7 \end{cases}$$

$$(3\text{-}37)$$

k는 각 인버터 상태를 구분하기 위한 번호이다. 그림 3-21에 3상 인버터의 공간벡터를 표시하였다. 인버터 상태 0 과 7은 스위칭 상태가 서로 다름에도 불구하고 부하 상전압은 동일하다. 또 V_0, V_7 은 크기가 모두 0 이므로 영벡터(zero vector)라고 한다.

표 3-3 3상 인버터의 부하 상전압과 공간벡터

인버터 상태 k	스위치 상태 $[\,S_1\,S_2\,S_3\,]$	부하상전압			공간벡터 V_k $(\,V_k = v_d + jv_q\,)$	
		v_{an}	v_{bn}	v_{cn}	v_d	v_q
0	[0 0 0]	0	0	0	0	0
1	[1 0 0]	$\dfrac{2}{3}V_{DC}$	$-\dfrac{1}{3}V_{DC}$	$-\dfrac{1}{3}V_{DC}$	$\dfrac{2}{3}V_{DC}$	0
2	[1 1 0]	$\dfrac{1}{3}V_{DC}$	$\dfrac{1}{3}V_{DC}$	$-\dfrac{2}{3}V_{DC}$	$\dfrac{1}{3}V_{DC}$	$\dfrac{\sqrt{3}}{3}V_{DC}$
3	[0 1 0]	$-\dfrac{1}{3}V_{DC}$	$\dfrac{2}{3}V_{DC}$	$-\dfrac{1}{3}V_{DC}$	$-\dfrac{1}{3}V_{DC}$	$\dfrac{\sqrt{3}}{3}V_{DC}$
4	[0 1 1]	$-\dfrac{2}{3}V_{DC}$	$\dfrac{1}{3}V_{DC}$	$\dfrac{1}{3}V_{DC}$	$-\dfrac{2}{3}V_{DC}$	0
5	[0 0 1]	$-\dfrac{1}{3}V_{DC}$	$-\dfrac{1}{3}V_{DC}$	$\dfrac{2}{3}V_{DC}$	$-\dfrac{1}{3}V_{DC}$	$-\dfrac{\sqrt{3}}{3}V_{DC}$
6	[1 0 1]	$\dfrac{1}{3}V_{DC}$	$-\dfrac{2}{3}V_{DC}$	$\dfrac{1}{3}V_{DC}$	$\dfrac{1}{3}V_{DC}$	$-\dfrac{\sqrt{3}}{3}V_{DC}$
7	[1 1 1]	0	0	0	0	0

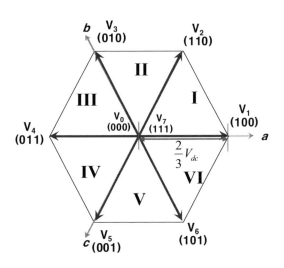

그림 3-21 3상 인버터의 공간벡터

(2) 공간벡터 PWM의 구현

공간벡터 PWM을 구현하기 위해서는 먼저 부하상전압에 대한 기준 명령 파형을 설정한다. 3상 인버터의 출력으로 요구되는 부하상전압, 즉 기준부하상전압은 다음과 같다고 가정한다.

$$
\begin{bmatrix} v_{an}^* \\ v_{bn}^* \\ v_{cn}^* \end{bmatrix} = \frac{2}{3} V_{DC}\, m_s \begin{bmatrix} \cos \omega t \\ \cos(\omega t - 2\pi / 3) \\ \cos(\omega t + 2\pi / 3) \end{bmatrix}
$$

(3-28)

여기서 $v_{an}^*, v_{bn}^*, v_{cn}^*$ 은 각각 a상, b상, c상의 기준 부하상전압이다. 또 m_s는 공간벡터 PWM의 변조지수(modulation index)라고 한다. 식의 기준 부하 상전압을 d-q 변환하면 그림과 같이 크기가 $\frac{2}{3} V_{DC} m_s$이고 각속도 ω로 회전하는 전압벡터 V^* 가 되는데 이를 기준벡터(reference vector)라고 한다. 즉

$$
V^* = \frac{2}{3} V_{DC} m_s e^{j\omega t}
$$

(3-39)

공간벡터 PWM은 일정한 시간간격 T_s 동안 기준 부하 상전압과 인버터의 부하 상전압이 평균적으로 같도록 공간벡터의 종류와 각 공간벡터의 지속시간을 설정하는 것이다. 즉 공간벡터 PWM의 한 스위칭 사이클은 T_s 시간 동안 이루어진다.

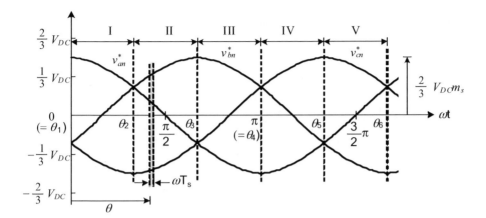

스위칭 사이클 동안 선택되는 공간벡터의 종류는 기준벡터 V*에 가장 인접한 세 벡터
(V_m, V_n, V_z)이고, 여기서 m < n, z = 0, 7 이다. 만약 인버터가 공간벡터 (V_m, V_n, V_z)의
스위칭 상태에 머무는 각 시간비율 d_m, d_n, d_z를 조절하면 T_s 동안의 평균이 기준벡터
V^*와 같도록 만들 수 있다. 스위칭 사이클이 임의의 시각 t부터 t+ T_s 까지라면

$$\frac{1}{T_s}\int_t^{t+T_s} V^* dt = \frac{1}{T_s}\left(\int_t^{t+t_m} V_m\, dt + \int_{t+t_m}^{t+t_m+t_n} V_n\, dt + \int_{t+t_m+t_n}^{t+T_s} V_z\, dt \right) \qquad (3\text{-}40)$$

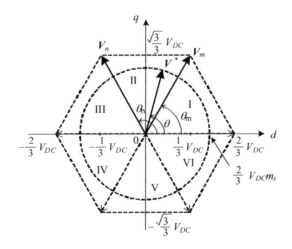

그림 3-22 공간벡터 PWM의 구현

여기서 t_m, t_n, t_z 는 선택된 공간벡터 V_m, V_n, V_z 지속시간이고

$$\begin{pmatrix} d_m & d_n & d_z \end{pmatrix} = \begin{pmatrix} \dfrac{t_m}{T_s} & \dfrac{t_n}{T_s} & \dfrac{t_z}{T_s} \end{pmatrix} \tag{3-41}$$

와 같다.

만약 T_s가 인버터 주파수 T 보다 훨씬 작아서 T_s 동안 V^*가 일정하다면 식은 다음과 같이 정리된다.

$$T_s \mathbf{V}^* = t_m \mathbf{V}_m + t_n \mathbf{V}_n, \quad T_s = t_m + t_n + t_z \tag{3-42}$$

위식은 3개의 미지수 t_m, t_n, t_z를 포함하는 3개의 독립적인 방정식이므로 유일해가 존재한다. 그러므로 공간벡터 (V_m, V_n, V_z)의 스위칭 상태를 유지하는 각 시간비율 d_m, d_n, d_z를 구하는 방정식은 다음과 같다. 양변을 T_s 로 나누면

$$\mathbf{V}^* = d_m \mathbf{V}_m + d_n \mathbf{V}_n,$$
$$1 = d_m + d_n + d_z \tag{3-43}$$

로부터

$$\frac{2}{3} V_{DC} m_s e^{j\theta} = d_m \cdot \frac{2}{3} V_{DC} m_s e^{j\theta_m} + d_n \cdot \frac{2}{3} V_{DC} m_s e^{j\theta_n} \tag{3-44}$$

여기서 $\theta_m < \theta < \theta_n$ 이고 $\theta_n - \theta_m = 60^o$ 이다. 실수부와 허수부로 나누어 정리하면

$$\begin{bmatrix} m_s \cos\theta \\ m_s \sin\theta \end{bmatrix} = \begin{bmatrix} \cos\theta_m & \cos\theta_n \\ \sin\theta_m & \sin\theta_n \end{bmatrix} \begin{bmatrix} d_m \\ d_n \end{bmatrix}$$

따라서,

$$d_m = m_s \frac{\sin(\theta_n - \theta)}{\sin(\theta_n - \theta_m)} = m_s \frac{\sin(\theta_n - \theta)}{\sin(60^o)}$$

$$d_n = m_s \frac{\sin(\theta - \theta_m)}{\sin(\theta_n - \theta_m)} = m_s \frac{\sin(\theta - \theta_m)}{\sin(60^o)}$$

$$d_z = 1 - (d_m + d_n) \tag{3-45}$$

한편 기준벡터 V^* 가 공간벡터 (V$_m$ 과 V$_2$사이에 놓이게 되면 (V$_m$, V$_n$, V$_z$)를 각각 d_m, d_n, d_z의 시간 비율만큼 선택해 줄때, 각 벡터들의 순서는 인버터에서 한 폴의 스위칭만으로 서로 전환이 가능하도록 정한다. 그러면 한 스위칭 사이클 동안 각 폴에서는 1회의 스위칭만이 발생하므로, 각 폴의 평균 스위칭 주파수는 $1/(2T_s)$로 최소가 된다. 예를 들어 기준 벡터가 그림 3-23과 같이 공간벡터 V_1 과 V_2 사이에 놓인 경우 초기 인버터 상태가 0 이라고 하면 인버터 상태의 스위칭 순서는 다음과 같다.

$$\ldots 0 \rightarrow 1 \rightarrow 2 \rightarrow 7 \rightarrow 2 \rightarrow 1 \rightarrow 0 \rightarrow 1 \rightarrow 2 \rightarrow 7 \rightarrow 2 \rightarrow 1 \ldots$$

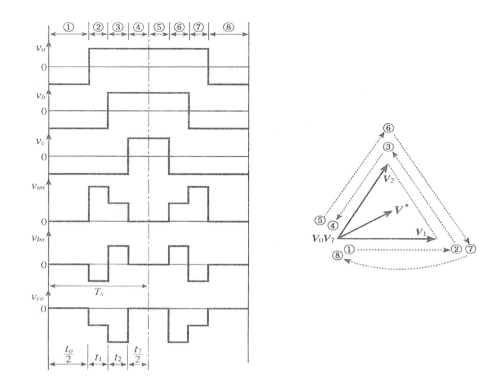

그림 3-23 공간벡터 PWM의 출력 전압 파형

그림 3-23과 같이 인버터 상태를 스위칭할 경우 인버터의 출력 상전압과 부하 상전압을 나타낸다. 영벡터 V_z의 선택시간 d_z는 그림과 같이 실제 구현시에는 V_0와 V_7의 지속 시간으로 균등하게 나누어 배분된다.

기준벡터 V^*을 이용하여 구간별로 스위칭 시간을 계산하면 다음과 같다.

Region 1 구간의 Switching 시간

- Voltage reference

$$V_\alpha = -V^* \sin\phi$$
$$V_\beta = V^* \cos\phi$$

- V₁(100) vector 인가 시간(T₁)

$$V_{\alpha 1} = \frac{T_1}{T_s}(\frac{2}{3}V_{dc}\sin 0) = 0$$

$$V_{\beta 1} = \frac{T_1}{T_s}(\frac{2}{3}V_{dc}\cos 0) = \frac{2}{3}V_{dc}\frac{T_1}{T_s}$$

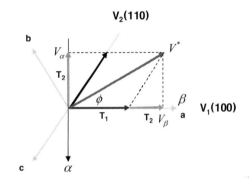

- V₂(110) vector 인가 시간(T₂)

$$V_{\alpha 2} = \frac{T_2}{T_s}\frac{2}{3}V_{dc}(-\sin 60) = -\frac{\sqrt{3}}{3}V_{dc}\frac{T_2}{T_s}$$

$$V_{\beta 2} = \frac{T_2}{T_s}\frac{2}{3}V_{dc}(\cos 60) = \frac{1}{3}V_{dc}\frac{T_2}{T_s}$$

- T_s 시간동안 평균 전압

$$V_\alpha = V_{\alpha 1} + V_{\alpha 2} = -\frac{\sqrt{3}}{3}V_{dc}\frac{T_2}{T_s}$$

$$V_\beta = V_{\beta 1} + V_{\beta 2} = \frac{2}{3}V_{dc}\frac{T_1}{T_s} + \frac{1}{3}V_{dc}\frac{T_2}{T_s}$$

- 전압 Vector (V_a, V_b) On time(T_1, T_2)

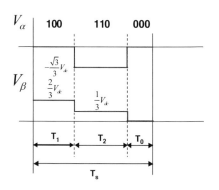

$$\frac{T_2}{T_s} = -\frac{\sqrt{3}}{V_{dc}}V_\alpha$$

$$\frac{T_1}{T_s} = -\frac{1}{2}\frac{T_1}{T_s} + \frac{3}{2}\frac{V_\beta}{V_{dc}} = \frac{\sqrt{3}}{2}\frac{1}{V_{dc}}V_\alpha + \frac{3}{2}\frac{V_\beta}{V_{dc}}$$

$$= \frac{\sqrt{3}}{V_{dc}}(V_\alpha\cos 60 + V_\beta\sin 60)$$

$$T_0 = T_s - T_1 - T_2$$

Region I 의 스위칭 시간은 다음과 같이 계산된다.

$$V_\alpha T_s = -\frac{\sqrt{3}}{3}V_{dc}T_2 = V_{dc}(0T_1 - \frac{2}{3}\frac{\sqrt{3}}{2}T_2) = \frac{2}{3}V_{dc}(0T_1 - \frac{\sqrt{3}}{2}T_2) = \frac{2}{3}V_{dc}(\sin(\frac{0}{3}\pi)T_1 - \sin(\frac{1}{3}\pi)T_2)$$

$$V_\beta T_s = \frac{2}{3}V_{dc}\frac{T_1}{T_s} + \frac{1}{3}V_{dc}\frac{T_2}{T_s} = \frac{2}{3}V_{dc}(T_1 + \frac{1}{2}T_2) = \frac{2}{3}V_{dc}(\cos(\frac{0}{3}\pi)T_1 + \cos(\frac{1}{3}\pi)T_2)$$

$$(3\text{-}46)$$

Region II 의 스위칭 시간은 다음과 같이 계산된다.

$$V_\alpha T_s = \frac{\sqrt{3}}{3}V_{dc}T_1 - \frac{\sqrt{3}}{3}V_{dc}T_2 = \frac{2}{3}V_{dc}(\frac{\sqrt{3}}{2}T_1 - \frac{\sqrt{3}}{2}T_2) = \frac{2}{3}V_{dc}(\sin(\frac{\pi}{3})T_1 - \sin(\frac{2\pi}{3})T_2)$$

$$V_\beta T_s = \frac{1}{3}V_{dc}\frac{T_1}{T_s} - \frac{1}{3}V_{dc}\frac{T_2}{T_s} = \frac{2}{3}V_{dc}(\frac{1}{2}T_1 - \frac{1}{2}T_2) = \frac{2}{3}V_{dc}(\cos(\frac{\pi}{3})T_1 + \cos(\frac{2\pi}{3})T_2)$$

$$(3\text{-}47)$$

모든 구간에 적용가능한 일반표현식은 다음과 같다. (k =1,2,3,4,5,6)

$$V_\alpha T_s = \frac{2}{3} V_{dc} (\sin(\frac{(k-1)}{3}\pi)T_1 - \sin(\frac{k\pi}{3})T_2)$$

$$V_\beta T_s = \frac{2}{3} V_{dc} (\cos\frac{(k-1)}{3}\pi)T_1 + \cos(\frac{k\pi}{3})T_2) \qquad (3\text{-}48)$$

따라서 전압 벡터에서의 스위칭 시간은 다음으로 계산된다.

$$T_1 = \frac{\sqrt{3}T_s}{V_{dc}}[\cos(\frac{k\pi}{3})V_\alpha + \sin(\frac{k\pi}{3})V_\beta]$$

$$T_2 = \frac{\sqrt{3}T_s}{V_{dc}}[-\cos(\frac{(k-1)}{3}\pi)V_\alpha + \sin(\frac{(k-1)}{3}\pi)V_\beta] \qquad (3\text{-}49)$$

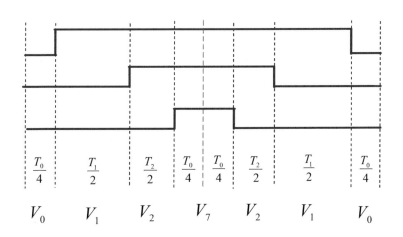

그림 3-24 T_1, T_2, T_0 구간 동안의 PWM switching pattern

기준벡터 V^* 가 Region에서 반시계 방향으로 회전할 때 스위칭 순서는 다음과 같다.

기준벡터가 ① → ② → ③ → ④ → ⑤ 순서로 회전하면 생성되는 공간벡터는 V0 → V1 → V0 → V1 → V2 → V7 →V2 → V1 → V0 → V1 → V2 → V7 → V2 → …순서로 스위칭한다.

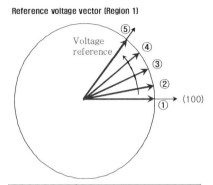

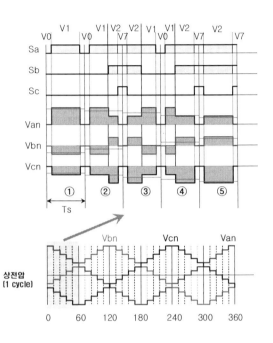

스위칭 상태		출력 상전압		
vector	Sabc	Van	Vbn	Vcn
V0	000	0	0	0
V1	**100**	**2/3 Vdc**	**−1/3 Vdc**	**−1/3 Vdc**
V2	**110**	**1/3 Vdc**	**1/3 Vdc**	**−2/3 Vdc**
V3	010	−1/3 Vdc	2/3 Vdc	−1/3 Vdc
V4	011	−2/3 Vdc	1/3 Vdc	1/3 Vdc
V5	001	−1/3 Vdc	−1/3 Vdc	2/3 Vdc
V6	101	1/3 Vdc	−2/3 Vdc	1/3 Vdc
V7	111	0	0	0

그림 3-25 기준벡터 회전에 따른 공간 벡터의 순서

지금까지는 공간벡터를 얻기 위해서 복잡한 계산을 요구했다. 따라서 실제 구현을 위해서는 DSP와 같은 고성능 기능을 갖춘 고가의 마이크로 프로세서를 제어기로 사용해야만 했었다. 이번 장에서는 Offset 전압을 이용한 PWM 변조방식에 대해 알아본다.

그림 3-26과 같이 부하상전압 명령 $v_{an}^*, v_{bn}^*, v_{cn}^*$ 에 $1/V_{dc}$ 전압을 곱하여 삼각파와 비교하면 정현파 PWM을 생성할 수 있다. (정현파 PWM 부분 참조) 이때 생성되는 전압벡터와 스위칭 시간을 그림에 나타내었다.

부하 상전압 명령 $v_{an}^*, v_{bn}^*, v_{cn}^*$ 에 offset 전압을 더해주면 더해주는 전압의 크기에 따라서 다양한 변조기법을 생성할 수 있다.

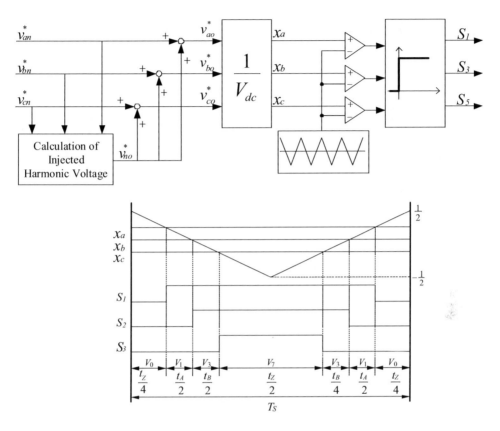

그림 3-26 Offset 전압을 이용한 Modulation 방법

선택 가능한 옵셋 전압의 범위는 다음 조건을 만족하여야 한다.

$$\left| v_{ao}^* \right| \leq \frac{V_{dc}}{2} \quad \text{or} \quad \left| v_{an}^* + v_{no}^* \right| \leq \frac{V_{dc}}{2} \quad \text{이어야 함으로}$$

$$-\frac{V_{dc}}{2} - V_{\min}^* \leq V_{no} \leq \frac{V_{dc}}{2} - V_{\max}^* \tag{3-50}$$

이때 $V_{\max}$, $V_{\min}$ 은 상전압 지령치 중 최대치, 최소치를 의미한다.

따라서 유효한 극전압 크기의 범위는 $V_{dc}/2$를 초과할 수 없다. Offset 전압 크기에 따른 modulation 형태는 다음과 같다.

Modulation	Offset Voltage
정현파 PWM	$v_{no}^* = 0$
3차 고주파 주입	$v_{no}^* = A_1 B_1 \sin(3\omega t)$
Space Vector PWM	$v_{no}^* = -\dfrac{1}{2}\left\{ \max\left(v_{an}^*, v_{bn}^*, v_{cn}^*\right) + \min\left(v_{an}^*, v_{bn}^*, v_{cn}^*\right) \right\}$

1) 옵셋전압을 이용한 정현파 PWM : 극전압과 상전압 간의 차이가 없으므로 옵셋 전압
   은 항상 0이다. $V_{no} = 0$

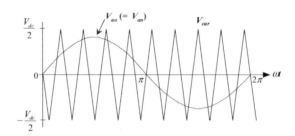

그림 3-27 정현파 PWM

2) 옵셋전압을 이용한 3고조파 주입 전압변조 방식 : 상전압에 3차 고조파 성분을 더하
   여 전압 변조를 수행하므로 3차 고조파 전압을 옵셋 전압으로 볼 수 있음. Offset
   voltage 는 다음과 같다.

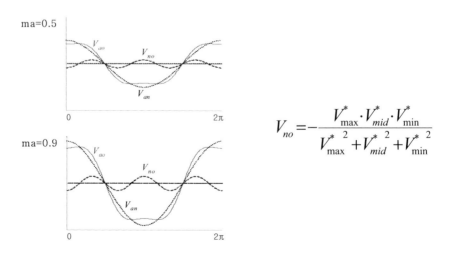

$$V_{no} = -\frac{V_{max}^* \cdot V_{mid}^* \cdot V_{min}^*}{V_{max}^{*\,2} + V_{mid}^{*\,2} + V_{min}^{*\,2}}$$

그림 3-28 옵셋전압을 이용한 3고조파 주입 전압변조 방식

3) Offset 전압 제어를 이용한 SVPWM 생성 : 최대, 최소 극전압의 크기가 동일하게 되도록 옵셋 전압을 설정하면 유효 전압 벡터가 정중앙에 위치하게 된다.

$$V_{\max}^* + V_{no} = -(V_{\min}^* + V_{no}) \quad \rightarrow \quad V_{no} = -\frac{V_{\max}^* + V_{\min}^*}{2} \tag{3-51}$$

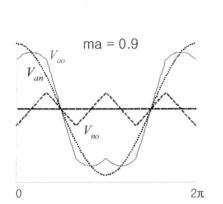

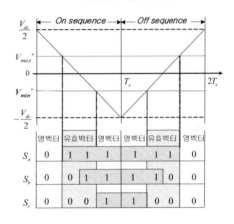

그림 3-29 Offset 전압 제어를 이용한 space vector PWM

Offset 전압에 의해서 공간 벡터 PWM이 생성되는 과정을 단자전압 명령 계산 과정으로 확인할 수 있다.

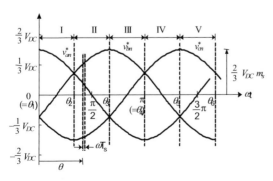

■ 상전압 명령

$$v_{as}^* = |v_s^*| \cos\delta$$

$$v_{bs}^* = |v_s^*| \cos(\delta - \frac{2\pi}{3})$$

$$v_{cs}^* = |v_s^*| \cos(\delta + \frac{2\pi}{3})$$

$$z_{cs}^* = -\frac{1}{2}\{\max(v_{as}^*, v_{bs}^*, v_{cs}^*) + \min(v_{as}^*, v_{bs}^*, v_{cs}^*)\}$$

$$x_a = \frac{\left|v_s^*\right|\cos\delta - \left|v_s^*\right|\cos(\delta + \frac{2\pi}{3})}{2} = \frac{\sqrt{3}}{2}\left|v_s^*\right|\cos(\delta - \frac{\pi}{6}) = \frac{\sqrt{3}}{2}\left|v_s^*\right|\sin(\delta + \frac{\pi}{3})$$

$$x_b = \left|v_s^*\right|\cos(\delta - \frac{2\pi}{3}) - \frac{\left|v_s^*\right|\cos\delta + \left|v_s^*\right|\cos(\delta + \frac{2\pi}{3})}{2} = \frac{3}{2}\left|v_s^*\right|\cos(\delta - \frac{2\pi}{3}) = \frac{3}{2}\left|v_s^*\right|\cos(\delta - \frac{\pi}{2} - \frac{\pi}{6})$$

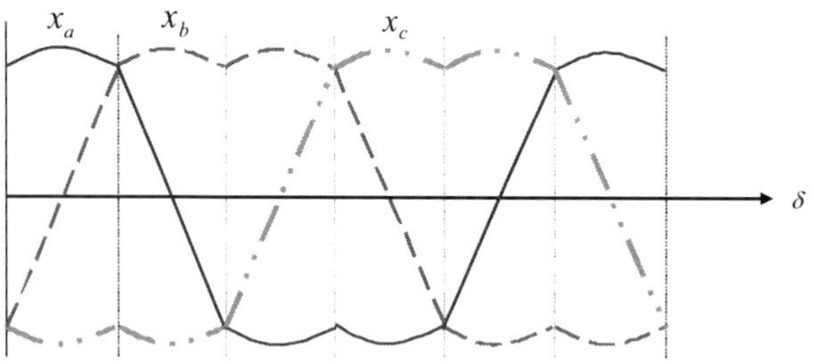

- 단자전압

$$x_a = \frac{\sqrt{3}\left|v_s^*\right|}{2V_{dc}}\sin(\delta + \frac{\pi}{3})$$

$$x_b = \frac{\sqrt{3}\left|v_s^*\right|}{2V_{dc}}\sin(\delta - \frac{\pi}{6})$$

$$x_c = -\frac{\sqrt{3}\left|v_s^*\right|}{2V_{dc}}\sin(\delta + \frac{\pi}{3})$$

그림 3-30 단자전압 명령 계산

정현파 PWM과 공간 PWM의 단자명령과 스위칭 시간을 비교하면 다음과 같다.

Offset 전압을 추가한 정현파 PWM의 스위칭 시간은 다음과 같이 계산된다.

$$x_a = \frac{\sqrt{3}V^*}{2V_{dc}}\sin\left(\phi + \frac{\pi}{3}\right)$$

$$x_b = \frac{\sqrt{3}V^*}{2V_{dc}}\sin\left(\phi - \frac{\pi}{6}\right)$$

$$x_c = -\frac{\sqrt{3}V^*}{2V_{dc}}\sin\left(\phi + \frac{\pi}{3}\right)$$

(3-52)

$$t_A = (x_a - x_b)T_S = \frac{\sqrt{3}}{V_{dc}}\left|\vec{v_s^*}\right|T_S \sin(\frac{\pi}{3} - \phi)\text{ 임으로}$$

$$t_A = \frac{\sqrt{3}}{2V_{dc}}V^*T_S\left(\sin(\phi + \frac{\pi}{3}) - \sqrt{3}\sin(\phi - \frac{\pi}{6})\right) = \frac{\sqrt{3}}{2V_{dc}}V^*T_S\left(\frac{\sin\phi}{2} + \frac{\sqrt{3}}{2}\cos\phi - \sqrt{3}\left(\frac{\sqrt{3}}{2}\sin\phi - \frac{1}{2}\cos\phi\right)\right)$$

$$= \frac{\sqrt{3}}{V_{dc}}V^*T_S\left(-\frac{1}{2}\sin\phi + \frac{\sqrt{3}}{2}\cos\phi\right) = \frac{\sqrt{3}}{V_{dc}}V^*T_S\left(\frac{1}{2}\sin(-\phi) + \frac{\sqrt{3}}{2}\cos(-\phi)\right)$$

$$= \frac{\sqrt{3}}{V_{dc}}V^*T_S\left(\cos\left(\frac{\pi}{3}\right)\sin(-\phi) + \sin\left(\frac{\pi}{3}\right)\cos(-\phi)\right)$$

$$= \frac{\sqrt{3}}{V_{dc}}V^*T_S\sin\left(\frac{\pi}{3} - \phi\right)$$

$$(3\text{-}53)$$

$$t_B = (x_b - x_c)T_S$$

$$t_B = (x_b - x_c)T_S\text{ 이므로}$$

$$t_B = \frac{\sqrt{3}}{2V_{dc}}V^*T_S\left(\sqrt{3}\sin(\phi - \frac{\pi}{6}) - \sin(\phi + \frac{\pi}{3})\right) = \frac{\sqrt{3}}{2V_{dc}}V^*T_S\left(\frac{3}{2}\sin\phi - \frac{\sqrt{3}}{2}\cos\phi + \frac{1}{2}\sin\phi + \frac{\sqrt{3}}{2}\cos\phi\right)$$

$$= \frac{\sqrt{3}}{V_{dc}}V^*T_S\sin\phi$$

$$(3\text{-}54)$$

이 되어 공간벡터 계산과 같은 결과가 나온다.

기본파의 크기

공간벡터 PWM에서 부하 상전압의 기본파 성분은 기준 부하 상전압과 같다. 또한 기준
벡터의 최대 크기는 기준벡터 궤적이 6각형에 내접하는 원이 될 때이다. 그러므로 공가
벡터 PWM 제어되는 3상 인버터에서 부하 상전압 기본파의 최대 실효값은

$$V_{an(1),\max} = \frac{1}{\sqrt{2}} \cdot \frac{\sqrt{3}}{3}V_{DC}$$

$$(3\text{-}55)$$

이 된다. 공간벡터 PWM 의 기본파의 최대 실효값은 6-스텝 제어될 때의 90.7%에 해당하며, 이는 정현파 PWM시 부하 상전압의 기본파 성분이 6-스텝 제어될 때의 78.6%에 지나지 않았던 것에 비추어볼 때 12.1% 증가한 값이다. 즉 공간벡터 PWM에서는 스위칭 주파수를 일정하게 유지하면서도 정현파 PWM보다 훨씬 증가한 출력전압을 갖는다.

$$V_{LL(1)} = \frac{\sqrt{6}V_{DC}}{\pi} = 0.78\,V_{DC} \quad (for\ 6-step)$$

$$V_{LL(1),max} = 0.61\,V_{DC} \quad (for\ sinusoidal\ PWM)$$

$$V_{LL(1),max} = \frac{1}{\sqrt{2}}V_{DC} = 0.71\,V_{DC} \quad (for\ space\ vector\ PWM)$$

(3-56)

표 3-4 전압제어방식별 최대 전압(Vmax)

Voltage control	V_{max}	$V_{max}/\dfrac{2V_{DC}}{3}$ (%)
Sinusoidal PWM	$\dfrac{V_{DC}}{2}(=0.5V_{DC})$	75.0
Space vector PWM	$\dfrac{V_{DC}}{\sqrt{3}}(=0.577V_{DC})$	86.6
Six-step operation	$\dfrac{2V_{DC}}{\pi}(=0.637V_{DC})$	95.5

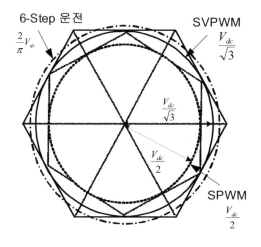

그림 3-31 각 방식의 기본파 비교

3.5 3상 인버터 시뮬레이션

3상 인버터 시뮬레이션은 다음의 예제를 포함하고 있다.

[예제 1] Six Step Inverter

[예제 2] Sinusoidal PWM inverter

[예제 3 Space Vector PWM inverter

[예제 4] Grid connected Three-phase Inverter

[예제 1] Six Step Inverter

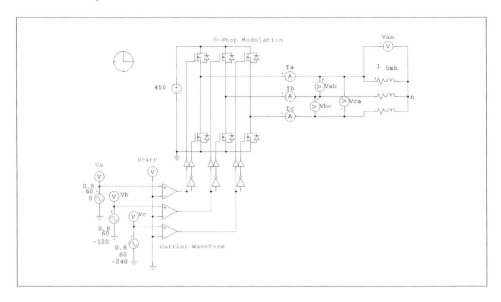

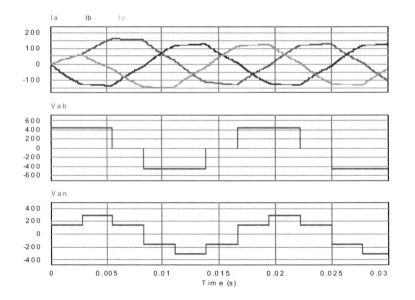

[예제 2] Sinusoidal PWM inverter

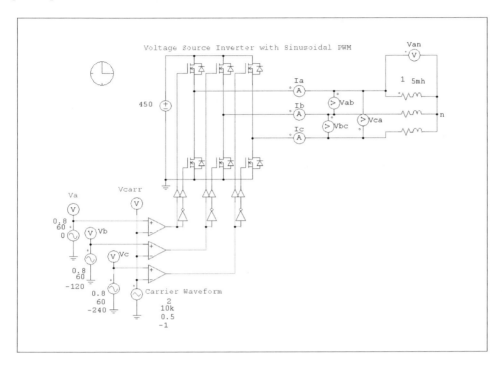

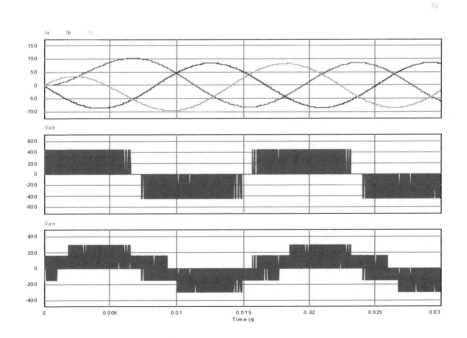

[예제 3] Space Vector PWM inverter

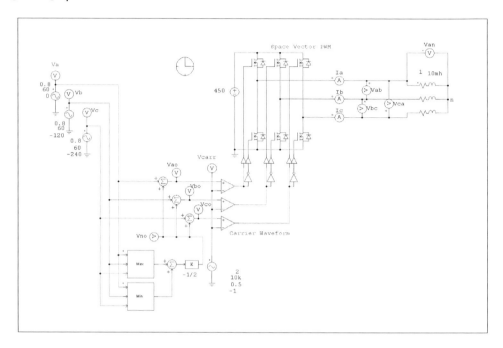

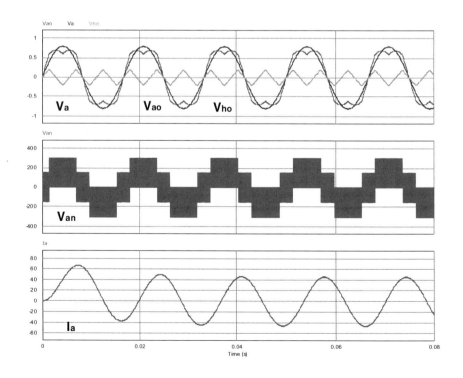

[예제 4] Grid connected Three-phase Inverter

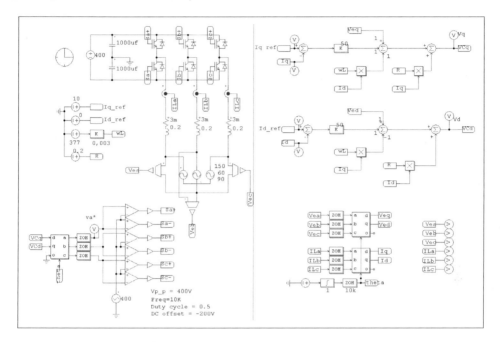

■ 3상 계통연계형 분산전원 제어기 구성

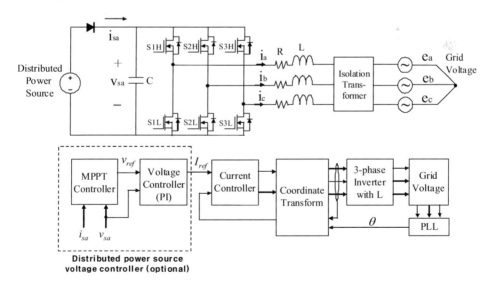

Distributed power source voltage controller (optional)

■ Controller Configuration

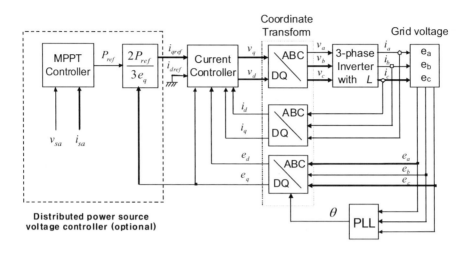

■ Coordinate Transform

DQ–Transform

$$K_s(\theta_r) = \frac{2}{3}\begin{pmatrix} \cos(\theta_r) & \cos(\theta_r - \frac{2}{3}\pi) & \cos(\theta_r + \frac{2}{3}\pi) \\ \sin(\theta_r) & \sin(\theta_r - \frac{2}{3}\pi) & \sin(\theta_r + \frac{2}{3}\pi) \\ \frac{1}{2} & \frac{1}{2} & \frac{1}{2} \end{pmatrix}$$

$$f_{qd0s} = K_s(\theta_r) f_{abcs}$$

$$f_{qd0s} = (f_{qs} \quad f_{ds} \quad f_{0s})^T$$

$$f_{abcs} = (f_{as} \quad f_{bs} \quad f_{cs})^T$$

Inverse DQ–Transform

$$K_s^{-1}(\theta_r) = \begin{pmatrix} \cos(\theta_r) & \sin(\theta_r) & 1 \\ \cos(\theta_r - \frac{2}{3}\pi) & \sin(\theta_r - \frac{2}{3}\pi) & 1 \\ \cos(\theta_r + \frac{2}{3}\pi) & \sin(\theta_r + \frac{2}{3}\pi) & 1 \end{pmatrix}$$

$$f_{abcs} = K_s^{-1}(\theta_r) f_{qd0s}$$

■ Simulation Result

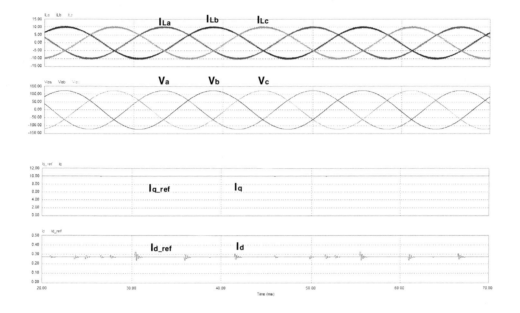

4

BATTERY MANAGEMENT SYSTEM

4.1 배터리(battery) 종류

배터리란 전기-화학적 에너지 저장을 하는 장치이다. 전기화학 전지는 화학반응을 통해 전기 에너지를 방전시키거나 방전의 반대 반응을 통하여 화학에너지 형태로 전기에너지를 저장할 수 있다. 전기화학 전지는 일반전지를 비롯하여 플로우 전지 그리고 연축전지를 포함한다. 현재로서 전지는 전력계통 에너지 저장장치 중에서 가장 우선시되는 요소 중 하나이다. 따라서 리튬-이온 전지, 레독스 플로우 전지, 황산나트륨 전지와 같은 주 전기화학 저장기기 및 슈퍼커패시터를 간단히 살펴본다.

○ 리튬-이온(Lithium-ion) 전지

리튬이온(Li-ion) 전지는 방전될 때는 음극에서 양극으로 리튬이온이 이동하고 충전될 때는 반대로 작동하여 재충전이 가능하도록 한 전지의 한 종류이다. 그림 4-1은 전지의 내부 구조와 이온의 흐름을 나타낸다. 리튬이온전지는 화학구조와 구성요소의 물리적 크기에 따라 화적 성질, 성능, 가격, 그리고 안전 특성이 다양하게 나타난다. 매우 높은 에너지 밀도와 무게, 無메모리효과 그리고 사용하지 않는 시간에서 낮은 자기 방전비율을 갖는 등 많은 장점을 가진 우수한 소자이다. 앞서 장점들로 인하여 리튬이온 전지는 휴대용전자기기의 가장 인기 있는 소자가 되었으며 군사장비, 전기자동차, 항공우주설비 같은 다른 대형 설비에도 점차 사용되고 있다. 그러나 비용이 높고 가열되거나 과충전될 경우 전지의 온도가 급상승하거나 균열이 생겨 폭발할 수 있는 안전문제가 제기 되고 있다.

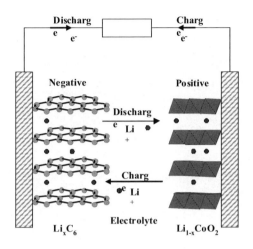

그림 4-1 리튬이온 전지 내부의 이온의 흐름

○ 황산나트륨(Sodium-Sulfur) 전지

황산나트륨 (NaS) 전지는 전해액 형태의 금속전지 중 하나이다. 이 전지는 에너지 밀도가 높고, 충/방전 효율이 높으며(89~92%) 수명이 길고 또한 재료, 비용이 저렴하다. 그러나 동작온도가 300~350℃로 높아서 주변 가열장치와 온도 유지 전원이 필요하다. NaS 전지는 방전시 방전심도에 따라서 기전력의 변화가 발생한다. 완전 충전 상태에서 60% 방전까지는 2.076V, 그 이하에서는 1.7V를 유지한다. 따라서 NaS 전지는 계통용 대용량 에너지 저장설비 같은 대용량의 고정된 기기에 적합하다. 핵심기술은 MITI 와 TEPCO(Tokyo Electric Power Co)에 의해 집약적으로 연구되었고 지금은 일본 회사인 NDP 의해서 상업화되고 있다.

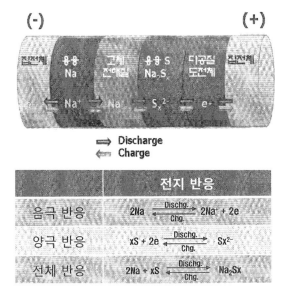

그림 4-2 NaS 전지의 작동원리

○ Redox-Flow(산화환원)전지

플로우 전지는 화학에너지를 전기에너지로 바꾸는 전기화학적 반응을 위하여, 전해질이 이동하여 재충전이 가능하도록 한 전지이다. 또한 전해질은 외부탱크에 저장되어 있다가 주로 그림 4-3에 나타난 것과 같은 형태의 반응로 공간을 통해 넣어진다. 플로우 전지는 전기적 형태로 충전하지 않고 마치 연소엔진에 오일을 공급하는 오일펌프처럼 전해질 액체 상태로 탱크에 펌프질되어 물리적 형태로 충전된다. 가장 잘 알려진 플로우 전지의 예는 양성자막에 의해 분리된 바나듐을 기반으로 한 바나듐 레독스(산화억제) 플로우 전지이다.

바나듐 레독스 전지의 장점은 다음과 같다. 첫째, 에너지양은 전해질의 양으로 출력 전력은 스택크기에 따라 결정되기 때문에 특히 대용량에서 에너지 저장과 전기 출력이 서로 독립적으로 설계하는 것이 가능하다. 또한 일반적으로 15년 이상의 긴 수명을 가지는 높은 견고함과 신뢰성을 자랑한다.

바나듐 레독스 기술의 일반적인 단점은 펌프, 센서, 제어장치와 본체 전지를 동작하기 위한 2차적 기기 등의 주변장치가 복잡하다는 것이다. 또한 이 전지는 일반 전지와 비교했을 때 수용 공간이 증가해서 부피당 에너지 밀도가 비교적 낮다.

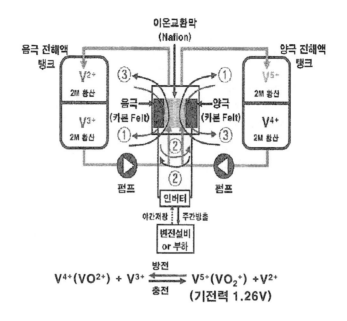

그림 4-3 Redox-Flow 전지의 구조 및 원리

○ 슈퍼커패시터

슈퍼커패시터는 이중막으로 구성되어있는 전기화학적 에너지 저장장치이다. 이것은 일반적인 커패시터와 비교했을 때 에너지 저장량이 줄었을 때에도 에너지 밀도가 높은 특징이 있다. 슈퍼커패시터는 전기 이중층 커패시터(Electric Double-Layer Capacitors EDLC)라고도 불리는데 두 개의 얇은 분리막의 표면적을 넓힘으로서 넓은 표면에 많은 전자를 함유하게 만든 것이다.(그림 4-4)

슈퍼커패시터의 특징은 다음과 같다.

◎ 장점

- 거의 무한한 충 · 방전순환 수명을 가지고 있다.

- 낮은 내부 저항 - 높은 비율의 충/방전이 가능하다.

- 간단한 충전 방식 - 센서와 다른 주변 보호회로가 간단하다.

◎ 단점

● 낮은 에너지 밀도 - 일반적인 전지의 1/10정도이다.

● 낮은 전지 전압 때문에 직렬 연결되어 활용되어야 한다.

● 3개 이상 직렬로 연결시 셀 발란싱이 필요하다.

● 높은 자가 방전 비율 : 30~40일 후면 완충부터 50%까지 방전된다.

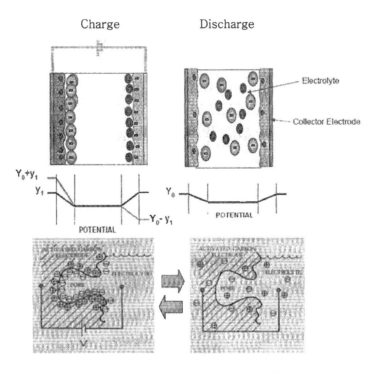

그림 4-4 슈퍼커패시터의 충방전 작용

효율은 전기화학 에너지 저장장치의 성능평가의 주요 지표 중 하나이다. 모든 저장기기는 내부 기생저항(ESR)이 있기 때문에 충·방전 중에 기기 안에서 얼마간의 전력 손실이 발생한다. 이 저항은 손실을 야기할 뿐만 아니라 충·방전 될 때에 반응속도를 제한한다. 일반적 전지 효율을 정리하면 다음과 같다.

● 연축전지 : 80~85%

● 니켈카드뮴 전지 :70%

● 리튬이온 전지 : 90~95%

● 황산나트륨 전지 : 70~80%

● 레독스 플로우 전지 : 60~75% (주변장치 전력손실 포함)

2차 전지의 특성을 표 4-1에 정리하였다.

표 4-1 전지의 종류 및 다양한 특성들

	특징	문제점	목적
연축전지	저 비용 시스템통합 용이 신뢰성 확보	낮은 충/방전 전류 낮은 에너지 밀도 중금속 : 납	부하 평준화 UPS
니켈수소 전지	고 에너지 밀도 높은 충/방전 전류 신뢰도 증명됨	연축전치 대비 높은 비용 짧은 수명	재사용가능 안정화 하이브리드/ 전기자동차
리튬이온 전지	고 에너지 밀도 충전방시 고 효율 높은 출력	높은 비용 안전 논란 높은 에너지 용량 셀 없음	휴대폰 하이브리드/ 전기자동차
나스 전지	고 에너지 밀도 높은 신뢰도	고온 작동으로 동작효율 낮음 (유해물질 : 황)	부하 평준화
레독스 플로우 전지	쉬운 용량 확장	넓은 공간 필요 복잡한 구조	부하 평준화

에너지 저장장치는 (특정)지역 에너지 저장용으로 사용되고 있다. 이 경우 대전력을 취급함으로 Flow 배터리나 리튬이온 배터리 응용이 적합하다고 여겨지고 있다. 하지만 Flow 배터리는 설치 공간을 많이 요구하는 단점이 있는 반면에 대용량을 저가격으로 생산 가능함으로 가격적인 우위가 있다. 리튬이온 전지는 대용량을 얻기 어려워 방전 시간의 제약이 있고 고가라는 단점 때문에 대전력에 사용하기에는 가격적인 부담이 너

무 크다. 따라서 중고 배터리 재활용에 대한 방법이 개발되어야만 가격적인 한계를 극복할 수 있다.

신재생에너지와 결합하여 사용가능한 배터리는 Flow전지, 연축전지, Nas전지, 리튬이온 전지 등이다. 사용시 고려할 점은 전지 전력과 부하의 에너지 특성과의 매치이다. 또한 가격 대비 방전시간과의 trade-off를 고려하여야 한다. 전지용량을 과도하게 설계할 경우 방전심도(DOD : Depth of discharge)가 낮아져서 수명은 연장되나 가격이 비싸게 되고, 전지용량을 적게 설계할 경우 방전심도가 깊어져서 수명이 단축된다.

부가서비스 분야(Ancillary service)는 계통 주파수 제어에 초점이 맞추어져 있고, 빠른 응답특성이 필요하기 때문에 리튬이온 및 플라이휠 시스템을 적용하여 사용 중이다. 이 또한 충방전 사이클 혹은 방전시간에 대한 제약이 있으며 시장측에서 저장 장치의 빠른 응답특성을 이용하기 위하여 자동발전제어(AGC) 변경 가능성이 있기 때문에 이에 대응할 수 있는 사이클을 증가시키고 방전시간을 늘릴 필요가 있다.

연속적으로 변동하는 부하 fluctuation과의 균형을 맞추기 위해서 현재는 발전기가 ISO 제어신호에 반응하여 발전 주파수를 변화시키고, 주기적으로 발전량을 조정하기 때문에 빠른 응답특성의 에너지 저장장치가 있다면 자동적으로 해결되고 계통주파수 제어를 위해서 100kW 플라이휠 시스템을 적용한 사례가 있다.

표 4-2 저장장치의 응용 및 적용 범위

분야	적용범위
신재생분야	전력수요와 공급의 불균형 해소
	분산전원 제어 및 통합
송배전 분야	장비보수 극대화, 운영비용 조절 및 유지 보수
	전압 제어, 전력품질, 계통안정화, 신뢰성 향상
전력발전 및 거래	제어/부하 추종, 에너지 관리
	피크 전력 조절, 부하 평준화
시스템 운영	주파수 제어, 순동 제어력, 발란싱
최종 수요자	UPS/순간 보상(ride-through)/피크전력 조절
	부하전력 이동에 의한 에너지 구매 최적화

4.2 리튬 이온 전지

4.2.1 용어 정의

리튬이온 전지에서 가장 기본적인 용어인 셀(Cell), 배터리(Batteries) 그리고 팩(Pack)을 다음과 같이 정의한다.

- **Cell** : 가장 기본적인 단위 전지를 의미한다. 구성은 전극 단자와 외부 케이스로 이루어져 있다. 예를 들어 리튬 이온 셀은 3V에서 4V를 공급할 수 있다.

- **Cell Module** : Cell assembly를 의미하며 Series of cells + mechanical structure 구조를 포함하고 있다. 일반적으로 4개 단위나 8개 단위의 직렬 셀로 이루어진 구성을 1 모듈로 포함하고 있다.

- **BMS (Battery Management System)** : 배터리 상태를 모니터링하고 제어하기 위한 전기장치로 전압, 전류, 온도 측정과 셀 보호, 그리고 셀 밸런싱과 같은 제어 기능을 가지고 있다. Hardware 와 Software를 포함한 전기장치를 지칭한다.

- **Battery, Battery Pack** : 직렬로 연결된 일련의 Cell module과 BMS를 포함한 하나의 독립된 시스템을 의미한다. 전극에 연결된 wire와 Connector 그리고 커버(housing)를 포함한 상용품 (off-the shelf product)을 의미한다. 예를 들어 48개의 직렬셀과 BMS 그리고 하우징과 커넥터를 가지는 150V 배터리 팩이 있다.

4.2.2 Li-Ion Cell

리튬 이온(Li-Ion) 셀은 4개의 기본적인 형태로 구성되어 있다. 원형 (Cylindrical, small and large), 각형(prismatic) 과 파우치(pouch) 이다. 각형은 원형보다 기계적으로나 열적인 측면에서 잇점이 있으나 고가라는 단점이 있다.

그림 4-5 Li-Ion 형태 : 원형(소, 대형), 각형, 파우치

표 4-3 Li-Ion 전지 형태의 비교

	Small Cylindrical	*Large Cylindrical*	*Prismatic*	*Pouch*
Shape	Encased in a metal cylinder, usually 65-mm long	Encased in a metal or hard plastic cylinder	Encased in semihard plastic case	Contained in a soft bag
Connections	Welded nickel or copper strips or plates	Threaded stud for nut or threaded hole for bolt	Threaded hole for bolt	Tabs that are clamped, welded, or soldered
Retention against expansion when fully charged	Inherent from cylindrical shape	Inherent from cylindrical shape	Requires retaining plates at ends of battery	Requires retaining plates at ends of battery
Appropriateness for mall projects	Poor: high design effort, requires welding, labor intensive	Good: some design effort	Excellent: little design effort	Very poor: design effort too high
Appropriateness for production runs	Good: welded connections are reliable	Good	Excellent	Good: high performance
Field replacement	Not possible	Possible but not easy	Easy	In general not possible
Notes	Best for retrofits, as small shape can be fit in all available space	Not widely available	Best availability, very little design effort required	High energy/power density (by themselves); significant design effort required: only appropriate for large production runs

4.2.3 Chemistry

Li-Ion 전지는 (+), (-) 전극에서의 lithium inter-calation reaction (리튬 삽입작용) 현상에 의해 충방전이 일어난다. 리튬 이온이 양단 전극 사이를 이동하는 것을 일반적으로 rocking chair framework라 한다. 리튬 이온 셀은 전해액으로 수용성이 아닌 liquid electrolyte를 사용하지만, Li-polymer는 polymer나 젤 타입의 전해액을 사용하는 전지이다. 많은 리튬 이온으로 이루어진 전지가 구성되어 있다. 일반적으로 음극(cathode) 물질 성분에 따라서 이름이 지어진다. 예를 들어,

- $LiCoO_2$: 표준 lithium-Cobalt-oxide

- LiMnNiCo : Lithium-manganese-nickel-cobalt

- $LiFePO_4$: Phosphite/lithium-iron-phosphate

- $LiTi3O_{12}$: Lithium-titanate

- $LiMnO_2$: Lithium-manganese-oxide

- $LiNiO_2$: Lithium-nickel-oxide

공칭전압, 에너지 크기, 그리고 전력밀도는 셀 조성과 물질에 따라 달라진다. $LiFePO_4$ 와 $LiTi3O_{12}$ 전지가 표준 $LiCoO_2$ 전지보다 안전하고 큰 출력을 내는데 유리하기 때문에 HEV(하이브리드) 자동차나 전기자동차용 배터리로 많이 사용되고 있다.

리튬 이온 전지는 출력과 용량에 따라서 크게 고출력(Power Cell) 셀과 고용량(Energy Cell)로 분류된다.

○ Power Cell : 고출력 셀

- 고 출력에 바탕을 두고 설계한 셀

- 최대 충/방전 전류를 크게 설계 : C-rate로 결정

- 내부 저항(Ohmic resistance)을 적게 만드는 것이 관건

- 열 방출을 쉽게 하기 위해 단면적을 넓게 설계

- 동작온도에 따라 최대 출력이 변화

- 용도 : HEV(Hybrid Electric Vehicle) Battery, 5Ah

- 사용예 : 200 A for 10 sec

○ Energy Cell : 고용량 셀

- 고 용량에 바탕을 두고 설계한 셀

- 최대 충전 용량을 크게 설계 : Ah 로 결정

- 전극 면적을 크게 만드는 것이 관건

- 용도 : EV(Electric Vehicle), 위성용 배터리

- 예제 : 100 Ah

고출력 셀은 짧은 시간 동안 큰 전류를 충, 방전할 수 있으나 과도한 열 발생으로 인하여 지속적인 출력을 유지하기가 어렵다. 따라서 배터리가 안전하게 동작 가능한 범위에서의 최대 출력을 정의하였다. 10 sec power 라고 정의되며, 그 의미는

- 10초 동안 지속 가능한 최대 방전(충전) 출력

- 배터리의 성능을 표시하는 가장 기본적인 항목

- 연속출력(Continuous)이 아닌 단속출력(Pulse)

- 가장 많이 사용되는 성능 지표

- 2 sec power도 사용되나 절대적인 지표는 되지 못함

리튬이온 전지의 가장 큰 단점은 온도변화에 대한 출력특성이 나쁘다는 것이다. 상온에서 10kW의 출력을 내는 배터리가 영하 이하의 온도에서는 2kW가 되지 않는다. 따라서 저온에서의 배터리의 성능을 나타내는 지표로 Cold cranking power (냉시동 출력)가 사용된다.

- 저온에서 배터리를 이용하여, 시동을 걸 때 낼 수 있는 출력.

- 일반적으로 내연기관의 +12V 납축 전지의 냉 시동 출력은 -30도를 기준함.

- HEV나 EV에서는 고출력 배터리의 저온 특성이 좋지 않아서 -10도를 기준으로 하는 경우도 있음

4.2.4 Safe Operating Area (SOA)

리튬 이온전지의 SOA (안전 동작 영역)은 전압, 전류, 온도에 의해 제한된다.

- 리튬 이온전지는 특정 전압을 넘어서 충전되게 되면 손상되거나 불이 붙어서 폭발하게 된다.

- 대부분의 리튬이온 전지는 특정 전압 미만으로 방전하면 손상된다.

- 리튬이온 전지의 수명은 동작온도 범위를 넘어서서 방전되거나 온도 상한을 넘어서 충전될 경우 매우 짧아진다.

- 리튬이온 전지는 안전하게 동작할 수 있는 동작온도를 넘어서서 충전되게 되면 열폭주(thermal runaway)에 의해서 폭발하게 된다.

- 리튬 이온전지의 수명은 너무 큰 전류로 방전하거나 너무 빨리 충전할 경우 감소된다.

- 리튬 이온전지는 몇 초 이상의 높은 펄스 전류로 동작시키면 손상될 수 있다.

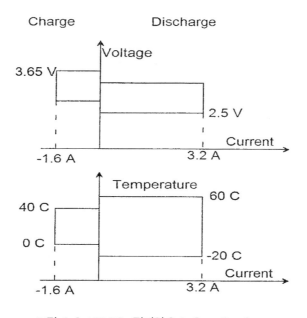

그림 4-6 LiFePO₄ 전지의 Safe Operating Area

위의 제약들은 셀 물성에 따라서 변화하게 된다. 예를 들어 표준 Li-ion 전지는 추가적인 보호회로 없이 너무 낮은 온도에서 동작시키면 thermal runaway 가 발생할 수 있지만, LiFePO₄ 전지는 아무 문제가 없다.

4.2.5 효율(Efficiency)

리튬이온 전지의 가장 큰 장점중의 하나가 다른 2차 전지에 비해서 에너지와 충전효율이 뛰어나다는 것이다.

(1) 에너지

리튬이온 전지의 출력저항은 매우 낮다. 특히 고출력을 낼 수 있는 Power cell의 경우에 I^2R 값이 낮아서 열발생이 크지 않다. 예를 들어 M26,650 셀은 $10m\Omega$의 출력저항을 가지고 있다. 1-C 충전(2.3A)시 열로 소모되는 전력은 $P = 2.3^2 \times 10m\Omega = 53mW$ 이고 부하에 전달되는 전력은 $P = 2.3A \times 3.2V = 7.6W$ 가 되어 효율은 99.3% (충전과 방전을 고려한 양방향 효율은 98.6%) 이다.

높은 전류에서 셀의 에너지 효율은 감소한다. 더 많은 에너지가 셀 내부에서 저항을 통해 방사되어 셀 외부로 전달되는 에너지는 감소한다. 최대 출력은 부하 저항과 셀 저항과 동일할 때 얻어진다. 출력의 절반은 셀 내부에서 열로 소모되고, 나머지 절반은 셀 외부에서 일을 하는데 사용된다. A123 사의 M1 셀은 150A를 만들어내서 500W 를 발생시킨다. 250W는 내부에서 나머지는 외부에서 소모된다. 이 경우는 매우 짧은 순간 (예를 들어 10초 이내)만 가능하다. 셀 내부에서 발생된 열이 셀 특성을 감퇴시키고 셀 온도를 위험한 수준까지 증가시키기 때문이다.

(2) Charge

충전 측면에서 보면 리튬 이온 전지는 실제적으로 100% 가까운 효율을 보인다. 즉 충전된 모든 전자가 방전을 통해 완전하게 셀 밖으로 나올 수 있다는 것이다. 충전이나 방전율(rate)는 상관없다. 그림 4-7에서 보는 것처럼 리튬이온 전지가 전달할 수 있는 charge의 양은 방전 rate와는 상관없이 일정하다. 높은 전류로 방전한 후에, 차단 전압까지 셀 전압이 내려가면 낮은 전류를 이용해서 셀 내부에 남아있는 charge (20% 정도)를 얻어낼 수 있다.

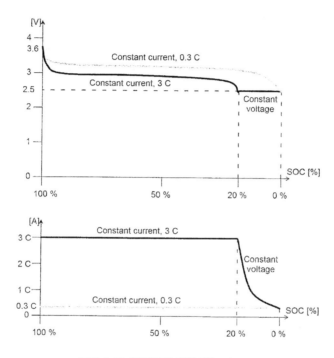

그림 4-7 배터리의 방전 가능 charge

(3) 용량(Capacity), Power, Energy의 단위

배터리 용어를 사용할 때 단위를 정확히 이해해야 한다. 배터리의 용량, 파워, 에너지의 단위 사용 예는 다음과 같다.

- 배터리 용량 표시는 1200 mA 와 1200 mAh 중에서 맞는 표현은 1200 mAh 이다. 배터리 용량은 Ah로 정의된다.

- 방전출력(discharge power)은 20 KW 와 20KWh 중에서 20 kW가 맞는 표현이다. 출력(power)은 watt 로 표현한다.

- Power 와 Energy의 차이점은 Energy = Power*time 이기 때문에 출력은 1초 단위이고 에너지는 출력이 지속되는 시간을 의미한다.

- C rate 란 용량대비의 방전(충전)전류 크기를 의미한다. 예를 들어 0.5C (1C) 충전 or 방전이란 1Ah 배터리의 경우 0.5A(1A) 전류크기로 충전, 방전을 말한다. C-rate 가 크면 자기 용량대비 큰 전류를 충, 방전할 수 있기 때문에 고출력이다.

- CV(Constant Voltage) or CC (Constant Current) 충전과 방전의 의미는 리튬 이온 배터리 충전 방법으로 먼저 CC 충전을 한 후에 만 충전 전압을 유지하기 위해 CV 충전을 수행한다. 충전종료는 충전 전류가 규정 값 이하로 감소할 때 이루어진다.

다음의 예제를 살펴보자. 5Ah 배터리를 10 초 동안 20C 방전 시키면 방전 에너지는 얼마인가 하는 문제에 대한 답은 다음과 같다. 단 배터리 전압은 방전 시작시 3.7V, 방전 종료 후 3.5V 이다.

답) 20C 방전 = 5A * 20 = 100 A 방전을 의미한다. 방전기간 동안 배터리 평균 전압은 평균전압을 계산하면 3.6V이기 때문에 다음의 값을 얻을 수 있다.

방전에너지(discharge energy) [Wh]= 3.6[V] * 100[A] * 1/360 [hr] = 1 [wh]

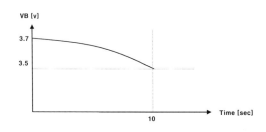

그림 4-8 배터리 방전 전압

○ 방전율 (Discharge rate)

방전율은 배터리가 방전하는 전류를 의미한다. Q/h 로 표시되는데 Q는 배터리 용량(capacity)이고 h 는 시간(hour) 단위로 방전시간을 의미한다.

예제) 5Ah 용량의 배터리를 30분 동안 방전했을 때의 Discharge rate current는

= 5Ah / 0.5h = 10A

○ Battery Energy

● 배터리 에너지는 용량과 방전전압으로 측정된다.

● 에너지를 계산하기 위해서는 배터리 용량이 coulomb으로 표시되어야 한다.

● 일반적으로 이론적인 저장 에너지는 다음과 같이 주어진다.

$$E = V_{B\_avg} \cdot Q, \quad V_{B\_avg} = \text{mid point voltage} \tag{4-1}$$

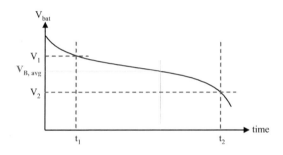

그림 4-9 배터리 평균 전압

○ Specific Energy

배터리 에너지를 무게로 나눈 비로 단위 무게당 낼 수 있는 에너지 효율을 의미이다. HEV나 전기자동차의 경우 무게가 연비에 큰 영향을 미치므로, 배터리의 에너지 효율을 나타내는 의미로 사용된다. 수학적인 표현식은 다음과 같이 주어진다.

$$SE = \frac{\text{Discharge Energy}}{\text{Total Battery Mass}} = \frac{E}{M_B} \tag{4-2}$$

○ Battery Power

배터리가 1초에 낼 수 있는 순간파워는 전압과 전류의 곱으로 주어진다.

$$P = V_B \cdot i$$

(4-3)

○ Specific Power

단위 무게당 얻어 낼 수 있는 배터리 출력이다. 수송용 응용에서 무게당 출력이 중요한 설계요인이 된다. 수학적인 표현식은 다음과 같이 주어진다.

$$SP = \frac{\text{Discharge Power}}{\text{Total Battery Mass}} = \frac{P}{M_B} \ (\text{units:W/Kg})$$

(4-4)

○ HEV Battery가 갖추어야 할 항목

배터리와 전기모터로 구동되는 HEV 차량은 순간적인 출력을 요구하는 경우가 많고, 회생제동 시 발생되는 에너지는 짧은 순간에 200A 이상의 펄스 전류 흐름을 가지고 있다. 이러한 요구조건을 만족시키는 배터리는 다음의 항목을 가지고 있어야 한다.

- High Peak power

- High specific energy at pulse power

- High charge acceptance

- Long calendar and cycle life

○ USABC 목표를 만족시키기 위한 배터리 요구조건

위에서 정의된 10초 파워, 냉시동 출력, 단위 무게당 출력, 에너지와 같은 단위들은 HEV나 EV 환경에서 사용되는 배터리의 성능을 표시하는데 사용된다. USABC(United States Advanced Battery Consortium)에서 규정한 HEV자동차의 도심주행모드(UDDS,

Urban Dynamometer Driving Schedule)로 시험한 배터리의 성능 지표는 다음과 같다.

표 4-4 USABC goal for HEV battery system

USABC Goals for HEV Power Assist Battery Systems

Characteristics	Unit	HEV Power Assist Maximum USABC Goal	HEV Power Assist Minimum USABC Goal
10s Discharge Pulse Power	kW	40	25
10s Regen Pulse Power	kW	35	20
Available Energy	kWh	0.5	0.3
Efficiency	%	90	90
Cycle-life, 25 Wh Profile	Cycles	300,000	300,000
Cold-Cranking Power at -30oC	kW	7	5
Calendar-life, Years	Years	15	15
Maximum System Weight	kg	60	40
Maximum System Volume	Liter	45	32
Selling Price/System @ 100k/yr	$	800	500
Maximum Operating Voltage	Vdc	≤ 400	≤ 400
Minimum Operating Voltage	Vdc	$\geq 0.55\,V_{max}$	$\geq 0.55\,V_{max}$
Self-discharge	Wh/day	50	50
Operating Temperature Range	°C	-30 to 52	-30 to +52
Survival Temperature Range	°C	-46 to 66	-46 to +66

표 4-5 UDDS 배터리 출력 요구조건

Power requirements in charge-depleting mode			
Characteristics at EOL (End of Life)		HighPower/Energy Ratio Battery	HighEnergy/Power Ratio Battery
Reference Equivalent Electric Range	miles	10	40
Peak Pulse Discharge Power -2Sec/10Sec	kW	50/45	46/38
Peak Regen Pulse Power (10sec)	kW	30	25
Available Energy for CD (Charge Depleting) Mode	kWh	3.4	11.6
Available Energy for CS (Charge Sustaining) Mode	kWh	0.5	0.3
Minimum Round-trip Energy Efficiency	%	90	90
Cold cranking power at -30°C, 2sec -3 Pulses	kW	7	7
CD Life / Discharge Throughput	Cycles/ MWh	5,000/17	5,000/58
CS HEV Cycle Life, 50 Wh Profile	Cycles	300,000	300,000
Calendar Life, 35°C	year	15	15
Maximum System Weight	kg	60	120
Maximum System Volume	Liter	40	80

○ EV 차량에서 요구하는 배터리 특성은 다음과 같다.

- 사용가능 배터리 : Lead acid, Ni-MH, Li-ion

- 고 에너지 밀도 (차량의 주행거리와 관련)

- 500회 이상 완전방전 가능

- 충분한 전력 밀도

- 합리적인 충방전 에너지 효율(5C 이하의 충방전 전류)

○ HEV 차량에서 요구하는 배터리 특성

- 사용가능 배터리 : Lead acid, Ni-MH, Li-ion

- 고 전력 밀도 (작은 에너지 용량 사용)

- 대전류 충전 가능

- 높은 충방전 사이클 효율과 낮은 열 발생 (15C 이상의 충방전 전류)

○ HEV 차량에서 요구하는 BMS 역할

- 차량 주행 모드 결정을 위한 정확한 SOC 추정

- 배터리 전력 노화 예측

- 최대 회생 제동 에너지 이용을 위한 배터리 충전 파워 관리

- 낮은 SOC 상태에서 합리적인 방전 전력 관리

- 배터리 모듈 고장 및 균등 충전 관리

- 배터리 용량 노화 추정을 통한 배터리 교체 시기 감지

○ EV 차량에서 요구하는 BMS 역할

- 차량 가능 거리 예측을 위한 SOC 추정

- 충전 알고리즘 관리 : 완전 충전 관리, 과 충전 방지, 셀간 균등 충전 유지

- 주행중 과방전 방지

- 낮은 SOC 상태에서 합리적인 방전 전력 관리

- 배터리 셀 또는 모듈 고장 관리

- 배터리 수명 예측을 통한 배터리 교체 시기 감지

6. 수명(Aging)

○ Calendar life

리튬 이온전지는 다른 전지보다는 수명이 길지만, 제한된 calendar life를 가지고 있다. 표준 리튬전지는 상대적으로 짧은 수명을 가지고 있다. 사이클이 진행되었든 아니든, 시간이 지나면 셀 용량이 감소하게 된다. 이것은 셀 전압이 4.0V 이상에 있을 때 셀 내부에서 진행되는 화학작용에 의해서다. LiFePO4 전지는 낮은 전압에 머물러 있을 때는 화학작용이 진행되지 않아서 calendar life 감소가 없다.

○ Cycle life

리튬이온 전지 용량(capacity) 대비 사이클 수(number of cycle)를 표시한 그래프를 보면 충방전 사이클이 진행됨에 따라 용량이 선형적으로 감소하고 있는 것을 알 수 있다. 용량감소는 셀 내부의 활물질(active material)이 감소함으로 발생한다.

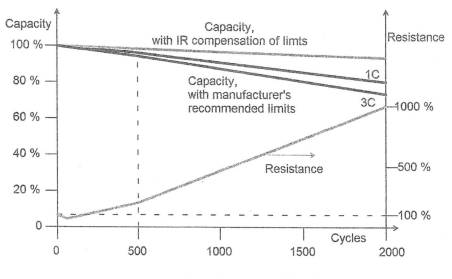

그림 4-10 사이클 대비 셀 용량, 저항 그래프

7. 셀 모델링

배터리를 설계하거나 제조하는 화학자는 chemical process에 대해 생각하고, 배터리를 이용하여 회로를 설계하거나 시스템을 디자인하는 전기공학자는 배터리 셀을 전기회로 관점에서 생각하는 경향이 있다. 배터리를 표현하는 가장 단순한 전기회로는 일정한 전류를 만들어 내는 전압원 (voltage source)과 여기에 직렬로 연결된 저항 (resistance)으로 여기는 것이다.

실제 리튬 이온 전지에서 저항은 수 $m\Omega$ (LiFePO$_4$ 셀의 경우 10~50 $m\Omega$, 각형 전지의 경우 0.5~5 $m\Omega$) 정도이다. 이 저항은 화학공정상의 유효저항(effective resistance)과 전류콜렉터와 단자사이의 벌크저항(bulk metal resistance)에서 기인한다. 이 저항에 의한 전압강하(흐르는 전류에 의한 IR 손실)를 화학에서는 분극전압(Polarization potential)이라 한다.

저항은 우리가 일반적으로 사용하는 멀티 미터계를 통해 측정한 전압, 전류의 비가 아니다. 여기서는 동적저항(dynamic resistance)을 말한다. 동적저항은 전압원이 저항과 직렬로 연결되어 전류가 흐르고 있는 상황에서 측정된 저항을 의미하며 다음과 같이 정의된다.

$$R = \triangle V / \triangle I \qquad\qquad (4\text{-}5)$$

동적저항을 측정하기 위해서 팩 전류(일반적으로 상수가 아니다.)의 변화량과 팩 전압의 변화량을 측정한다. 이 저항은 상수가 아니고 사용조건이나 상황에 따라서 변화하게 된다. (그림 4-11)

- SOC : 낮은 SOC 와 높은 SOC 레벨에서 높은 저항을 가진다.

- 온도 : 낮은 온도에서 높은 저항을 가진다.

- 전류 : 방전때 보다 충전때, 그리고 높은 전류에서 높은 저항을 가진다.

- 감퇴 : 충 방전 사이클이 증가할수록 높은 저항을 가진다.

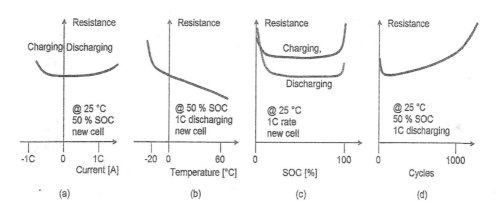

그림 4-11 셀 저항의 변화 (a) 전류 (b) 온도 (c) SOC (d) Cycle

이런 관점에서 전압원과 저항을 직렬 연결한 회로에 추가로 저항과 커패시터 (병렬연결)로 이루어진 회로를 추가함으로 좀 더 복잡한 모델링회로를 구현할 수 있다. [(b) 그림 참조]

이 회로는 셀에 부하가 연결되었을 때의 순간동작을 정확하게 모사할 수 있는 장점이 있다. 셀 전압의 초기 전압강하는 작은 값이며 주로 R_1 값에 기인한다. 더 큰 전압강하가 지수 함수(exponential) 발생하는데 시상수를 $T = T_2 \times C_2$ 로 표현되며, 실제적인 값은 1분 정도의 크기를 가진다. 지수함수에 의해 발생되는 효과를 화학에서는 완화

(relaxation)효과라고 한다. [(c) 그림 참조]

AC 저항을 포함하기 위해서 추가의 RC 회로가 연결될 수 있다. 셀 제조사에서는 AC 저항을 측정하기 위해 무부하(no load) 조건에서 새로운 셀을 1kHz의 주파수를 인가하여 측정한다. [(d) 그림 참조] 사실 1Khz 조건은 셀마다 그리로 제조사마다 다르므로 절대적인 값이라 할 수 없다. AC 저항을 측정하는 장비는 1kHz 대역이 가장 일반적으로 얻을 수 있는 값이고, 1Khz에서의 저항은 배터리의 수명기간동안 거의 바뀌지 않는 값이다. 그리고 화학자들도 배터리에 부하가 연결되었을 때의 AC 저항에 대한 정확한 개념이나 정의가 되어 있지 않다. 따라서 AC 저항을 모델회로에 포함시키거나, DC 저항과 분리하여 고려하는 문제는 실제로 전기 공학자에게는 의미 없는 문제일 수도 있다.

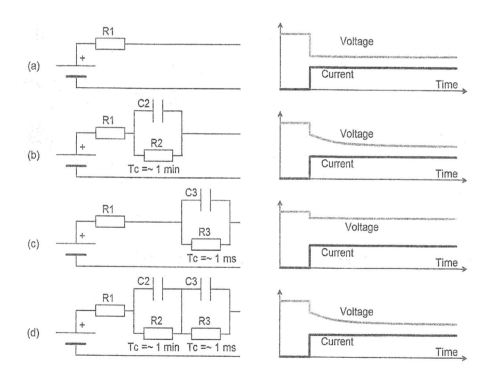

(a) simple R (b) relaxation RC (c) with AC impedance RC (d) with both RC circuits

그림 4-12 리튬 이온전지의 여러 가지 모델과 전압전류 그래프

7. 직렬연결 셀들에서의 불균등 (Unequal) 전압

몇 개의 셀이 직렬로 연결된 배터리 팩에서 충전 전압은 거의 모든 셀에 일정하게 분배된다. 예를 들어 아래 그림 4-13에서 표준 납축전지(lead-acid)를 차량 발전기로부터 충전할 때 13.5V 전압이 배터리 팩에 인가되고 이것이 6개의 단위 전지에 균등하게 분배되면 2.25V가 된다. 만약 다른 셀 하나가 높게 충전되어 2.5V를 유지하면 나머지 다른 모든 셀들은 평균적으로 2.20V 밖에 되지 않는다. 납축전지는 6개의 단위전지가 전해액을 공유 (CPV : Common Pressure Vessel)하고 있기 때문에 이와 같은 전압차는 충분히 용인되고 동작에 무리가 없다. 즉 납축전지는 셀 편차에 대해서 훨씬 더 많은 자유도를 가지고 있다.

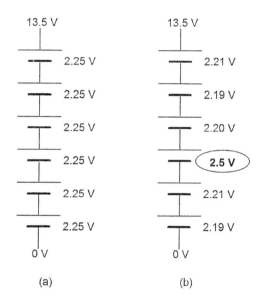

그림 4-13 납축전지 팩 전압 : (a) balanced (b) unbalanced

4개의 직렬 셀로 이루어진 LiFePO$_4$ 배터리 팩을 생각해보자. 먼저 12V 까지 방전되어 모드 셀이 완벽히 발란스 되었으면 각 셀 전압은 3.0V를 유지하고 있을 것이다. 하지만 실제적으로는 12V 까지 방전시키면 각 셀 전압은 적절히 방전되었거나, 완전 방전되었거나, 아니면 과 방전되었을 것이다. 그림 4-14에서 보는 것처럼 셀 하나는 1.5V 까지 과 방전되어 손상되어 셀 역할을 하지 못한다.

따라서 셀이 과충전 되거나 과방전되는 것을 방지하기 위해서 모든 셀 전압을 이용하여 배터리 보호를 행하는 장치를 배터리 관리시스템, BMS (Battery Management System)이라 한다.

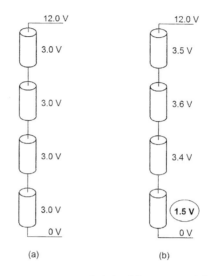

그림 4-14 4-cell LiFePo4 배터리 : (a) balanced (b) unbalanced

8. Li-Ion BMS

지금까지 리튬이온 전지가 잘 못 사용되었을 경우 얼마나 위험하며, 수명을 단축시킬 수 있는지에 대해 알아보았다. BMS(Battery Management System)란 배터리 팩을 구성하는 셀을 그들의 SOA (Safe operating area)에서 동작하도록 만들어주는 장치를 말한다. 소형 배터리 팩 보다는 많은 셀이 직렬로 연결된 대형 배터리 팩에서 BMS의 역할은 더욱 더 중요하다. 그 이유는 다음과 같다.

- 리튬이온 전지는 잘못 사용되었을 경우 폭발이나 인화성이 다른 배터리보다 강하고 그 위력이 훨씬 크다.

- 많은 셀이 직렬로 연결된 대형 배터리 팩의 경우 셀들의 전압이 불균등(uneven)하게 될 가능성이 훨씬 높기 때문에, 셀들이 과충전(overCharge)되거나 과방전(overDischarge)될 가능성이 높아서 관리의 필요성이 더욱 필요하다.

9. BMS 정의

BMS의 기능에 대한 정의는 완벽하게 규정되어 있지 않다. 소형 배터리 팩에서는 PCM (protection circuit module)이라고 부르기도 한다. 리튬이온 전지를 SOA 영역에서 동작시킬 수 있도록 BMS의 기능을 다음과 같이 정의한다.

- 배터리 상태 모니터링(monitoring)

- 배터리 상태 보호(Protection)

- 배터리 상태 예측(Estimation)

- 배터리 특성 최대화(Maximization)

- 휴먼 인터페이스(Report to the user or external devices)

10. BMS 기능

리튬 이온 전지의 안전한 사용을 위해서 BMS는 최소한 다음의 기능을 가지고 있어야 한다.

- 셀 전압이 한계를 넘어 충전되는 것을 막기 위해서 충전 전류를 차단하거나 충전 중단을 요청(request)할 수 있어야 한다. 이것은 발화나 폭발을 막기 위한 안전성의 기능이다.

- 셀 온도가 한계를 넘어 증가하는 것을 막기 위해서 충전 전류를 차단하거나 충전 중단을 요청하거나 냉각(cooling)을 요청할 수 있어야 한다. 이것은 배터리 셀의 열 폭주를 막기 위한 안정성의 기능이다.

- 셀 전압이 한계이하로 방전되는 것을 막기 위해서 방전 전류를 차단하거나 방전 중단을 요청할 수 있어야 한다. 이것은 셀의 손상을 방지하고 수명을 늘리기 위한 기능이다.

- 과도한 방전 전류로 인하여 열 폭주가 생기는 것을 막기 위해서 과전류를 차단하거나 차단 요청할 수 있어야 한다. 이것은 위의 이유들을 막기 위해서이다.

BMS는 리튬 이온 배터리를 충전할 때 반드시 필요한 기능이다. 그림 4-15에 충전시 BMS의 기능이 나타나 있다. 직렬로 연결된 셀 중에서 어느 하나라도 최대충전 전압에 도달하면 충전기(charger)를 차단시켜야만 한다. (그림 1 과충전시 차단). 또한 배터리 팩 용량을 극대화시키기 위해서 모든 셀 전압을 균일화시킬 필요가 있다. 이것은 가장 높이 충전된 셀 전압의 전하를 가장 낮게 충전된 셀 전압으로 옮겨주거나 제거하는 것을 의미한다. 이 과정을 모든 셀 전압들이 만 충전(fully charged)될 때까지 반복하면 균일화된다. BMS는 방전시에도 반드시 필요한 기능이다. 직렬로 연결된 셀 중에서 어느 하나라도 최저 방전 전압에 도달하면 부하(load)를 차단시켜야만 하기 때문이다(그림 2 과방전시 차단).

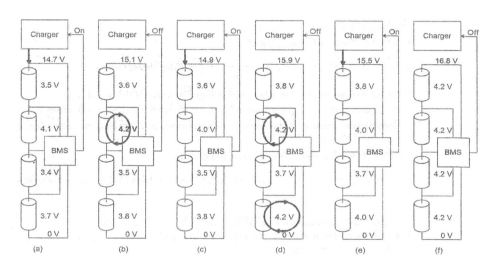

(a) 충전시 (b) 셀 하나가 만 충전 되었을 경우 충전기 OFF (c) balancing에 의해 셀 전압이 약간 감소하여 충전기 다시 ON (d) 반복되어 (e), (f) 과정을 통해 모든 셀이 balancing되는 과정

그림 4-15 충전시 BMS 기능

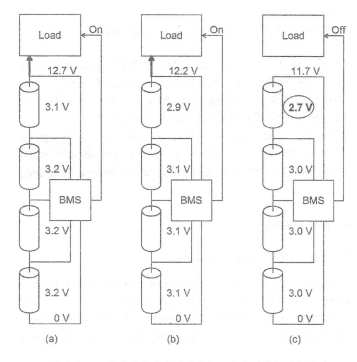

(a), (b) 방전시 (c) 셀 하나가 최저 전압이하로 방전 되었을 경우 방전 OFF

그림 4-16 방전시 BMS 기능

2. SOC, DOD, Capacity

잔존용량(SOC, State-of-Charge)이란 배터리가 만 충전 되었을 때와 비교하여 그 시점
에서 남아있는 전하를 말한다. 비율로 표시하면 만충전되었을 때 100%이고 완전 방전
되었을 때 0%이다. SOC는 전기자동차와 같은 수송용 기기에서는 fuel gauge라고도 하
는데, 그것은 SOC의 기능이 가솔린 자동차의 연료계와 같은 역할을 하기 때문이다.
SOC의 수학적 표현식은 다음과 같다.

$$SOC(t) = Q + \int_{t_0}^{t} i(\tau)d\tau$$

(4-6)

Q : 배터리의 용량(capacity)으로 활물질에 의해 음극에서 생성되고 양극에서 소

모되는 자유전하의 양으로 정의되며, Ah로 표현된다. 1Ah = 3600 Coulomb,
1 Coulomb 는 1초에 1A의 전류가 옮겨지는 charge다.

i : 충, 방전 전류로 단위는 A 이다. 충전일 경우 전류 부호는 (+)이고 방전일 경우
(-)이다.

t, t_0 : SOC가 측정되는 시작점과 종료시점

중요한 점은 셀을 직렬로 연결하여 배터리 팩을 구성할 때 각각의 셀들은 자신의 고유
한 SOC들을 가지고 있다는 점이고, 배터리 팩도 하나의 고유한 SOC를 가진다는 점이
다. 즉 셀의 개별 SOC와 배터리 팩의 SOC는 서로 다르다는 점을 인식해야 한다.

방전심도(DOD, Depth-of-Discharge)란 배터리에서 얼마만큼의 전하가 제거되었는지
를 표시하는 양이다. 이것은 Ampere-hour(Ah)로 표시되거나 SOC처럼 %로 표시되기
도 한다. DOD는 과거에 많이 사용되던 용어로 주로 납축전지(lead-acid)에서 많이 사
용되었다. 실제로는 DOD는 Ah로 표현하는 것이 훨씬 더 유용하며, SOC와 함께 배터
리의 상태를 나타내는데 효과적으로 사용되고 있다. 그 이유는 배터리 용량(capacity)
이 일정하지 않기 때문이다. 실제로 100Ah 배터리는 실제로 105Ah 정도의 용량을 가
지고 있다. SOC의 수학적 표현식은 다음과 같다.

$$DOD(t) = \frac{Q - SOC(t)}{Q} \times 100\%$$

(4-7)

예를 들어보자. 100Ah 배터리에서 100A를 방전시키면 SOC는 0%이다. 이 경우 DOD
는 100Ah 이거나 100%로 표시될 수 있다. 만약 5A를 추가로 방전시키면, SOC는 여전
히 0%로 남아있다. 왜냐하면 SOC의 범위는 0~100%로 결코 0%보다 작을 수 없기 때문
이다. DOD의 경우도 %로 표시된다면 SOC와 마찬가지로 잘못된 정보를 줄 수 있다.
따라서 DOD의 경우 Ah로 표시된다면 기존의 100Ah에서 105Ah로 알려주기 때문에 %
보다 훨씬 더 효율적으로 배터리의 상태를 표시할 수 있다.

표 4-6 SOC와 DOD 비교표

	SOC	DOD
Units	%	Ah
Reference	Two points:empty and full	Only one point : full
Full reference	100%	0%
Empty reference	0%	Not applicable
Rate of charge	Not applicable	Proportional to battery current
Past empty	Won't go below 0%	Continue increasing

SOC와 DOD는 역수(inverse)의 관계로 생각할 수 있으나 실제로는 사실이 아니다. 단위(unit)가 다르고 특히 배터리가 완전 방전할 경우(100%에서 0%로 방전) 경우에 그 차이는 분명히 드러난다. 100 Ah 배터리가 사용하면서 용량이 절반으로(50Ah)로 감소하였을 경우에 SOC 는 100%에서 0%로 바뀐다. 그러나 DOD는 기존에는(원래 용량을 가지고 있었을 경우) 0에서 100Ah 였지만, 지금은 0 Ah에서 50Ah로 변한다. 실제 배터리가 가지고 있는 용량은 완전 방전시켰을 때의 DOD (Ah로 표시된 경우)와 동일하다. 배터리 용량은 공칭용량(nominal capacity) 이라 하고 배터리 제조사에서 제공된 값을 사용한다.

실제 셀 용량을 규정짓는 중요한 제약점은 어느 전압에서 충전과 방전을 멈추어야 하는 것이다. 셀 제조사는 방전 종료 전압을 제시하고 있다. 이것은 충전 전류와 방전 전류에 달라질 때 사용가능한 셀 용량이 달라질 수 있다는 점도 시사하고 있다.

최소 방전 전류에서 셀 단자전압(terminal voltage)은 실제로 셀의 개방전압(OCV, Open Circuit voltage)와 거의 동일하다. OCV는 SOC를 알아낼 수 있는 가장 기본적인 지표이므로 이 경우 셀 단자전압이 OCV가 되기 때문에 바로 SOC-OCV 표에서 SOC를 얻을 수 있다. 셀 전압이 최저 차단전압(cut-off voltage)에 이르게 되면 셀이 실제적으로 완전 방전되는 것이다.

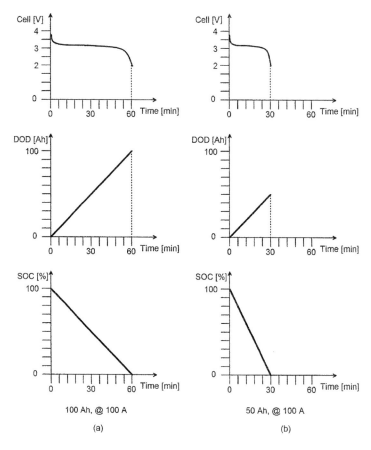

(a) nominal capacity 경우 (b) 용량이 절반으로 감소하였을 경우

그림 4-17 SOC 와 DOD 그래프

높은 전류로 방전하게 되면 셀 단자전압은 내부 저항에 의한 IR 손실에 의해 상당히 감소하게 된다. 따라서 셀의 사용가능한 용량은 감소하게 된다. 하지만 이것은 사실이 아니다. 실제로 셀의 용량이 감소하는 것이 아니라, 큰 방전전류로 인해서 실제 용량이 영향을 받는 것일 뿐이다. 큰 전류에 이어 낮은 전류로 방전을 계속시키면 실제 용량을 얻을 수 있다.

셀의 저항을 측정할 수 있다는 사실을 이용하면 셀 단자전압에 IR 전압 손실을 보상하면 OCV 전압을 추정할 수 있기 때문에 cut-off 전압에 도달하면 방전을 멈추는 것이 아니라, OCV 전압이 cut-off 전압에 다다를 때까지(혹은 약간 더 높은 전압으로 설정 가능) 방전을 연장할 수 있다.

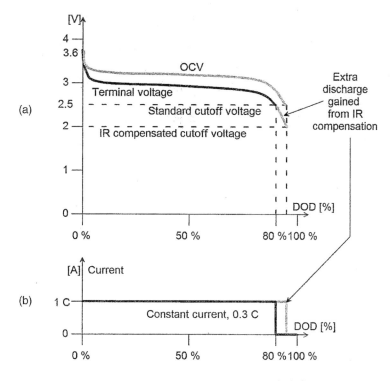

(a) 배터리 제조사 추천 방식 (b) IR 보상 방식

그림 4-18 방전 알고리즘

충전의 경우 셀 제조사에서는 정전류(constant current)로 충전한 후에 만 충전 전압 (top cut-off voltage)에서는 정전압(constant voltage)로 유지시킨 후 충전 전류가 일정 레벨 이하로 떨어질 때까지 계속 충전하는 방식을 추천하고 있다. 방전의 경우와 비슷하게 IR 전압 강하로 인한 보상은 정 전류 충전기간에도 계속 적용가능하다. 정전류로 인해 셀 단자전압은 OCV 전압에 IR 전압이 더해진 형태로 표시된다. 따라서 단자전압이 만충전 전압에 도달하면 충전을 중지하는 것이 아니라 IR에 의한 전압을 보상해 주기 위해서, 즉 IR 전압이 0이 되도록 충전을 계속하면 단자전압이 OCV가 되어 Full capacity로 충전이 가능하다.

IR 전압이 0 이 되도록 보상을 해주는 것이 정전압충전이다. 단자 전압이 일정전압을 유지하도록 충전을 계속하면 충전 전류가 점점 감소하여 결국에는 IR전압이 0이 되게 된다. 일반적으로는 충전 전류가 0이 되는데 너무 오랜 시간이 걸리기 때문에 최소전류 이하 (용량의 1/10 ~ 1/20) 가 되면 셀 단자전압이 OCV라고 여기고 충전을 종료한다.

만약 셀의 저항(resistance)을 측정가능하거나, 추정가능하다면 기존의 충전 알고리즘을 변형하여 보다 개선된 즉 급속충전(fast charging)이 가능하다. 이 방식은 OCV가(셀 단자전압이 아니고) cut-off 전압에 이르기 전까지의 정 전류 충전시간이 좀 더 오래 지속되지만, 정전압 구간이 짧아지는 장점이 있다.

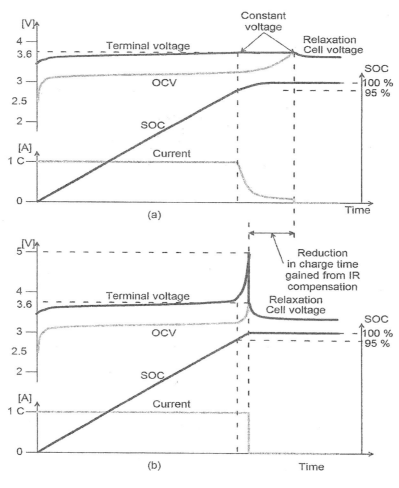

(a) 셀 제조사의 추천방식 (b) IR 보상 방식

그림 4-19 충전 알고리즘

직렬 연결된 배터리 팩에서 각 셀들의 서로 다른 저항값으로 인해서 생기는 효과는 어떻게 고려해야 할까? 실제적으로 배터리 팩을 구성하는 셀들은 저항 뿐만 아니라 서로 다른 차이점이 다른 있는 요소들을 가지고 있다.

- SOC

- 자기 방전율 (Leakage, self-discharge current)

- 저항

- 용량

초기에 balance 되어 있던 셀들도 위의 4가지 차이점 때문에 점점 unbalance 되게 된다. 충 방전이 계속되면 차이점이 점점 커지게 된다. 일반적으로 셀 밸런싱에 의해 셀들을 balance하게 맞출수 있다고 하나 이것은 단자 전압만을 일정하게 만들 뿐이고(균일 SOC를 만듦), 위에서 언급한 4개의 요소들 중 SOC를 제외한 나머지 자기 방전율, 저항, 용량과 같이 셀 고유의 특성은 변화시킬 수 없다.

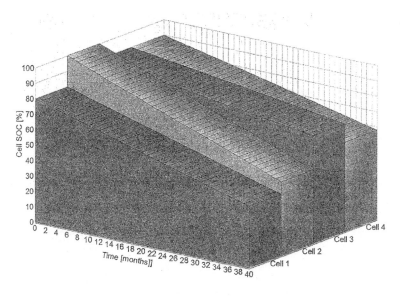

그림 4-20 사용시간에 따른 배터리 셀의 불균일성

배터리 팩 SOC 대비 셀 SOC

배터리 팩이 받아들일 수 있는 충전양은 가장 먼저 만 충전 전압에 도달한 셀에 의해 제한된다. 방전시에는 가장 먼저 완전 방전 전압에 도달한 셀에 의해서 결정된다. 이 두 지점이 배터리 팩의 용량(capacity)을 결정하는 점이 된다.

배터리 팩이 balance되기 전에, 충전량을 제약하는 셀과 방전량을 제약하는 셀은 서로 다른 셀일 경우가 많다. balance 된 후에는 동일 셀에서 충전량과 방전량을 제약하게 된다. 이 것은 일반적으로 가장 낮은 용량(혹은 가장 큰 저항)을 가진 셀이 된다.

Balancing이란 충전과 방전을 제약하는 셀들의 한계를 확장시킴으로서 배터리 팩의 용량을 증가시키는 것이다. 다시 말하면 배터리 팩의 한 지점의 SOC 레벨에서의 모든 셀이 모두 동일한 SOC를 가지는 것을 의미한다. 일반적으로는 SOC 100% 레벨에서 항상 balancing이 수행된다.

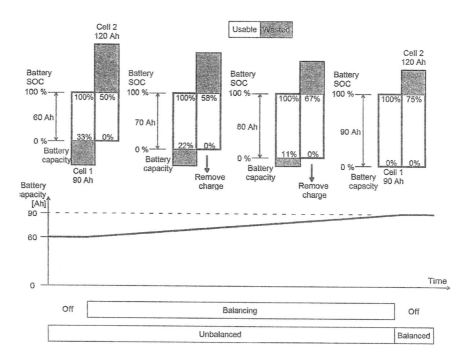

그림 4-21 셀 용량을 최대화 시키는 balancing 과정

SOH

배터리 수명(SOH, State-of-Health)은 최초의 팩(nominal) 대비 현재의 배터리 팩의 실제 상태를 비율(%)로 나타내는 지표이다. SOH가 100%라는 의미는 배터리 팩 초기 상태와 일치한다는 의미이다. 배터리 상태가 나빠질수록 SOH 값은 감소한다. SOH의 정의는 셀 제조사 마다 서로 다른 기술 항목을 포함하고 있다. SOH가 기준 레벨 이하로 감소하면 기능을 더 이상 수행할 수 없음을 의미한다.

SOH 추정은 다분히 임의적이다. 왜냐하면 실제 환경에서는 측정되지 않기 때문이다. BMS에서 다음과 같은 여러 가지 요소들을 측정하고 조합하여 사용한다. 예를 들어 셀 저항 증가, 셀 용량 감소, 충 방전 사이클 횟수, 자기 방전 비율 그리고 사용시간 등이다. SOH를 알아내는 공식은 각 제조사마다 비밀로 알려져 있다.

초기 공칭용량 100Ah의 셀 조합이 있는 배터리 팩의 경우를 생각하자. BMS에서 SOH 100% 를 100 Ah 로, 70%를 70 Ah로, 30%를 30 Ah로 고려하고 있다. 30 Ah 와 70 Ah 를 병렬로 연결하면 100 Ah 셀이 되고 BMS에서는 100%로 인식한다. [그림 4-22 (a) 참조] 이것은 각 셀 SOH 값의 합과 같다. 이 경우 전류원 병렬연결처럼 각각의 셀의 SOH 값은 합산된다. 저항이 SOH 100%에서 1 $m\Omega$인 경우를 생각하자. 저항이 2 $m\Omega$으로 변하면 SOH는 50%로 바뀐다. 두 개의 2 $m\Omega$ 셀을 병렬로 연결하면 1 $m\Omega$ 배터리 팩이 되고 100%의 SOH 값이 된다. [그림 4-22 (b) 참조]

실제 SOH 추정을 할 경우에는 위의 경우보다 훨씬 더 복잡하고 여러 가지 요소들을 복합적으로 고려해야 한다. 현재까지 도달한 기술 수준보다는 훨씬 더 정교한 알고리즘 개발이 요구되고 있다.

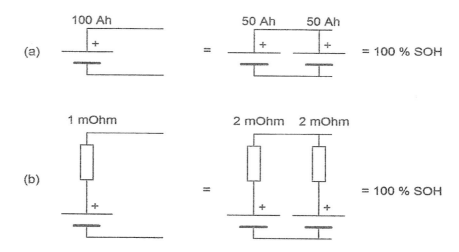

(a) 공칭 용량보다 작은 두셀 (b) 초기 저항보다 큰 두 셀

그림 4-22 병렬 연결된 셀의 SOH

4.3 BMS (Battery Management System)

4.3.1 CCCV charger

리튬 이온 배터리 팩을 충전하기 위해서는 CCCV(Constant Current Constant Voltage) 충전기가 필요하다. CCCV 충전기는 리튬 이온 배터리를 충전하기 위해 만들어진 표준 화된 regulated power supply이다. 두 충전 단계에 따라서 다음과 같이 동작한다.

- CC : 배터리 팩을 처음 충전할 때, 정전류(fixed constant current)를 제공하고 배터 리 팩 전압이 충전되면서 증가되도록 한다.
- CV : 배터리 팩이 만충전 전압에 가까워지고 전압이 정전압(constant voltage)로 유 지되면 충전기가 그 전압을 유지하고, 배터리 팩이 완전 충전될 때까지 충전 전류 가 지수함수로 감소하게 된다.

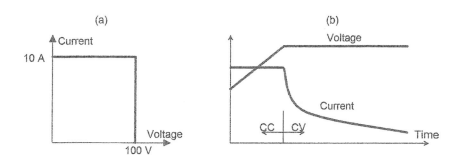

그림 4-23 CCCV 충전기 (a) 전압-전류 특징 (b) 충전 전압과 전류

4.3.2 BMS 기술

BMS 기술은 크게 balancer 와 protector로 나눌 수 있다. BMS 기술을 구현하는 방법에 는 analog와 Digital이 있다. 차이점은 셀 전압 정보를 처리하는 방법에 있다. 모든 시 스템이 analog front end를 가지고 있는 경우 셀 전압을 analog로 처리(analog comparator, op-amp, differential circuit 등)하고, 디지털 인터페이스를 가진 경우 디지

털(micro processor, logic IC 등) 신호로 처리한다. BMS 등급도 단순한 최소 기능을 하는 것부터 모든 셀 전압을 모니터링 하고 외부에 정보로 알려주는 고급 기능까지 가지고 있는 것까지 매우 다양한 종류의 제품과 기술이 개발되어 왔다.

Simple BMS (Analog)

Analog BMS로 구현 가능한 기술은 매우 제한적이지만, 필요한 BMS의 기능을 하기에는 충분하다. 예를 들어, 개별 셀 전압을 알지 못하지만, 어떤 셀 전압이 특히 낮다면 어느 셀이 왜 낮은 전압을 가지는지는 모르지만 BMS 가 부하를 차단시킬 수 있으면 기능적으로 전혀 문제가 없다. 단지 고장 진단이나 고장 부위를 알아내기 위한 trouble shooting이 필요한 경우에는 편리성의 측면에서 문제가 될 수 있다. Analog BMS 구현 예가 그림 4-24에 나타나 있다. 셀 전압에 의해 bias 되는 regulator를 가진 supervisor IC는 셀 전압이 미리 설정된 IC의 기준 전압값을 초과할 경우 balancing shunt 회로를 동작시킨다. Supervisor IC 내부에는 기준전압 발생기와 analog comparator가 내장되어 있다. 회로의 출력은 셀 전압이 기준전압을 초과할 경우 Enable된다.

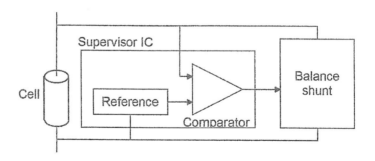

그림 4-24 Analog BMS의 예; regulator

Sophisticated BMS (Digital)

Digital BMS는 모든 셀 전압 정보를 알고 있을 뿐 아니라 개별 온도와 다른 동작 상태까지 측정하여 이 정보를 외부에 알려줄 수 있다.

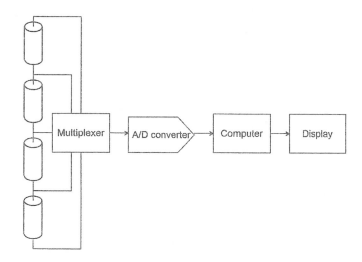

그림 4-25 Digital BMS의 예 ; Meter

따라서 배터리 팩의 상태를 모니터링하고 진단도 가능하다. 보통 대형 배터리 팩이나 전기자동차와 같은 분야에서의 이 방식을 요구한다. Digital meter가 내장되어 있는데, 이것은 여러 셀 전압 중에서 한 전압을 선택할 수 있는 analog multiplexer와 선택된 출력을 Digital 로 변환시키는 A/D converter 로 구성되어 있다. 이러한 관점에서 BMS는 모든 기능을 digital 로 수행할 수 있다.

4.3.3 BMS Topology

BMS는 설치되는 방법에 따라 두 개의 카테고리로 분류되어 진다. 하나의 device안에 각 셀을 독립적으로 연결되거나 아니면 중간적인 형태를 취하는 방식이다. 가격, 신뢰성, 설치 및 유지보수의 용이성 그리고 측정 정밀도에 따라서 선택된다. BMS 기능별에 따라 분류하면 중앙집중식(Centralized), 마스터-슬레이브 방식(master-slave), 모듈(module) 그리고 분산식(distributed)이다.

Centralized

중앙집중식 BMS는 하나의 모듈안에 모든 부품이 위치하는 형태이다. N 셀의 경우 N+1 연결 와이어가 셀과 BMS를 연결한다.

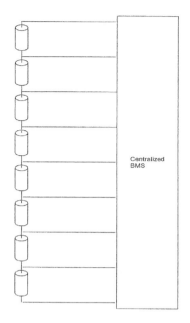

그림 4-26 Centralized 방식의 BMS 블록 다이어그램

이 방식의 장점은 다음과 같다.

- Compact

- 가장 저가(low cost)의 구성

- 고장이나 수리시 single module만 교체하면 되기 때문에 유지보수가 편리하다.
  이 방식을 채택하고 있는 상용제품은 Future's Flex BMS48이 있다.

Modular

모듈 타입의 BMS는 centralized 방식과 비슷하나, 동일한 여러 BMS가 서로 다른 모듈에 사용된다는 점이 다르다. 이 경우 각 모듈의 와이어는 해당하는 배터리 모듈과 연결된다. 일반적으로 한 모듈이 master로 지정되어 팩 전체를 제어하고, 배터리 팩의 나머지 모듈과 통신을 수행한다. 나머지 모듈들은 원격측정 장치(remote measuring device)로 작동한다. 각 모듈의 정보는 통신 링크를 통해서 master module에 전송된다. Modular 방식은 centralized 방식과 동일한 장점을 가지고 있으며 또한 다음의 장점도 가지고 있다.

● 나오는 측정 와이어들을 관리하기가 쉽다. 각 모듈은 연결된 배터리 모듈에 가까이 위치하여 와이어 간섭을 줄일 수 있다.

● 더 큰 모듈로 쉽게 확장이 가능하다. 확장 BMS를 쉽게 추가할 수 있다.

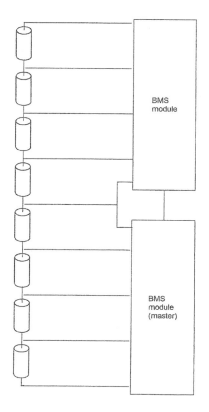

그림 4-27 Modular 방식의 BMS 블록 다이어그램

단점은 다음과 같다.

● BMS 가격이 centralized 방식보다 약간 비싸다. 이것은 slave module에 중복된 부분을 가지고 있기 때문이다.

● 모듈당 추가의 tap wire가 필요하다. tap wire는 두 모듈에 공통적으로 연결되기 때문에 두 개가 필요하다.

- 각 모듈은 fixed 된 숫자의 셀만 연결할 수 있다. 입력 몇 개를 사용하지 않고 남겨 둘 수도 있지만 모듈의 셀 개수를 바꾸거나 확장할 수 없다.

이 방식을 채택하고 있는 상용제품은 Reap system의 14 셀 digital BMS가 있다.

Master-Slave 방식

Master-slave 방식은 여러 개의 동일한 Slave 모듈을 사용한다는 점에서 modular 방식과 비슷하다. 각 Slave는 개별 전압이나 온도를 측정하고, Master는 slave모듈과는 완전히 다르고 단지 계산과 통신만을 담당한다. Master-slave 방식은 Modular 방식과 동일한 장점과 단점을 가지고 있다. 또한 Slave는 셀 전압을 측정하는 것에 최적화되어 있기 때문에 가격은 modular 방식보다 저렴하다. 이 방식을 채택하고 있는 상용제품은 Black sheep사의 BMS_Mini_V3 가 있다.

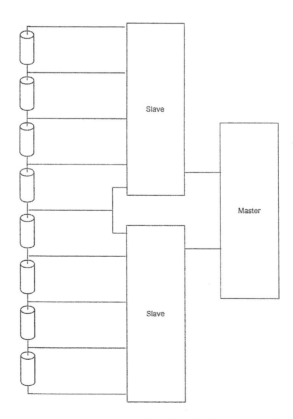

그림 4-28 Master-Slave 방식의 BMS 블록 다이어그램

Distributed

이 방식은 기존의 방식과는 상당히 많은 차이가 난다. 즉 다른 방식에서는 전장품들이 그룹화되어 셀로부터 개별 housing이 되어 있는데, distributed 방식에서는 전장품들이 측정되는 셀에 직접 매립되어 있다. 많은 tap 와이어와 전장품 대신에 distributed 방식에서는 cell board와 BMS 제어기 간의 통신에 해당하는 두세 가닥의 와이어만 존재한다. BMS 제어기는 계산과 통신을 담당한다. 이 방식을 채택하고 있는 상용제품은 EV Power사의 BMS-CM160-V6 가 있다. 이 방식은 기존의 다른 방식에 비해 상당한 장점과 그에 상응하는 단점도 있다.

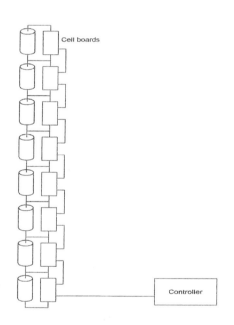

그림 4-29 Distributed 방식의 BMS 블록 다이어그램

어느 방식을 선택하느냐에 대한 명백한 기준과 선택은 나와 있지 않으나 사용 분야의 안전성, 가격 그리고 신뢰성을 고려해서 가장 적합한 방식을 고르면 된다. 표에 여러 가지 방식의 장단점을 열거하였다.

표 4-7 토플로지 장단점 비교표

	Measurement Quality	Noise Immunity	Versatility	Safety	Electronics Cost	Assembly Cost	Maintenance Cost
Centralized	√√	√√√	√	√	√	√√	√
Master-slave	√√	√√√	√√	√	√√√	√√	√
Modular	√√	√√√	√√	√	√√√	√√	√
Distributed	√√√	√√	√√√	√√√	√√√	√	√√

√√√ = Best, √√ =Better, √ = Good

표 4-8 Distributed 방식과 Non distributed 방식의 비교표

	Distributed	*Nondistributed*
Cost	Higher: electronic components are required on each cell board, and many more assemblies are needed.	Lower: fewer assemblies are required, with fewer electronic components.
Connection to Cells	Placing electronics on cells is a novel concept that requires a learning curve on the part of the user.	Using wires between the cells and the measuring electronics is an obvious approach that the user understands easily.
Connection Reliability	Direct connection between cells and measuring electronics requires fewer parts and offers higher reliability. With some cell formats, it is possible to solder or weld the cell boards directly to the cells, increasing reliability further. However, the communication links add some potential failure points.	Tap wires use some five connection points (contacts and crimps), which are all potential failure points. On the other side, there are few or no other connection points for communications.
Installation Ease	More skill required to install cell boards, but no more time. Cell boards that handle multiple cells can be installed very rapidly.	Less skill required to install tap wires, but no less time.
Installation Errors	Less prone to wiring errors, as cell boards can only fit across one cell.	More prone to errors, as tap wires can fit in many spots.
Detailed Troubleshooting	Detailed troubleshooting may be aided by LEDs on the cell boards.	Detailed troubleshooting is not cost effective.
Replacement Assembly Cost	Just the less expensive cell board can be replaced.	Complete, more expensive assemblies must be replaced.
Replacement Labor	High, because cell boards are deep inside the battery.	Low, because the electronic assemblies are not directly inside the battery.
Measurement Precision	Placement of electronics right on the cells allows low-noise, high-resolution voltage readings, unaffected by voltage drops due to relatively high currents during the balancing process.	Measurements cannot be as precise due to errors introduced in the tap wires, especially due to voltage drops during the balancing process.
Temperature Measurement	Placing a sensor on each cell board to measure each cell's temperature is straightforward.	Temperature measurements require additional wires to sensors in the pack (typically just a few sensors: temperature of individual cells is not known).
Battery Electrical Noise Immunity	Cell board electronics are immersed in electrical noise, which may affect their performance. The communication wires are exposed to electrical noise, which may cause errors.	The electronics can be placed away from electrical noise. Any noise picked up by the tap wires can be easily filtered, as they only carry DC.
Expansion Versatility	Adapting a BMS to a given number of cells only involves changing the number of cell boards, and no input remains unused.	Adapting a BMS to a given number of cells, without a redesign to match the number of cells, may leave some inputs unused.

BMS 기능(Function)

BMS 기능을 수행하기 위해 BMS 기술을 Hardware 기술과 Software 기술로 구분할 수 있다.

Hardware 요소 기술은 다음과 같다.

- 셀 전압 측정 회로 및 제어 기법 : VITM 모듈

- 셀 밸런싱 회로 및 제어 기법 : Cell balancing 모듈

- Relay 고장 검출 회로 및 기법

- Leakage detection 회로 및 검출 기법

- Diagnosis 회로 및 검출 기법

하드웨어 요소기술을 구현하기 리튬 이온 전지의 BMS 하드웨어 구성은 다음과 같다. 직렬셀들의 단자에서 tap 와이어를 인출하여 전압, 전류, 온도 측정회로(VITM, Voltage, current and temperature measurement)에 연결한 후, A/D 변환기를 이용하여 마이크로 프로세서에서 디지털 값으로 변환한다. 전압 측정은 Op Amp와 아나로그 멀티플렉서를 이용하여 얻어내고, 온도는 thermistor, 전류는 current sensor를 이용한다. 셀 밸런싱을 위해서 각 셀에서 tap wire를 인출한 후에 셀 단자와 병렬로 balancing circuit에 연결한다. 밸런싱 회로 제어는 마이크로 프로세서에서 digital output 단자에 의해서 이루어진다.

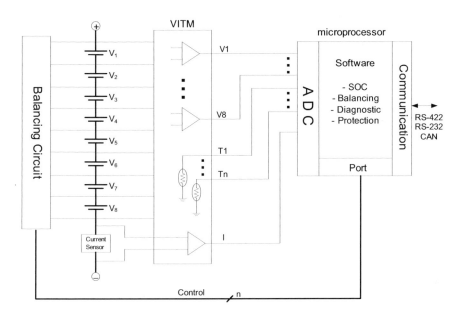

그림 4-30 BMS 하드웨어 구성 예시

BMS Software 요소 기술은 다음과 같다.

- SOC 추정 알고리즘

- SOH 추정 알고리즘

- 충전/방전 출력 예측(Charge/Discharge Power estimation)

- 셀 밸런싱 제어 알고리즘

- Diagnosis Algorithm

- 배터리 팩 제어 알고리즘

- Measuring algorithm for voltage, current and temperature

리튬 이온 배터리 BMS 기능은 다음과 같이 분류된다.

○ 보호 (Protection)

- 과전압(OVP : Over Voltage Protection) : 4.2 ~ 4.8 [V] 에서 과전압 검출

- 저전압(UVP : Under Voltage Protection) : 2.8 ~3.0[V] 에서 저전압 검출

- 과전류(OCP : Over Current Protection) : 추정 전류보다 큰 과전류 검출

○ 측정 (Monitoring)

- 셀 전압, 온도 : 셀 전압, 온도 검출

- 셀 전류 : 셀 전류 검출

- 고장 검출 : 하드웨어 고장, 소프트웨어 문제점 진단

○ 제어 (Control)

- 셀 밸런싱 (Cell balancing) : 셀 밸런싱을 위한 스위치 제어

- 셀 온도제어(Thermal control) : 히터나 팬 가동을 위한 온도 제어

○ 추정 (Estimation)

- 충전량 예측 (SOC estimation)

- 감퇴율, 수명 예측 (SOH estimation)

- 최대 출력 예측 (Power estimation)

○ 상위 제어기와 통신

- VITM, SOC, SOH 정보를 CAN 통신을 통해 전달

- Battery protection 및 emergency action

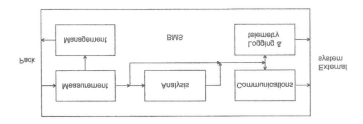

그림 4-31 BMS 기능

1. 측정

Digital 방식의 BMS의 첫 번째 기능은 리튬이온 셀 및 배터리에 대한 정보를 모으는 것이다. 이 측정들은

- Each Cell voltage 와 Pack voltage

- 선택된 셀들의 셀 온도 혹은 배터리 팩 온도

- Pack current

전압 측정

직렬로 연결된 모든 셀의 전압을 측정한다. 또한 전체 Pack 전압측정도 포함하고 있다. Pack 전압은 반드시 측정할 필요는 없고 개별 Cell 전압의 합(sum)을 구하여 얻을 수도 있다. 하지만 셀 전압 측정회로의 고장 진단이나 기타 diagnostic 목적으로 측정을 요구하는 경우도 있다.

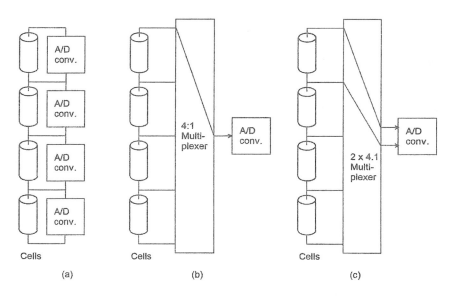

(a) discrete (b) single-ended multiplexed (c) differential multiplexed

그림 4-32 셀 전압 측정 방법

[측정방법]

Distributed BMS 방식에서는 셀에 병렬로 부착되어 직접 셀 전압을 측정한다. 다른 방식에서는 셀 양단에 tap을 연결하여 tap 사이의 전압을 측정한다. 전압 측정을 하기 위해 tap wire가 analog multiplexer에 연결되고 Analog-to-Digital Converter (A/D)를 통해 마이크로 프로세서를 통해서 전압값을 읽어낸다.

전기자동차나 HEV(Hybrid Electric Vehicle)에서 사용되는 셀 전압 측정회로는 위의 방법 이외에도 다른 방법으로 측정하기도 한다. 실제로 사용되는 대표적인 방법들은 다음과 같다.

- SSR (Solid-state relay)를 이용하여 flying Capacitor로 읽는 방법
- Unity gain difference amplifier를 사용하여 셀 전압을 읽는 방법

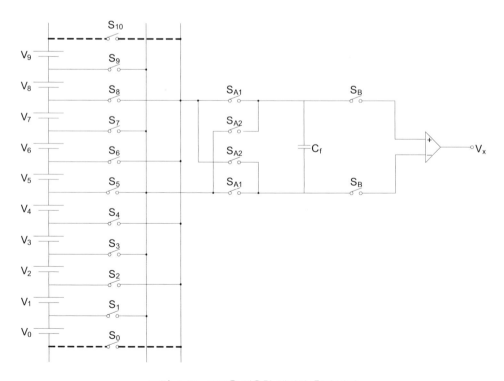

그림 4-33 SSR을 이용한 셀전압 측정 방법

1) SSR : flying capacitor를 이용하여 PhotoMoS 제어로 측정

이 방식은 전기적 신호로 제어 가능한 photo MOS (photo Tr + MOSFET) 스위치를 사용하는 방식이다. 각 셀에서 tap 와이어를 인출한 후 SSR을 통해 even cell group과 odd cell group으로 분리시킨 후 결합한다. even 과 odd 그룹의 출력을 반전시키거나 그대로 통과시키기 위해서 4개의 SSR로 이루어진 극성 반전 스위치를 통해 capacitor와 연결시킨다. capacitor의 양단에 2개의 SSR을 연결한 후에 differential OP amp를 통해 원하는 셀 전압 V_x를 얻어낸다. 이때 커패시터는 sample-hold 의 과정을 거친다. 즉 C_f 가 배터리 쪽에 연결되어 있는 경우(고전압 측)에는 스위치 S_B는 차단되어 있고, OP amp 쪽(저전압 신호원 쪽)에 붙어있는 경우에는 $SA_{1,2}$ 가 OFF 되고 S_B가 ON 되어 고압을 절연시켜서 시스템의 안정성을 도모한다.

실제 예로서 셀 전압 측정시의 스위치 동작은 다음과 같다.

- V_7 (Odd) measuring
  - Charging - S_8, S_7 : ON, SA_1 : ON SA_2 : OFF, S_B : OFF
  - Measuring - S_8, S_7 : OFF, SA_1 : OFF SA_2 : OFF, S_B : ON

- V_6(Even) measuring
  - Charging - S_7, S_6 : ON, SA_1 : OFF SA_2 : ON , S_B : OFF
  - Measuring - S_7, S_6 : OFF, SA_1 : OFF SA_2 : OFF, S_B : ON

SSR로 사용되는 Photo-MOS는 입력에 신호를 가하면 내부에서 LED 발광작용으로 MOSFET이 도통(Switch ON)되는 원리를 이용한 것이다. Photo MOS의 전기적인 규격은 다음과 같다.

- 입력 신호 : TTL
- 출력 driving 전류 : 20 ~ 100 [mA]

● 출력 내압 : 60 ~ 400 [V]

그림 4-34에 PhotoMOS의 전기적인 심볼과 부품의 외형이 표시되어 있다.

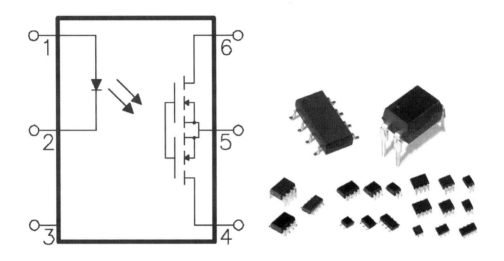

그림 4-34 Photo MOS의 전기적 심볼과 외형

시판되는 PhotoMOS는 몇 가지 종류가 있지만, HEV 자동차(예를 들어 Prius)에 사용된 부품은 NAIS 사의 photoMOS AQW21x 시리즈이다. 이것은 8핀 SOIC 패키지에 2개의 photoMOS가 내장된 형태로 되어 있다. AQW21x 시리즈에서 x는 최대 인가 전압이다. 예를 들어 AQW212는 60V 에 스위치 전류가 350 mA까지 가능하다. AQW216을 선택하면 600V에 40mA 가 가능하다. 높은 내압을 가질수록 스위치 전류는 감소한다는 사실을 알 수 있다.

NAiS   GU (General Use) Type
[2-Channel (Form A) Type]   **PhotoMOS RELAYS**

mm inch

FEATURES

1. Compact 8-pin DIP size
The device comes in a compact (W) 6.4 × (L) 9.78 ×(H) 3.9 mm (W) .252×(L) .385×(H) .154 inch, 8-pin DIP size (through hole terminal type).
2. Applicable for 2 Form A use as well as two independent 1 Form A use
3. Controls low-level analog signals
PhotoMOS relays feature extremely low closed-circuit offset voltage to enable control of low-level analog signals without distortion.
4. High sensitivity, high speed response
Can control a maximum 0.13 A load current with a 5 mA input current. Fast operation speed of 310 μs (typical). (AQW214)

5. Low-level off state leakage current
The SSR has an off state leakage current of several milliamperes whereas the PhotoMOS relays has only 100 pA even with the rated load voltage of 400 V (AQW214).
6. Low-level thermal electromotive force (Approx. 1 μV)
7. Eliminates the need for a counter electromotive force protection diode in the drive circuits on the input side
8. Stable ON resistance.
9. Eliminates the need for a power supply to drive the power MOSFET

TYPICAL APPLICATIONS

- High-speed inspection machines
- Telephones equipment
- Computer

TYPES

1. AC/DC type

Output rating*		Part No.				Packing quantity	
		Through hole terminal	Surface-mount terminal				
Load voltage	Load current	Tube packing style		Tape and reel packing style		Tube	Tape and reel
60 V	350 mA	AQW212	AQW212A	AQW212AX	AQW212AZ	1 tube contains 40 pcs. 1 batch contains 400 pcs.	1,000 pcs.
100 V	300 mA	AQW215	AQW215A	AQW215AX	AQW215AZ		
200 V	160 mA	AQW217	AQW217A	AQW217AX	AQW217AZ		
350 V	120 mA	AQW210	AQW210A	AQW210AX	AQW210AZ		
400 V	100 mA	AQW214	AQW214A	AQW214AX	AQW214AZ		
600 V	40 mA	AQW216	AQW216A	AQW216AX	AQW216AZ		

*Indicate the peak AC and DC values.

그림 4-35 PhotoMOS의 예 (Matsushita사의 AQW21x series)

PhotoMOS의 장단점은 다음과 같다.

- 제어기측과 배터리측이 전기적으로 절연이 됨

- 스위치 양단의 내압(Turn-off시 전압)이 정격을 초과하지 않도록 주의

- 내압이 높을수록 SSR에 흐를 수 있는 전류는 감소함

- 내압이 높을수록 가격이 높아짐

SSR의 주된 고장의 원인은 내압을 초과하였을 경우 발생하게 되고, 고장의 예를 그림

4-36에 나타내었다.

● S0 가 ON 되었을 때 S8 양단에 200V

　　　　　　S6 양단에 192V　　⇒　<u>350V 급의 AQW210 사용</u>

　　　　　　S4 양단에 188V 가 걸림

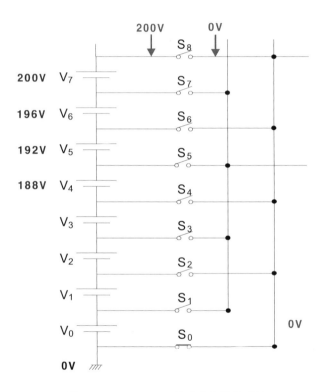

그림 4-36 Photo MOS 동작시의 최대 내압

2) Unity gain difference amplifier를 사용하여 셀 전압을 읽는 방법

이 방식은 직렬로 연결된 셀에 병렬로 각각 단위 이득(unity gain, gain=1)을 갖는 차동 (difference) amp를 사용하는 것이다. 차동 amp의 출력은 바로 셀 전압이 되고 전위는 가장 낮은 셀 전압 V0에 기준 한다. 이 말은 상위 셀 전압의 -가 ground 전압대비

floating 되어 있지만 차동 amp를 통과한 출력 전압은 ground 대비 전압으로 표현된다
는 것이다. 이 방식의 장점은 셀 전압을 읽어내기 위한 스위치 조작이 필요 없고 모든
셀 전압을 동시에 읽어 내는 것이 가능하다는 점이다. (물론 100% 일치하지는 않고, 아
주 짧은 시간 내에 모든 셀 전압을 읽어내는 것이 가능하다) 단점으로는 셀 개수만큼의
차동 amp가 필요하기 때문에 시스템 구성 가격이 상승하게 된다. 48개의 배터리 팩의
경우에 48개의 차동 amp가 필요하다.

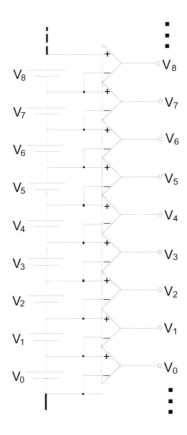

그림 4-37 차동 amp를 사용한 셀 전압 측정 회로

차동 amp로 사용되는 Texas instrument사의 INA117의 데이터 시트와 내부 회로를 그
림에 표시하고 있다.

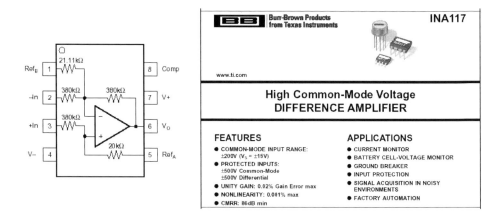

그림 4-38 INA117 회로와 데이터 시트

INA 117은 ±200V 배터리 팩 전압에 적용이 가능하지만, IC를 구동하기 위한 bias 전원이 ± 15V를 필요로 한다는 단점이 있다. 이의 단점을 극복하기 위해 단일전원(+5V)로 동작 가능한 INA148이 보다 더 광범위하게 사용되고 있다. 148의 데이터 시트가 그림에 표시되어 있다.

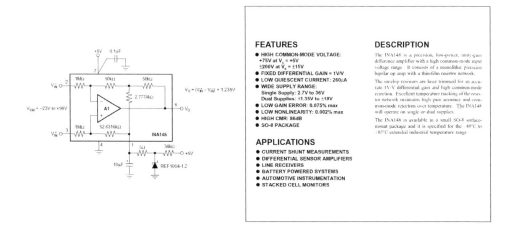

그림 4-39 INA 148의 회로도와 데이터 시트

Pack 전압은 반드시 측정할 필요는 없고 개별 Cell 전압의 합(sum)을 구하여 얻을 수도 있다. 하지만 셀 전압 측정회로의 고장 진단이나 기타 diagnostic 목적으로 측정을 요구 하는 경우도 있기 때문에 별도의 하드웨어를 이용하여 측정한다. 이 경우 회로 설계에 신경을 써야 하는데 그것은 바로 고전압의 팩전압을 측정할 때 반드시 안전을 위해서 isolation impedance 규격을 만족시켜야 한다는 것이다.

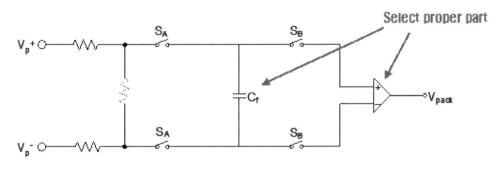

그림 4-40 Pack 전압 측정 회로

이 조건을 만족시키기 위해 가장 많이 사용되는 방식이 SSR을 이용한 팩전압 측정 회로 이다. 이렇게 측정된 팩 전압과 개별 셀 전압의 합과의 차이가 기준값 이상이면 셀 전압 측정회로에 고장이 발생한 것으로 고려할 수 있다.

$$|\sum_{n}^{n} V_{cell} - V_{pack}| < \Delta V \tag{4-7}$$

측정 간격(rate)

전압을 읽어내는 간격은 응용분야에 따라 달라진다.

- 배터리 power로 동작되는 분야에서는 소비전력을 줄이기 위해 1분에 한번이나 10 초에 한번 측정이 적당하다.

- 전기자동차와 같이 전류가 매우 빠르게 변화하는 분야(dynamic application)에서 는 1초에 한번 측정이 적당하다.

- 기초 연구나 실험실 수준에서는 1초에 10번 혹은 100번 측정도 가능하다.

BMS에서 셀의 동적 저항을 계산 할 경우 셀 전압과 팩 전류는 동시에(simultaneous) 측정되어야 한다. 그렇지 않으면 저항 계산에 오류가 생길 수 있다. 셀 전압, 전류가 동시에 sample 되고 측정되면, 데이터 전송은 나중에 이루어져도 된다.

정밀도(Accuracy)

측정 정밀도는 응용분야에 따라 달라진다.

- 셀의 만 충전 전압이나 Cut-off 전압을 알아내는 것이 목적인 경우 100mV의 측정 정밀도는 Protection circuit 용도에서는 충분하다. 왜냐하면 OCV 대비 SOC 그래프에서 리튬 이온전지는 충전 종료 시점과 방전 종료 시점에서 매우 날카로운 전압 상승과 하강을 보여주기 때문이다. 예를 들어 실제 리튬이온 전지에서 충전 종료시점에서는 200 mV의 전압 상승을 보여주고 방전 종료 시점에서는 500 mV의 전압 하강을 보여주고 있다.

- 셀 밸런싱을 위해서는 50 mV의 정밀도는 SOC 균일화 목적으로 적당하다. 보다 정확한 정밀도는 셀 저항 때문에 측정시 손실될 수 있다.

- OCV나 추정된 OCV로부터 셀 SOC를 추정하는 목적에서는 적어도 10 mV의 정밀도를 가져야 한다. 이보다 정밀도가 낮아지게 되면 SOC 오차를 10% 범위내로 유지하기가 어려워진다.

- OCV-SOC 그래프의 중간 평탄화 구간(central plateau, SOC 20%에서 80% 구간)에서의 셀 전압 측정에 의해 SOC를 구하기 위해서는 적어도 1mV의 정밀도를 유지해야 한다. 이것은 BMS가 기존의 상태에 대한 정보 없이 셀 전압 측정에 의해서만 SOC를 계산할 때 필요한 정밀도이다.

표 4-9 측정 정밀도를 얻기 위한 분해능과 공차

Accuracy	Resolution	Tolerance
100 mV	6 bits	1%
30 mV	8 bits	0.25%
10 mV	9 bits	0.1%
1mV	12 bits	0.01%

5V full scale에서 요구되는 A/D resolution과 필요한 tolerance가 표 4-9에 나타나 있다. 상용화된 대부분의 BMS는 10mV에서 30mV의 정밀도를 가지고 있다. 몇 개 회사의 BMS가 계측기 수준의 높은 정밀도를 가지고 있으나 가격이 높은 단점이 있다.

HEV에서 실제로 사용되는 전압측정 사양을 살펴보면 표 4-10과 같다.

표 4-10 HEV 전용 배터리 팩의 전압측정 사양

	Cell	Pack
Range	0 ~ 5V	150~350V
Accuracy	± 10 mV	± 1V

셀 전압 측정 정밀도를 ± 10 mV로 설정하였을 때 전압 측정 오차가 SOC에 미치는 영향을 계산하면 다음과 같다. 만충전 되었을 때의 셀 전압은 4.2[V] 이고 이때의 SOC 는 100% 이다. 완전 방전 되었을 때의 cut-off 전압은 3.2V 이고 이때의 SOC는 0%이다. 즉 셀 전압이 1V 변화할 때 SOC 변화량이 100% 로 셀 전압 측정오차 ±10 mV에 대해서 다음의 관계식이 성립한다.

$$1V : 100\% = 10mV : SOC_{오차}$$

따라서 SOC 오차는 ± 1% for 10mV cell voltage accuracy

개별 셀 전압 측정 정밀도를 ± 10 mV로 유지하기 위해서 하드웨어 설계시 고려 사항은
다음과 같다.

- ADC channel 사이 편차

- 전압 범위(0~5V) 내에서의 반도체 소자들의 선형성 (Linearity)

- 셀 동작시 온도 변화에 반도체 소자들의 편차와 선형성

편차와 선형성을 감안하면 표에서 제시된 분해능과 공차보다 한 단계 더 정밀한 분해
능을 가진 하드웨어를 선택하여야만 설계사양을 만족시킬 수 있다.

예를 들어 ADC의 분해능을 선택할 때 다음과 같은 사항을 고려해야 한다. ADC의 기준
전압 V_{ref} =5V라 하면

10 bit : 1024 level , 5V/1024 = 4.88 mV (per LSB), 1 LSB accuracy = 9.76 mV

12 bit : 4096 level, 5V/4096 = 1.22 mV (per LSB), 1 LSB accuracy = 2.44 mV

± 10 mV의 정밀도를 유지하기 위해서는 10 bit 의 분해능을 가지면 되지만, 앞에서 설
명한 채널 편차, linearity와 동작온도에서 반도체 소자들의 비선형성을 고려하면 적어
도 12 bit의 분해능을 가져야만 원하는 정밀도를 유지할 수 있다.

절연(Isolation)

직렬 연결된 셀 개수가 많을수록 배터리 팩 전압이 높기 때문에 셀 전압은 접지 기준의
낮은 전압을 가지는 신호원과 전기적으로 절연 되어야만 한다. 이는 전기회로적인 측
면에서의 문제가 사람과 같은 user interface 상에서의 전기적인 안전을 확보하기 위한
조치이다. 고전압 배터리의 (+), (-) 단자와 차량의 chassis (즉 12V 배터리의 -극) 사이
를 절연저항계로 측정할 때 표시되어야 할 최소한의 저항을 절연저항(Isolation

impedance) 이라하고 그 크기는 5Mohm @500V 이상이어야 한다. 지금까지 여러 가지 방법들이 개발되어 제품화되었다.

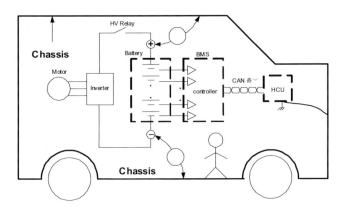

그림 4-41 절연저항의 측정 방법

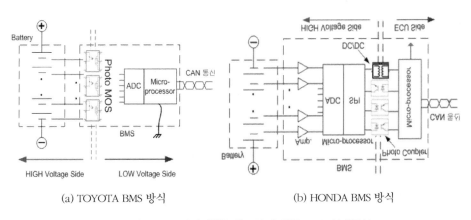

(a) TOYOTA BMS 방식　　　　　　　　(b) HONDA BMS 방식

그림 4-42 절연저항을 확보하기 위한 BMS 설계방식

절연저항을 확보하기 위하여 자동차회사마다 BMS를 구성하는 다양한 방법을 사용하고 있다. 대표적인 HEV 차량 제작사인 Toyota의 Prius에서 사용되는 방식은 PhotoMOS를 이용하여 고압측과 저압측을 완전히 절연하는 방식을 사용하고 있다. 반면에 Insight를 생산하는 Honda에서 사용되는 방식은 고압측에 BMS가 연결되어 있고 Photocoupler를 통해서 차량측과 전기적으로 절연되어 있는 방식을 채택하고 있다.

온도(Temperature)

배터리 팩 온도 측정이나 개별 셀 온도 측정은 다음과 같은 이유로 필요하다.

- 리튬 이온 셀은 특정 온도 범위를 초과해서 방전되면 안된다.

- 셀 상태나 나쁘거나 과도한 사용으로 인해 셀 내부에서 뜨거워지는 경우, 폭발이나 발화에 이르기 전에 진단하는 것이 필요하다.

그림 4-43에 BMS에서 셀 온도를 측정하는 방식에 대해 설명하고 있다.

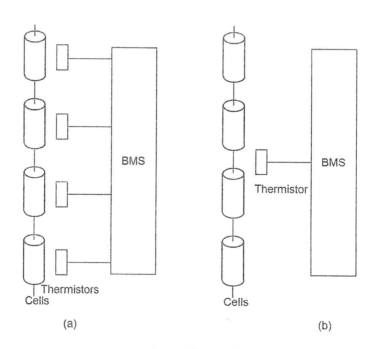

그림 4-43 온도 측정 방법 (a) 개별 셀 온도 측정 (b) 팩 온도 측정

온도센서는 Thermistor를 사용한다. 부착 위치는 그림처럼 셀별로 측정하거나 팩 온도 하나만 측정할 수도 있지만 셀들이 서로 stack 되어 있다는 점을 이용하면 최소의 thermistor를 사용하여 모든 셀 온도를 유추할 수 있는 방법도 있다. 그 방법은 Stack 된 셀의 최 외각과 내부, 그리고 중간부분에 부착하면 사이의 온도는 측정된 온도들의 gradient를 통해 linear interpolation으로 얻어낼 수 있다.

Thermistor는 온도변화에 대해 저항값이 민감하게 변하는 저항기로서 두 종류가 있다.

- NTC Thermistor : 온도가 상승함에 따라 저항이 감소하는 특성

- PTC Thermistor : 온도가 상승함에 따라 저항이 증가하는 특성

PTC 는 가격이 비싸기 때문에 NTC가 대부분 사용되고 있으며, NTC를 이용한 온도 측정회로의 예는 다음과 같다.

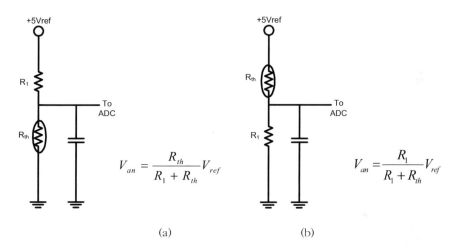

$$V_{an} = \frac{R_{th}}{R_1 + R_{th}} V_{ref}$$

$$V_{an} = \frac{R_1}{R_1 + R_{th}} V_{ref}$$

(a)   (b)

그림 4-44 온도 측정회로 구성 방법 (a) Low side 부착 (b) High side 부착

Thermistor의 실제 사진과 용도 등이 아래 그림 4-45에 표시되어 있다.

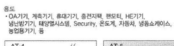

AT THERMISTOR

AT THERMISTOR는 저항값 및 B정수의 허용차가 극히 작은
(±1%) 고정도 THERMISTOR입니다.
・형상이 균일하기 때문에 자동실장의 대응이 가능합니다.
・경시변화가 작아서 신뢰성이 높다.

용도
・OA기기, 계측기기, 휴대기기, 충전지팩, 팬모터, HE기기,
냉난방기기, 태양열시스템, Security, 온도계, 자동차, 냉동쇼케이스,
농업용기기, 등

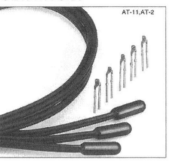

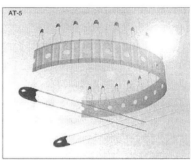

그림 4-45 Thermistor 사진 및 용도

Thermistor의 저항-온도 특성표가 제시되어 있으며 203AT 시리즈의 경우 25도 온도에서 $20k\Omega$의 저항값을 가지고 있다.

표 4-11 203AT 서미스터 저항-온도 특성표

저항-온도특성

온도 (℃)	형 명							온도 (℃)	형 명						
	102AT	202AT	502AT	103AT	203AT	503AT	104AT		102AT	202AT	502AT	103AT	203AT	503AT	104AT
-50	24.46	55.66	154.6	329.5	1253	3166	11473	35	0.7229	1.424	3.508	6.940	13.06	32.48	60.94
-45	18.68	42.17	116.5	247.7	890.5	2257	7781	40	0.6189	1.211	2.961	5.827	10.65	26.43	48.10
-40	14.43	32.34	88.91	188.5	642.0	1632	5366	45	0.5316	1.033	2.509	4.911	8.716	21.59	38.13
-35	11.23	24.96	68.19	144.1	465.8	1186	3728	50	0.4587	0.8854	2.137	4.160	7.181	17.75	30.44
-30	8.834	19.48	52.87	111.3	342.5	872.8	2629	55	0.3967	0.7620	1.826	3.536	5.941	14.64	24.42
-25	6.998	15.29	41.21	86.43	253.6	646.3	1864	60	0.3446	0.6587	1.567	3.020	4.943	12.15	19.72
-20	5.594	12.11	32.44	67.77	190.0	484.3	1340	65	0.3000	0.5713	1.350	2.586	4.127	10.13	15.99
-15	4.501	9.655	25.66	53.41	143.2	364.6	969.0	70	0.2622	0.4975	1.168	2.226	3.464	8.482	13.05
-10	3.651	7.763	20.48	42.47	109.1	277.5	709.5	75	0.2285	0.4343	1.014	1.924	2.916	7.129	10.68
-5	2.979	6.277	16.43	33.90	83.75	212.3	523.3	80	0.1999	0.3807	0.8835	1.668	2.468	6.022	8.796
0	2.449	5.114	13.29	27.26	64.86	164.0	390.3	85	0.1751	0.3346	0.7722	1.451	2.096	5.105	7.271
5	2.024	4.188	10.80	22.05	50.53	127.5	292.5	90	0.1535	0.2949	0.6771	1.266	1.788	4.345	6.041
10	1.684	3.454	8.840	17.96	39.71	99.99	221.5	95			0.5961	1.108	1.530	3.712	5.037
15	1.408	2.862	7.267	14.69	31.36	78.77	168.6	100			0.5265	0.9731	1.315	3.185	4.220
20	1.184	2.387	6.013	12.09	24.96	62.56	129.5	105			0.4654	0.8572	1.134	2.741	3.546
25	1.000	2.000	5.000	10.00	20.00	50.00	100.0	110			0.4128	0.7576	0.9807	2.369	2.994
30	0.8486	1.684	4.179	8.313	16.12	40.20	77.81								

단위[kΩ]

전류 (Current)

배터리 팩에 흐르는 전류에 대한 정보를 얻어내면 다음과 같은 기능을 수행할 수 있다.

- 과도한 전류의 흐름을 감지하여 배터리 팩의 SOA 범위를 넘지 못하게 방지하는 기능

- Fuel gauge 기능을 수행하기 위한 전류적산을 이용한 DOD 계산의 일부로 사용

- 외부에 배터리 전류 정보 알림

- Peak 전류와 연속전류에 대한 정보로 배터리 팩의 SOA 영역 확보

- 셀 내부 저항 측정용도로 사용

- SOC 계산을 위한 IR 전압보상을 위한 용도로 사용

전류를 측정하는 방식에는 두 가지가 있다.

- Current Shunt : 낮은 저항값을 가진 고정밀 저항을 사용

- Hall effect current sensor

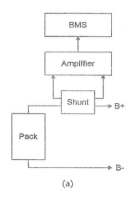

(a)

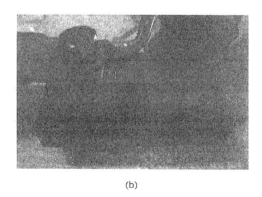

(b)

그림 4-46 Shunt 전류 센서 (a) 회로 (b) 실제 예

Current Shunt

Current shunt는 높은 정밀도의 낮은 저항값을 가진 저항이다. 배터리 팩 전류가 shunt 저항을 통과하면서 전류에 비례하는 전압 강하를 만들어내고 A/D 컨버터를 이용하여 전류값을 얻어내는 원리이다. Shunt 를 연결하는 방식에 따라서 특별한 주의가 필요하다.

- Shunt 저항의 단자부는 크기가 크고 무겁기 때문에 연결이 이루어지는 방법에 따라서 저항값이 다르게 측정된다.

- Power 선 연결과 신호선 연결은 서로 분리되어야 한다. (Kevin connection 사용)

- 배터리의 (-) 극 쪽에 연결. 팩 전압이 전류에 따라 변하게 된다.

Shunt저항 양단 전압은 증폭되고 측정되어 배터리 팩 전류로 변환된다. 전류 Shunt의 특징은 다음과 같다.

- 온도변화에 상관없이 전류가 흐르지 않을 때, 전류 shunt는 offset 전류가 0이다. 따라서 Coulomb counting과 같은 전류 적산시 좋은 결과를 보여준다.

- 전류 Shunt는 배터리 팩과 전기적으로 절연되어 있지 않다. 따라서 BMS나 다른 회로 설계를 통해 isolation을 제공해야 한다.

- 전류 Shunt의 저항은 온도에 따라 변화하기 때문에 측정 오차를 발생시킨다.

- 전류 Shunt는 IR에 의한 에너지 손실을 유발한다.

- 전류 Shunt의 출력 신호 레벨은 매우 낮아서(full scale에서 수 mV 정도) BMS에서 증폭회로를 만들어야 하고 이로 인한 노이즈레벨이 낮은 신호를 얻기 위해 interference에 세심한 노력을 하여야 한다.

그림 4-47에 Shunt저항을 사용한 실제 전류측정 회로의 예를 보여주고 있다. 양방향 전류를 측정하기 위해서 Op amp에 양전원 (±15V)이 필요하다. 측정원리는 다음과 같다.

전류 i_c 가 shunt 양단에 흐르게 되면 저항 R_{sense} 양단에 $i_c R_{sense}$ 전압 강하가 발생한다. 이 전압을 측정하여 (V_{sense}) 차동 증폭기 입력으로 인가하면 출력 V_M을 얻을 수 있다. V_M은 흐르는 전류에 비례하는 값을 가지게 되고 그 비율은 다음의 수식에 의해서 얻어진다.

$$V_M = \frac{R_f}{R_1} V_{sense} = \frac{R_f R_{sense}}{R_1} \cdot i_c \tag{4-8}$$

그림에 ±10A 의 전류가 흐를때 shunt 전류센서를 통해 출력되는 전류는 ±2.5V의 크기로 scaling 되었다. Level shift 회로에 의해 0~5V 신호로 레벨을 올려서 A/D 변환기로 변환하면 실제 전류값을 얻을 수 있다.

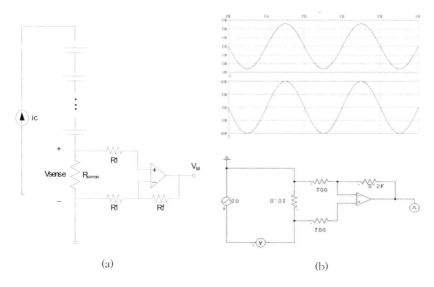

그림 4-47 Shunt 전류 측정 회로도 (a) 회로 (b) 입 출력 파형

Hall Effect Sensor

Hall 소자 센서는 팩 전류가 발생시키는 자기장 내부에 위치시켜서 전류에 비례하는 전압을 얻어낸다. Hall 센서의 특징은 다음과 같다.

- Hall 센서 출력 전류는 시간 경과와 온도변화에 대해 정밀하게 측정된다.

- Hall 센서는 배터리 팩 전류와 전기적으로 절연되어 있기 때문에 isolation 회로가 필요없다.

- Hall 센서는 전류가 0 일때 온도에 따라서 변동되는 offset 값을 가지고 있다. 상온에서 zero offset으로 calibration 되었을 지라도 온도가 올라가거나 내려가면 작지만 offset 전류값이 있다. HEV와 같이 높은 전류가 펄스형태로 흐르는 응용 분야에서는 주기적으로 offset calibration을 해주어야 한다.

- Hall sensor는 부착 위치에 제한이 없다.

Hall 센서는 자체적으로(built-in) amplifier 를 가지고 있기 때문에 shunt 저항과는 다르게 출력신호 레벨이 높다. 외부 bias 전원은 +5V를 사용하거나 양전원(±12V, ±15V)을 쓴다. 전류 측정은 단방향 이거나 양방향 모두 가능하다. 외부 Bias 전압의 ground

에 기준하여 출력전압이 유지되기 때문에 출력 신호의 level shift없이 A/D 컨버터에 직접 연결이 가능하다는 장점이 있다.

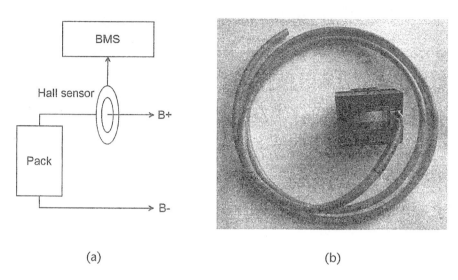

(a)   (b)

그림 4-48 Hall 전류 센서 (a) 회로 (b) cable mount sensor 모듈

Hall 전류센서는 출력 방식에 따라서 두 종류로 분류된다.

○ Closed loop Hall sensor

폐루프 Hall sensor의 동작원리 : The magnetic flux created by the primary current lp is balanced by a complementary flux produced by driving a current through the secondary windings. A hall device and associated electronic circuit are used to generate the secondary (compensating) current that is an exact representation of the primary current.

폐루프 Hall sensor의 장단점은 다음과 같다.

- Wide frequency range

- Good overall accuracy

- Fast response time

- Low temperature drift

- Excellent linearity

- No insertion losses

- Current output, High cost

- Measurement 저항 필요

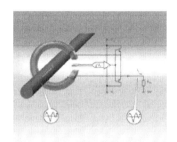

그림 4-49 폐루프 Hall sensor의 구조

○ Open Loop Hall Sensor

개루프 Hall sensor의 동작원리 : The magnetic flux created by the primary current IP is concentrated in a magnetic circuit and measured in the air gap using a Hall device. The output from the Hall device is then signal conditioned to provide an exact representation of the primary current at the output

개루프 Hall sensor의 장단점은 다음과 같다.

- Small package size

- Extended measuring range

- Reduced weight

- Low power consumption

- No insertion losses

- Voltage Output, Low Cost

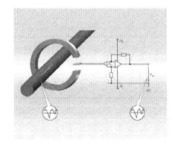

그림 4-50 개루프 Hall sensor의 구조

높은 전류를 측정할 때 고려해야 할 사항은 낮은 전류에서의 drift를 어떻게 억제할 것인가가 설계상의 큰 문제가 된다. 즉 ±300A의 전류측정범위를 갖는 전류 센서는 +300A에서 +5.0V, 0A에서 +2.5V, -300A에서 0V를 출력한다. 즉 600A의 전류변동에 대해서 5V의 전압차이를 보이므로 1A당 8.33 mV의 스케일을 가지게 된다. 전류 변동율이 0.1A라면 전압은 0.833 mV가 변동한다. BMS에서 사용하는 A/D 컨버터는 12 bit가 현실적으로 최대이므로 0.833 mV는 측정 불가능하다. 즉 이 전류 센서로는 0.5A 이하의 전류는 측정 불가능한 사양이 된다.

따라서 이와 같은 문제점을 해결하기 위한 방법으로 전류센서를 2개 사용하여 하나는 ±300A의 전류 측정 사양을, 나머지 하나는 ±30A의 전류 측정 사양을 갖게 하는 것이다. 두 출력을 이용하여 전범위에서 정밀한 전류 측정이 가능하다. 최근에는 2개의 gain 을 갖는 전류센서를 하나의 패키지에 통합한 형태(2개의 전류센서가 하나의 패키지에 수납)의 Dual core 형 전류센서가 많이 판매되고 있다.

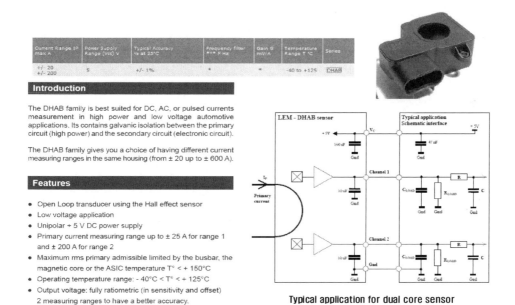

그림 4-51 Dual core 전류 센서의 예 (LEM DHAB Hall sensor)

LEM 사에서 판매하는 Dual core Hall sensor (LEM-DHAB)는 ±200A의 범위에서 오차를 ± 1% 범위내로 유지하면서 단전원(+5V)로 동작가능한 것이 특징이다. 그림 4-51에 LEM 센서의 모양과 전기적인 특징들을 표시하였다.

개루프(open loop) hall 전류센서를 이용한 회로 설계의 예가 제시되었다. 전류센서의 전달함수는 ±300A 대비 +5V 출력을 나타낸다. Dual core를 가지고 있고 gain 비가 1:10 임으로 출력 S_1에서는 ±300A, S_2에서는 ±30A 범위의 전류측정이 가능하다.

Op amp의 외부 전원으로 Vcc=+5V일 때, 회로의 출력 V_{CH}는 다음과 같다.

$$V_{CH} = V_{off}(1 + \frac{R_2}{R_1}) - \frac{R_2}{R_1}V_S$$

(4-9)

만약, $V_{off} = 2.5V$, $R_1 = R_2$ 이면 $V_{CH} = 5V - V_S$ 이다.

최대 전류가 원래 설계값보다 커지는 경우 $V_{off} = 2.5V$, $R_1 > R_2$ 으로 선택하고, 만약 설계값보다 작아지는 경우, $V_{off} = 2.5V$, $R_1 < R_2$ 으로 선택한다. 그러면

$$V_{CH} = 5V - \frac{R_2}{R_1}V_S$$

(4-10)

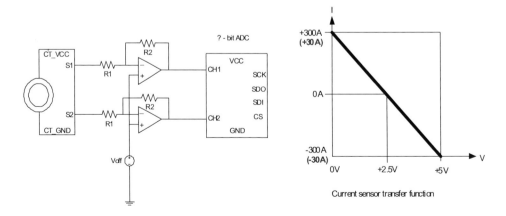

그림 4-52 Dual core Hall 전류 센서 회로

실제 소자값을 이용한 회로 시뮬레이션 결과는 다음과 같다.

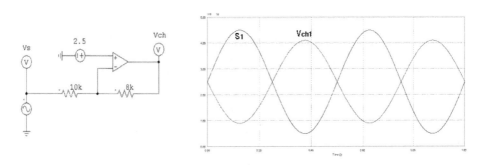

그림 4-53 시뮬레이션 결과

Balancing

셀 밸런싱(CB : Cell Balancing)은 직렬로 셀을 연결하여 팩을 만들 때 반드시 필요한 기능이다. 셀들이 노화되면서 용량, 내부저항, 개방전압, 동작 온도등이 변화되어 초기에 매칭(matching)되어 있던 셀 특성들이 서로 달라지게 된다. 이런 상태로 계속해서 동작시킬 경우 팩 용량, 출력등이 급속히 감소하게 되어 배터리 팩 시스템의 고장의 원인이 된다.

Cell Balancing이 필요한 이유는 다음과 같다.

(1) 온도

셀을 직렬 연결하여 팩을 만들 경우, 셀 간의 온도 편차가 생기게 된다. 특히 셀들을 직렬로 stack 하게 되면 내부 셀과 최 외곽셀의 온도차가 발생하게 되어 충-방전시에 동일 전류에 대해서도 온도차이기 나기 때문에 셀 전압이 다르게 나온다. 그림 xx에 셀 온도 대비 전압의 프로파일을 나타내었다. 그림 4-54에서 알 수 있듯이 20도의 온도차에 대해 0.1V 정도의 전압이 하락하는 것을 알 수 있다.

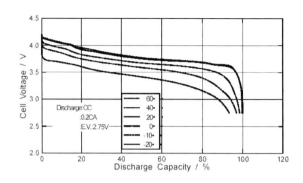

그림 4-54 셀 전압-온도 프로파일

(2) 편차

전극을 절단하여 전해질 공정을 통해 셀이 제작되게 된다. 양산화 공정에서는 완벽히 매치된 셀들은 존재하지 않는다. 편차는 개방전압(OCV), 용량(Cn), 저항(Rt), 두께, 무게, 균일성(전해액 주입 공정 때문)과 같은 종류들이 있다. 일반적으로 100만개 이상의 셀을 생산하는 양산 라인 셀은 10~20% 편차를 가지고 있으며 정교한 품질관리가 요구되는 정밀 수작업 라인에서 생산되는 셀도 5~10% 편차를 가지고 있다.

설사 완벽히 매치된 셀들로 팩을 구성하더라도 충·방전을 거듭하면 편차가 발생하게 되고 한 번 벌어진 편차는 점점 더 커지게 되어 결국에는 팩을 사용 불가능하게 만들어 버린다.

온도차나 셀의 편차가 발생한 경우 발생되는 문제점은 셀 간 전압이 각각 다르게 나타나 만 충전(Full charge)이나 완 방전(Full discharge)을 할 수 없다. 이것은 배터리 팩이 직렬 연결로 되어 있기 때문이다. 따라서 사용가능한 배터리 팩의 용량이 감소하여 실제 필요한 에너지를 얻어 내지 못하게 되고 충전양(SOC)에 따른 발열 차로 인하여 셀의 수명이 단축되게 된다.

직렬로 연결된 배터리 팩에서 밸런싱은 거의 충전된 셀들을 과충전 없이 더 많은 충전이 가능하도록 해준다. 결국 모든 셀들이 동일한 SOC를 가지게 만들어 주고 BMS에서 제어 알고리즘에 의해 수행된다. 직렬 연결된 배터리 팩에서는 팩 전류가 모든 셀에 동일하게 통과함으로, 각 셀들의 DOD(Ah로 표현)는 모두 동일하다. 밸런싱이란 BMS가

특정 셀에 흐르는 전류를 팩전류와 다르게 만들어 주는 기능을 말한다. 다음과 같이 3
가지 방식이 있다.

- 가장 많이 충전된 셀에서 전하를 제거함으로 보다 덜 충전된 셀이 더 충전할 수 있
  게 만들어 주는 방식

- 가장 많이 충전된 셀에서 전류를 bypass하여 덜 충전된 셀에 더해주는 방식

- 가장 적게 충전된 셀에 추가 전류를 충전하여 주는 방식

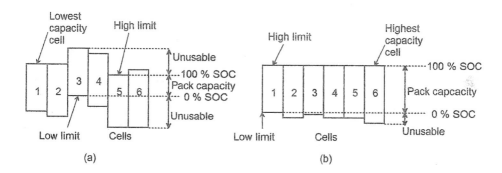

그림 4-55 밸런싱 과정 (a) unbalanced battery (b) top balanced battery

표에 밸런싱 하지 않은 경우와 밸런싱한 경우, 분산 충전 방식 그리고 redistribution의
경우를 비교하였다. 제거된 전하는 열로서 소모되거나(passive balancing) 다른 셀로
옮겨진다. (active balancing)

Balancing Algorithm

밸런싱 알고리즘은 다음의 항목에 기본하여 설계된다.

- 전압

- 최종 전압

- SOC history

표 4-12 밸런싱 방식 비교표

	None	Balancing	Distributed Charging	Redistribution	
Method	N/A	Passive	Active	Active	Active
Current Transferred	None	Low:10 mA to 1A	Medium:100mA to 10 A	High: 1A to 100A	High: 1A to 100A
Battery Energy Utilization	0~90%	~90%	100%		
Battery Capacity	Reduced over time	Minimum cell capacity	Average cell capacity		
Pack SOC	Unrelated to cell SOC	SOC of cell with least capacity	SOC of all cells		
Cell's SOC	All over the place	At 100% all cells have same SOC	All cells always at same SOC		
Duration	N/A	Top end :at end of charge; SOC history: may be at any time	During charging	Whenever in use	

세 알고리즘들은 OCV-SOC 그래프에서 서로 다른 영역에서 동작된다. 각 방식의 특징은 다음과 같다.

Voltage based

전압 기준의 알고리즘은 가장 단순한 알고리즘이지만 단점도 많이 가지고 있다. 이 알고리즘은 같은 전압의 셀은 같은 SOC를 가지고 있다는 가정하에서 출발한다. 이것은 사실일 경우도 있지만, 단자전압이 OCV와 동일한 경우에만 성립한다. OCV-SOC 그래프에서 보면 리튬이온 전지는 중간에 평탄화 구간(flat plateau)가 있기 때문에 전압에 기반한 알고리즘은 큰 SOC 오차를 발생시킬 수 있다.

알고리즘은 가장 높은 셀 전압에서 Charge를 제거하는 방식이다. 이 방식의 문제점은 측정된 셀 전압은 단자전압이고 전류가 흐르는 상황에서의 단자전압은 OCV와 IR drop에 의해서 생성되기 때문에 내부 저항값이 큰 셀이 동일 OCV에서 높은 단자 전압을 보여준다. 따라서 단순히 전압에만 기반한 밸런싱 알고리즘은 큰 문제를 발생시킬 수 있다.

이 문제를 해결하기 위한 방법으로 BMS에서 각 셀의 내부저항을 알고 있으면 가능하나 이것은 결코 쉬운 방법이 아니다. 또 다른 방법으로는 단자전압이 OCV가 될 때까지 기다린 후 밸런싱을 수행하는 것이다. 셀에 전류가 흐른 후 30분 ~ 1시간 후의 휴지기간(rest period) 에는 단자전압이 OCV가 되기 때문에 단자전압으로 SOC를 얻어낼 수 있다.

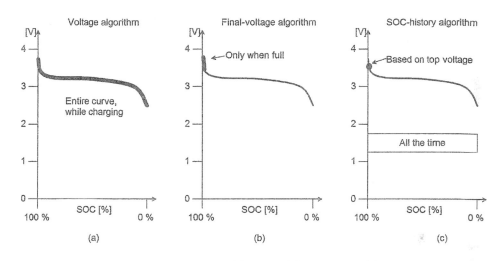

그림 4-56 밸런싱 알고리즘 비교 (a) voltage (b) final voltage (c) SOC history

Final voltage based

최종 전압(final voltage)에 기반한 알고리즘은 가장 빈번히 사용되는 방법이다. 검증된 방법이지만 밸런싱 시간이 오래 걸린다는 단점이 있다. 전압 기반의 알고리즘과 비슷하지만 밸런싱 시점이 항상 일어나는 것이 아니고 충전 종료시점에서 수행된다는 것이다. 알고리즘은 충전 종료시점에서 기준전압(예를 들어 LiFePO₄ 전지의 경우 3.4V)이상에서 charge를 제거한다.

이 방식의 장점은 리튬이온전지의 OCV-SOC 그래프의 평탄화 구간에서 밸런싱이 행해지지 않고 끝단(end point)에서 수행된다. OCV-SOC 끝단에서의 전압은 SOC에 강하게 의존하기 때문에 충전 종료시점에 다가오면 리튬 이온 전지의 전압은 급상승하게 된다. 예를 들어 100mV의 차이는 SOC 1~3%의 변화를 가져온다. 따라서 모든 셀 전압이 100mV 편차 이내로 유지되면 SOC도 역시 1~3% 범위로 유지되게 된다. 밸런싱이 끝단에서 수행되는 이유이다.

문제점은 밸런싱을 수행하기에 시간이 너무 짧고 제거되는 charge의 양이 너무 적다는 것이다. 전기자동차의 경우 2시간의 충전시간을 가지고 있을 때, 충전 종료시점의 밸런싱을 위한 시간은 겨우 10분에 불과하다. 이문제의 해결점은 밸런싱 전류를 증가시키는 것이나, 회로설계의 문제와 열 발생으로 인한 온도제어의 문제가 발생할 수 있다. 또 다른 문제점은 전압베이스의 경우와 마찬가지로, 단자전압이 OCV와 IR 전압으로 구성되어 있기 때문에 직렬 셀들의 내부 저항이 다른 경우에 전압은 같을지라도 서로 다른 SOC를 가질 수 있다. 결국 이 방법도 셀들의 내부저항 편차가 큰 경우에 효과적이지 못한 알고리즘이 된다.

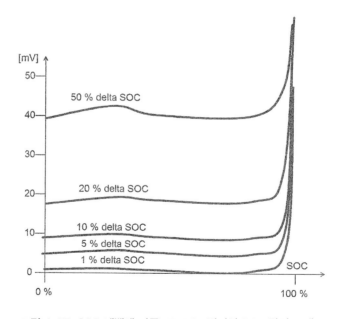

그림 4-57 SOC 레벨에 따른 LiFePO$_4$ 전지의 OCV 차이 그래프

SOC history based

이 방법은 가장 정교한 방식이다. 우수한 방법이지만 개별 셀들의 SOC 를 알아내기 위한 계산량이 많기 때문에 시간이 오래 걸린다는 단점이 있다. 일정한 시간(예를 들어 1초 간격) 마다 BMS는 모든 셀의 SOC를 계산한다. 공칭용량 값을 이용하여, BMS는

SOC 값을 DOD 값으로 변환시킨다.

DOD[Ah]= capacity[Ah]*(1-$_{soc}$[%]/100%)   (4-11)

각 셀에서 BMS는 가장 적게 충전된 셀의 charge와 비교하여 charge 증분(delta)를 계산한다. 각 셀의 밸런싱 전류 크기를 알고 있기 때문에 BMS는 각 셀에서 charge 증분을 제거하기 위한 밸런싱 시간을 계산할 수 있다.

Balance time [h] = Delta charge[Ah]/Balance current [A]   (4-12)

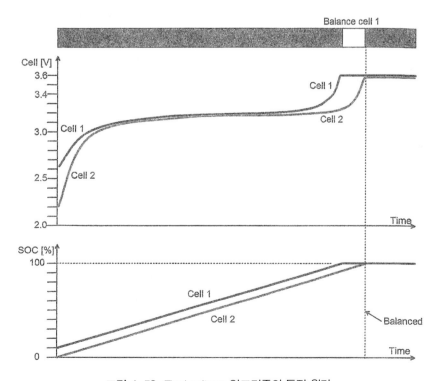

그림 4-58 Final voltage 알고리즘의 동작 원리

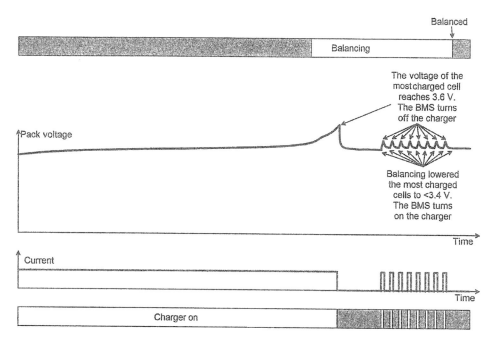

그림 4-59 Final voltage 알고리즘의 Charger On/Off 과정

다음 단계의 충방전 사이클에서 BMS는 각 셀의 밸런싱 회로를 동작시켜 계산된 시간 동안 전하를 방전시켜서 charge 증분이 0이 되도록 한다. 밸런싱이 완료되었을 때 각셀의 DOD (Ah 단위)는 일치하게 된다. 따라서 충전이 완료되었을 때, 각 셀은 100% 정확한 SOC를 갖게 된다.

이 방식은 기존의 두 방식이 가지고 있는 단점들을 모두 극복할 수 있다. 모든 시간에 밸런싱 알고리즘이 동작하기 때문에 final voltage에 기반한 알고리즘보다 빠른 시간내에 밸런싱을 완료할 수 있다.

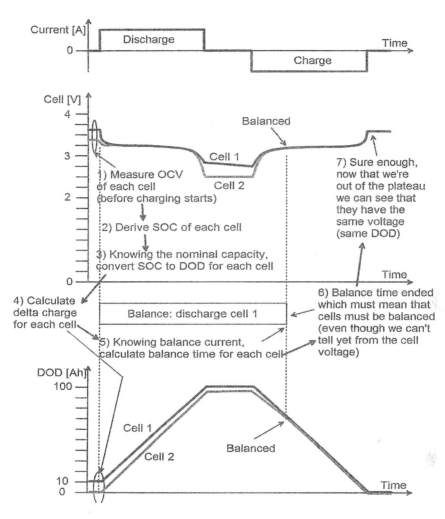

그림 4-60 SOC history 알고리즘의 동작 원리

지금까지 설명한 세 알고리즘을 표 4-13에 정리하였다.

표 4-13 밸런싱 알고리즘의 비교

	Voltage Based	Final Voltage Based	SOC History Based
Principle of Operation	Balances whenever charging, regardless of SOC. Strives to match cell voltages	Balances at high SOC. Strives to match cell voltages.	Balances all the time. Strives to match cell DOD, based on previous history of cells.
Pros	Very simple method	At high SOC, the cell voltage chances rapidly, so it gives better data on the true SOC. The charging current can be reduced so errors due to the IR drop across the cell's internal resistance are minimized; or the charger is mostly kept off during balancing, so cell resistance is a small factor	The BMS balancing current can be lower, and balancing can be done in fewer cycles, as balancing can occur all the time. Cell resistance has little effect.
Cons	Using cell voltage as an indication of SOC is not effective because the OCV versus SOC curve is quite flat at mid SOC levels. Strongly affected by cell resistance, because it mostly runs when the terminal voltage is higher than the OCV due to charging current.	Balancing only at the top means there is less time to balance—after the battery is charged, until power goes away. Therefore, the BMS has to balance at a higher current level.	Requires more computing power and more memory to store the history of each cell.

밸런싱 방법은 크게 Passive 와 Active 밸런싱으로 구분되어 진다. Passive 방식은 높은 전압의 셀부터 저항을 통해 방전시켜 낮은 전압으로 매치시키는 방법이고, Active 방식은 높은 전압의 셀에서 낮은 전압의 셀로 충전된 전하를 이동(transfer)시키는 방법이다.

○ Passive balancing

이 방식은 가장 단순하고 신뢰성이 높기 때문에 가장 널리 사용되는 방식이다. 셀에 병렬로 연결된 저항을 통해 충전된 전하를 열로 방전시키는 방식이다. 손실이 심하고 과도한 열발생으로 인해 thermal control이 반드시 필요하다. 전체 셀을 밸런싱하는데는 오랜 시간이 걸리고, 방전 전류가 적기 때문에 대전력이나 빠른 충방전을 필요로 하는 응용분야에는 사용이 어렵다. n 셀을 위해 n-resistor와 n-switch를 필요로 한다.

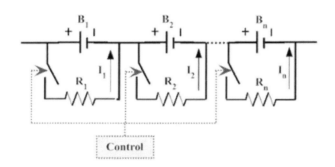

그림 4-61 Passive balancing 구성

(1) 밸런싱 방법

전류 주입형(Current Injection)

- 가장 높은 셀 전압을 기준으로 낮은 전압 셀부터 전류를 주입하여 충전
- 전류주입을 위한 여분의 전원 장치가 필요.

직렬 연결된 셀들과 직렬로 연결된 스위치와 극성반전을 위한 SA_1, SA_2 그리고 외부 전류원 I_{chg}로 이루어져 있다. 전류를 주입하고자 하는 셀이 선택되면 전류원과 선택된 셀 사이에 스위치를 동작시켜 전류가 흐를 수 있는 loop를 만들어 준다. 전류가 흐르는 시간은 앞장에서 제시한 밸런싱 알고리즘을 바탕으로 설계한다.

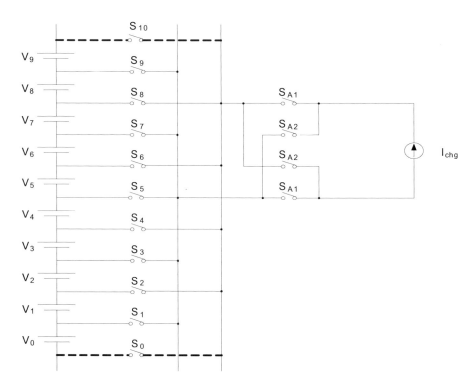

그림 4-62 전류 주입형 밸런싱 회로의 예

전류 방출형(Current Dissipation)

- 가장 낮은 셀 전압을 기준으로 가장 높은 셀부터 전류를 방출하여 방전
- 여분의 에너지를 열로서 발산하는 형태
- 구동회로가 간단하고 단순한 회로구성으로 이루어져 있어서 가장 많이 사용되는 방법

셀의 양단에 반도체 스위치와 저항을 연결하여 저항 열로 셀 전압을 낮추는 방법으로 신뢰성이 높고 조작이 단순하다는 장점이 있는 반면, 직렬 셀 중에서 셀 하나가 성능이 나빠질 경우(전압이 감소할 경우), 다른 모든 셀들이 밸런싱을 하기 위해서 방전해야

하기 때문에 열 발생이 많아지고 배터리 성능이 감소하게 된다.

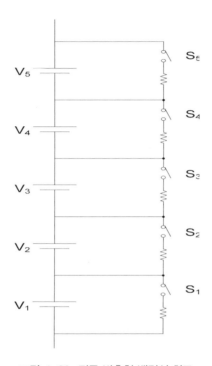

그림 4-63 전류 방출형 밸런싱 회로

전류 주입형과 전류 방출형의 셀밸런싱 성능을 비교해 보기 위해 아래 그림 4-64와 같은 경우를 생각해 보았다.

(a)의 경우는 5개 직렬 연결에서 4개의 셀은 3.6~3.7V를 유지하고 나머지 1셀(V_4)이 3.4V를 보여주는 경우이고, (b)의 경우는 4개의 셀은 3.7V를 유지하고 나머지 1셀(V_4)이 4.0V를 보여주는 경우이다.

(a)의 경우를 고려해보자.

전류 주입형을 선택하면 가장 낮은 전압의 셀 V_4(3.4V)에 전류원이 연결되어 충전시킨다. 만약 전류 방출형을 선택하면 4개의 밸런싱 스위치(V_1, V_2, V_3, V_5)가 동작하여 4개 셀에서 전하를 방전시켜서 3.7V에서 3.4V로 감소하도록 한다.

밸런싱 시간이나 에너지 효율을 고려하면 전류 주입형이 훨씬 더 우수한 특성을 가지고 있음을 알 수 있다.

(b)의 경우 전류 주입형을 선택하면 가장 낮은 전압의 4개의 셀(3.7V, V_1, V_2, V_3, V_5) 에 전류원이 연결되어 순차적으로 충전시킨다. 만약 전류 방출형을 선택하면 가장 높은 전압 V_4(4.0V)의 밸런싱 스위치 동작하여 V_4 에서 전하를 방전시켜서 4.0V에서 3.7V로 감소하도록 한다.

밸런싱 시간이나 에너지 효율을 고려하면 전류 방출형이 훨씬 더 우수한 특성을 가지고 있음을 알수 있다.

문제는 (a), (b) 경우 중 어느 쪽이 보다 일반적이고 현실성이 있는가 하는 문제가 있다. (a) 경우는 처음에 매칭이 된 셀 중에서 셀 하나(두개)가 성능이 떨어지는 경우이고 (b)의 경우는 매칭이 된 셀 중에서 셀 하나(두개)가 성능이 좋아지는 경우를 의미한다.

물론 (a) 경우가 일반적으로 일어 날 수 있는 상황이고 (b)는 현실성이 없는 경우이다.

따라서 시스템 설계시 가능하면 전류 주입형을 선택하는 것이 밸런싱 효율면에서는 훨씬 더 좋은 방법일 것이다.

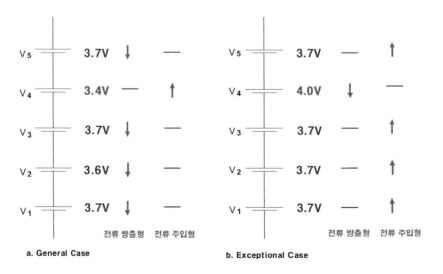

그림 4-64 셀밸런싱 성능 비교

셀밸런싱시 고려해야 할 점

BMS를 제작할 때 배터리 셀에서 tap 와이어를 통해 BMS와 연결되고 회로 기판에 밸런싱 저항이 붙어 있는 경우가 많다. 이 경우 전압 측정을 위한 와이어를 셀에 다시 연결하지 않고 와이어로 연결된 BMS 커넥터 부근의 PCB 기판에서 연결되게 된다. 이 경우 셀 밸런싱을 할 경우 특별히 고려해야 할 상황이 생긴다.

밸런싱 스위치가 ON 되어서 밸런싱 저항을 통해서 전류가 흐르는 경우에 도선의 저항 R_{wire} 에 의해 전압 강하가 생기게 된다. 전압측정이 이루어지는 지점인 V_1에서의 측정 값은 V_{c1} - R_{wire} * i_1 이 되어 실제 전압인 V_{c1}보다 낮은 값으로 셀 전압이 측정된다. 맨 밑의 셀인 V_4을 측정할 때도 동일한 현상이 발생한다. 하지만 중간에 위치한 셀인 V_2, V_3는 V_{c2}, V_{c3}와 동일하게 측정된다. 그 이유는 각 셀과 밸런싱 저항 사이의 전압 loop 에 KVL(Kirchoff's Voltage Law)원리를 적용해 보면, V_2와 V_3에서는 iR 전압 강하가 인접한 셀 사이에서 상쇄되는 것을 알 수 있다.

따라서 정확한 셀 전압을 측정을 위해서는 측정이 이루어지는 시점에서 밸런싱을 OFF 시켜야 한다는 것을 알 수 있다.

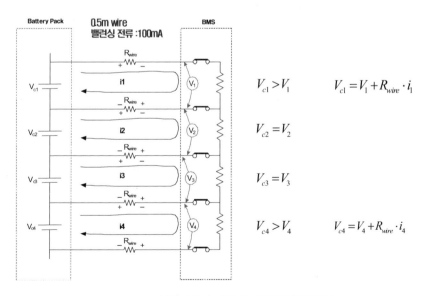

그림 4-65 셀밸런싱시 전압 측정 오류 발생 원인

전압측정시 SSR을 이용한 flying capacitor 방식과 전류 주입식 / 방출형 밸런싱 방식을
결합하여 전압측정 + 셀밸런싱을 수행할 수 있는 방법을 소개한다.

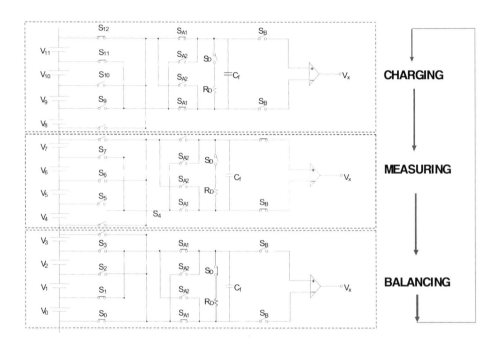

그림 4-66 측정과 밸런싱이 가능한 회로

Active balancing 기술

4가지 종류의 active balancing 기술이 있다.

- Cell to cell : 에너지가 인접한 셀 사이에서 이동한다.

- Cell to battery : 에너지가 가장 많이 충전된 셀에서 배터리 팩으로 이동한다.

- Battery to cell : 에너지가 배터리 팩에서 가장 적게 충전된 셀로 이동한다.

- Bidirectional : 필요에 따라서 셀에서 배터리로 혹은 배터리에서 셀로 이동한다.

이 방식들을 비교하면

- Cell to cell 방식은 소형 배터리에 적합하다.

- Cell to battery 는 단순하지만 효율이 가장 높다.

- Battery to cell 은 N 셀을 위한 N 개의 출력을 가지는 DC/DC를 사용할 경우 가장 최적의 방법이다.

- Bidirectional은 redistribution을 위한 가장 최적의 방법이다.

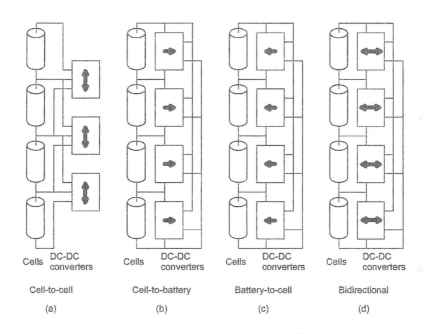

(a) cell to cell (b) cell to battery (c) battery to cell (d) Bidirectional

그림 4-67 Active balancing topology

표 4-14 Active balancing 특성 비교

	Cell to Cell	Cell to Battery	Battery to Cell	Bidirectional
Type of DC-DC Converter	Nonisolated DC-DC converters, low voltage to low voltage	Low voltage to high voltage	High voltage to low voltage (or bulk DC-DC converter with N switched outputs)	Bidirectional
Number of Converters, for an N-cell battery	$N-1$	N	N	N
Direction and Operation	Fed by a cell when it has higher voltage than the adjacent cell Feeds the adjacent cell	Fed by a cell when it has excess charge Feeds the battery	Fed by the battery Feeds a cell when it has insufficient charge	Fed by a cell with excess charge, if those are the majority, or fed by battery Feeds the cells with insufficient charge, if those are the majority, or feeds the battery
Pros	Fewer converters Highest efficiency per converter (around 90%) Simpler, less expensive converters All DC-DC converter connections are at low voltage relative to each other	More efficient: high-voltage output rectifiers Simpler: low voltage transistors, controlled from same low voltage side as the cell electronics Best when only a few cells are low capacity—most converters are on	Most effective when most cells are low capacity: the majority of the converters are operating Can be implemented with a single, bulk, high-power DC-DC converter, and many switched outputs to the cells	Effective regardless of whether most cells are low SOC or high SOC. Best for redistribution: energy can go either way
Cons	More wires A midpack opening blows up two converters Takes longer to balance: energy has to go from converter to converter to reach the intended cell Overall efficiency is poor: losses occur at each step, from converter to converter	Not terribly efficient (around 80%)	Requires high-voltage transistors, isolated control from cell side to the drive transistors on high voltage side Inefficient (around 70%)—low-voltage rectifiers (synchronous rectifiers may help, for additional cost and complexity) Parallel charging has difficulties charging those cell with higher resistance	Most complex: switches on both ends Inefficient (around 70%)—low-voltage rectifiers (synchronous rectifiers may help, for additional cost and complexity) Parallel charging has difficulties charging those cells with higher resistance

(1) Cell to Cell

Cell to cell 방식은 인접한 셀 페어(pair) 사이에 양방향(bi-directional) DC/DC를 연결한 구성을 가지고 있다. N-셀을 구동하기 위해 N-1 개의 DC/DC를 필요로 한다. 에너지 전달 부품의 형태에 따라서 세 가지 타입으로 구분된다.

- Capacitor
- Inductor
- Transformer

(a) Capacitor

커패시터 기반의 active balancing 기법은 매우 단순하다. 이 방식은 셀들의 에너지를 이동하는데 Capacitor를 에너지 저장 장치로 사용한다. 높은 전압의 셀을 Capacitor에 연결시킨 후 낮은 전압의 셀로 이동시킨다. 제어가 비교적 단순하다는 장점이 있지만 밸런싱 전류를 조절할 수 없고 큰 peak current가 발생한다는 단점이 있다. 필요 부품은 다음과 같다.

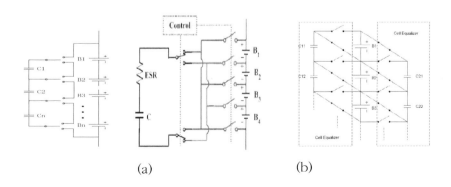

(a)   (b)

(a) n-1 capacitor, 2n switch   (b) 2n-2 capacitor, 3n switch

그림 4-68 Capacitive shunting 회로 예제

2) Inductor/ transformer balancing 기법

이 방식은 한 셀에서 다른 셀로 에너지를 이동시키기 위해 inductor나 transformer를 사용한다. 짧은 시간에 많은 전류를 이동시킬 수 있는 장점이 있지만 스위칭 노이즈로 인한 필터가 필요하고 상대적으로 높은 가격은 실용화에 단점이 된다.

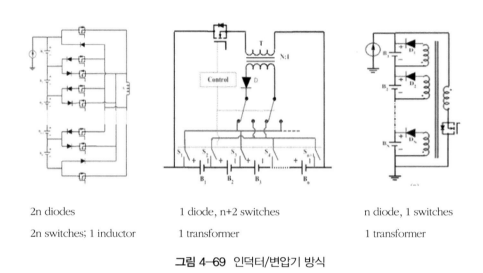

2n diodes

2n switches; 1 inductor

1 diode, n+2 switches

1 transformer

n diode, 1 switches

1 transformer

그림 4-69 인덕터/변압기 방식

3) Energy converter balancing methods

이 방식은 DC/DC 를 사용하여 밸런싱을 한다. 일반적으로 Ćuk, buck/boost, flyback, ramp converter, full-bridge등이 사용된다.

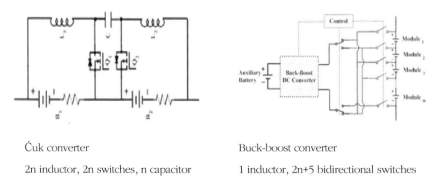

Ćuk converter

2n inductor, 2n switches, n capacitor

Buck-boost converter

1 inductor, 2n+5 bidirectional switches

그림 4-70 DC/DC 컨버터 방식

4) Flyback converter

절연 구조를 가지고 있고, 양방향으로 에너지를 전달할 수 있고 linear technology사에서 LTC3300 제어IC를 발매하고 있다. 아래 그림 4-71에 구조가 나타나 있다. 이 방식은 modular 방식으로 구성되며, gate driver와 직렬통신 interface가 내장되어 있다. 가장 큰 단점은 모든 셀 전압 측정 회로가 필요하고, 필요부품 수가 매우 많아 단가가 매우 높다.

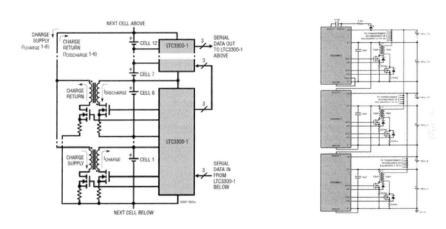

그림 4-71 Flyback converter를 이용한 LTC의 밸런싱 회로

상용화(Off-the-shelf)된 BMS 제품들은 너무 다양해서 나열하기가 어렵다. 크게 분류하면 Protection 기능을 수행하는 Analog BMS 와 Monitoring을 포함한 BMS의 모든 기능을 수행할 수 있는 Digital BMS로 구분된다.

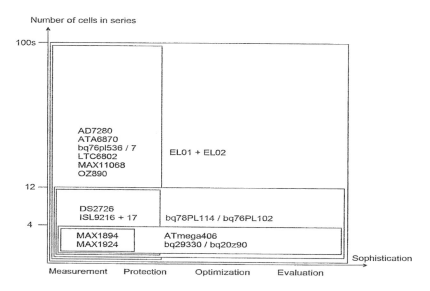

그림 4-72 시판되는 BMS ASIC

Analog BMS

시판되는 analog BMS는 다음과 같다.

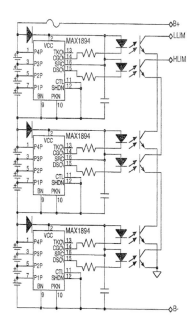

MAX1894 (12-cell analog monitor)

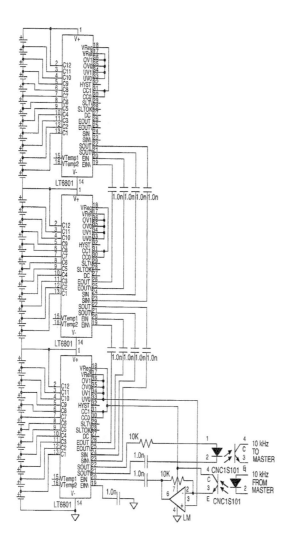

LTC6801(analog monitor for 36 cell)

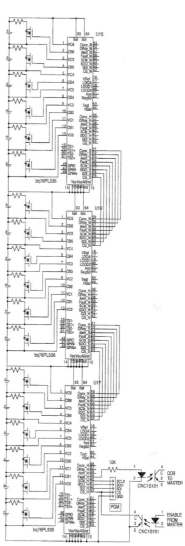

TI BQ77PL536 (18-analog balancer)

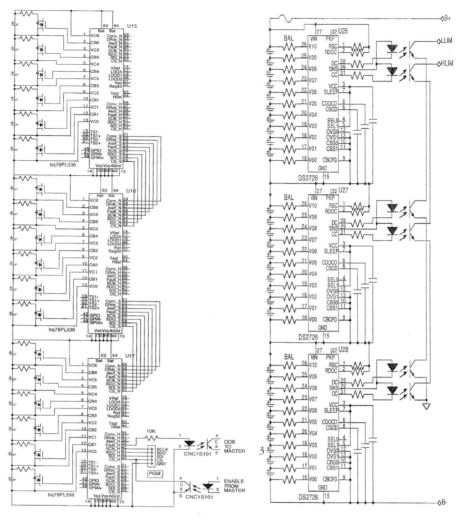

MAX11080 (36-analog monitor)   DS2726 (30-analog balancer)

Digital BMS

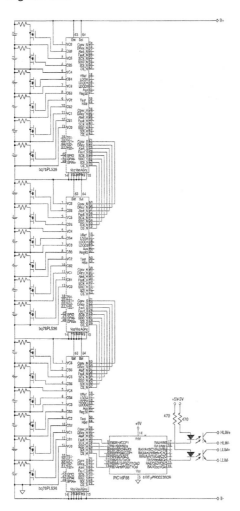

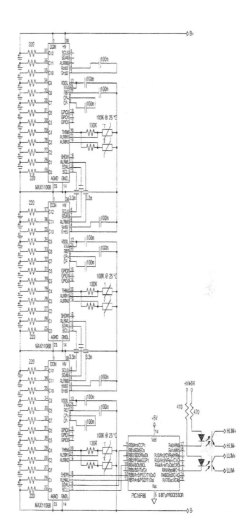

TI BQ76PL536 (18-cell)   Maxim MAX11068 (36-cell)

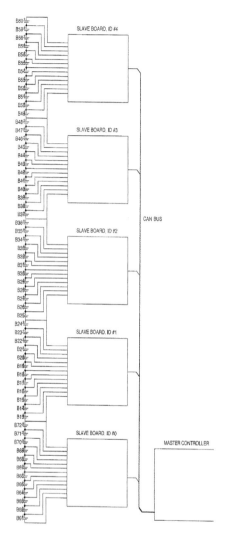

CAN bus를 통한 Slave 연결 BMS

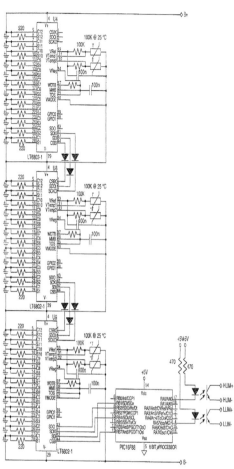

LTI LTC6802-2(12-cell)

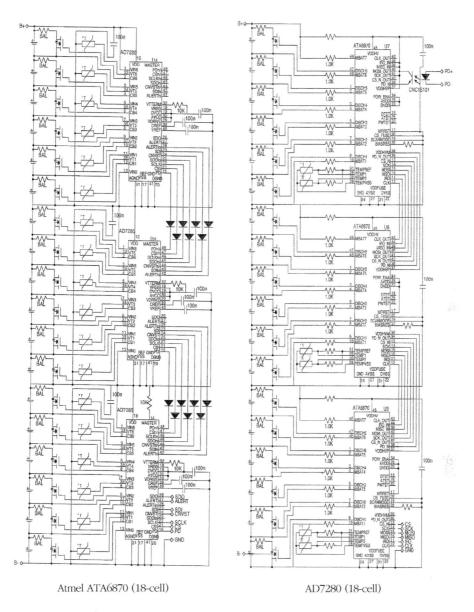

Atmel ATA6870 (18-cell)　　　　　　AD7280 (18-cell)

그림 4-73 상용화 BMS chip

○ BMS 전용칩 특성들을 표로 정리하였다.

표 4-15 상용화된 BMS 전용칩의 특성

		Elithion	Linear Technology	Analog Devices	Texas Instruments plus multiplexer	O2Micro	Maxim	Intersil plus multiplexer	Atmel
General	Part Number	EL01 / EL02	LTC6802-1 / LTC6802-2	AD7280	bq series (BQ77PL900)	OZ890	MAX11068	ISL9208 ISL9216/17 ISL94200/201	ATA6870
	Best application	Large packs, 48 V to 1 kV	Any size pack, 24 V to 800 V	Any size pack, 8 V to > 1.1 kV	Small packs, 12 V to > 1 kV, ~10 A max	Any size pack, 10 V to 0.7 kV	Any size pack, 8 V to 1.4 kV	Any size pack, 3.2 V to > 1.1 kV	Medium pack, 10 V to 355 V
	Development effort required	Minimal	Medium	Medium	High	Medium	Medium	High	Medium
	Control sophistication	High level, in included controller	Not included: user must develop	Not included: user must develop	Very high level, on chip not usable with large packs	Not included: user must develop	Not included: user must develop	Not included: user must develop	Not included: user must develop
	Availability	Good	Good	Poor	Excellent	Poor	Poor	Excellent	Poor
Cells	Topology	Distributed: cell boards on direcly on cells + 1 BMS controller	Modular: 1 board every 12 cells	Modular: 1 board every 6 cells	Modular: 1 board every 4 cells + 1 BMS multiplexer	Modular: 1 board every 13 cells	Modular: 1 board every 12 cells	Modular: 1 board every 4~12 cells	Modular: 1 board every 6 cells
	Series cells, min	1	4	4	4	5	4	1	3
	Series cells, max / bank (No isolators)	~16	LTC6802-1: 192 LTC6802-2: 12	300	4	208	372	Unlimited	96
	Series cells, max total (With isolators)	255	Unlimited	Unlimited	Unlimited	Unlimited	Unlimited	Unlimited	Unlimited
Balancing	On chip, dissipative	-	Yes (barely OK)	-	Yes (barely OK)	Yes (barely OK)	Requires external resistor	-	-
	External, dissipative	Yes, with separate drive pins	Yes, with separate drive pins	Yes, with separate drive pins	Yes, with shared pins (1)	Yes, with dedicated drive pins	Yes, with shared pins (1)	Yes, with separate drive pins	Yes, with separate drive pins
	External, nondissipative	-	-	-	On-chip PWM generator, external charge pump	-	-	-	-

○ Linear technology사의 BMS 전용칩중의 하나인 LTC6802 실제 HEV 차량에 장착된 부품으로 중요한 특징은 다음과 같다.

● 12-Bit ADC 와 Daisy chain 방식의 데이터 전달 방식

● 미쯔비시 i-MiEV 에 양산 적용

● 단일칩으로 BMU기능 완벽 구현

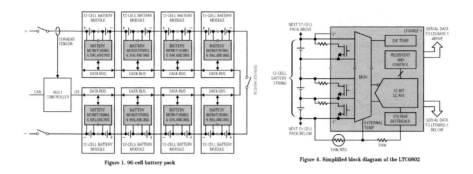

Figure 1. 96-cell battery pack

Figure 4. Simplified block diagram of the LTC6802

○ 비교적 저가의 Analog BMS로 Texas Instrument 사의 BQ77PL900을 고려할 수 있다. 이 부품은 전기자전거나 소형 배터리 팩에 많이 사용되었으며, 보호(protection) 기능을 갖추고 있고, analog로 내부 신호 모니터링도 가능한 특징도 있다.

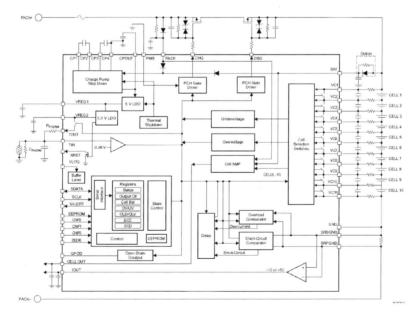

Functional Block Diagram

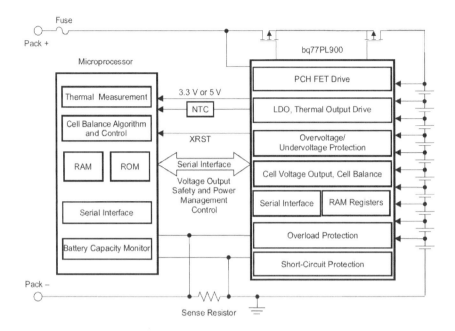

Host-mode connection

4.4 배터리 모델링

배터리 모델링은 다음과 같이 정의된다.

- 배터리의 전기화학적인 특성을 전기회로나 미분(상태) 방정식으로 표현

- 배터리의 거동(behavior), 상태(state), 수명(health)등을 예측하는 위해 필요

- 현재까지 100% 정확한 모델링 방법은 존재하지 않음

- 배터리 셀의 충/방전, 온도, 전류, 용량 등에 대한 기본 실험 데이터에서 출발

- 화학적인 접근 방식 : Electro-chemical 모델링

- 전기공학적인 접근 방식 : 회로 모델링과 상태 모델링

배터리 모델링의 종류 및 특성을 정리하면 다음과 같다.

- 전기화학적 모델링 : 가장 정확히 배터리의 특성을 모사할 수 있으나, 전기적인 신호로 측정이나 관측이 어렵다.

- 회로 모델링 : 배터리 종류(Ni-cd, Ni-MH, Li-ion)에 따라서 회로가 달라진다.

- 상태 모델링 : 배터리 종류에 관계없이 셀 데이터로부터 상태변수, 파라미터등을 추출하여 수학적 모델 구축한다.

배터리 모델링 예제는 다음과 같다.

$$c_{1,j}\big|_{t=0} = c_{1,j}^0 \tag{31}$$

$$\left(\frac{\partial c_{1,j}}{\partial r}\right)_{r=0} = 0 \qquad \left(\frac{\partial c_{1,j}}{\partial r}\right)_{r=R_j} = -\frac{J_j}{nFD_{1,j}a_j} \tag{32}$$

where J_j is the flux entering electrode 'j'. Eqs. (1)–(3) can be volume averaged [36,37] and the concentration inside the solid phase ($c_{1,j}$) can be expressed in terms of the concentration at the surface of the sphere ($c_{1,j}^s$) and the average concentration inside the sphere ($c_{1,j}^{avg}$). The resultant equations are:

$$\frac{dc_{1,j}^{avg}}{dt} + \frac{15D_{1,j}}{R_j}(c_{1,j}^{avg} - c_{1,j}^s) = 0 \tag{33}$$

$$c_{1,j}^{avg}\big|_{t=0} = c_{1,j}^0$$

$$J_j + \frac{5D_{1,j}}{R_j}(c_{1,j}^s - c_{1,j}^{avg})Fa_j = 0 \tag{34}$$

Butler-Volmer kinetics [38] is employed to represent the charge transfer reaction at the surface of the sphere:

$$J_j = Fa_jk_j\sqrt{c_{1,j}^{max} - c_{1,j}^s}\sqrt{c_{1,j}^s c_0}\left\{\exp\left(\frac{0.5F}{RT}[\phi_{1,j} - U_j^n]\right) - \exp\left(-\frac{0.5F}{RT}[\phi_{1,j} - U_j^n]\right)\right\} \tag{35}$$

a. Electro-Chemical modeling

$$f_k = A_f f_{k-1} + B_f i_{k-1}.$$

The matrix $A_f \in \mathbb{R}^{n_f \times n_f}$ may be a diagonal matrix with real-valued entries. If so, the system is stable if all entries have magnitude less than one. The vector $B_f \in \mathbb{R}^{n_f \times 1}$ may simply be set to n_f "1"s. The value of n_f and the entries in the A_f matrix are chosen as part of the system identification procedure to best fit the model parameters to measured cell data.

The hysteresis level is captured by a single state

$$h_k = \exp\left(-\left|\frac{\eta_i i_{k-1}\gamma\,\Delta T}{C}\right|\right)h_{k-1}$$
$$+ \left(1 - \exp\left(-\left|\frac{\eta_i i_{k-1}\gamma\,\Delta T}{C}\right|\right)\right)\mathrm{sgn}(i_{k-1}),$$

where γ is the hysteresis rate constant, again found by system identification.

The overall model state is

$$x_k = [f_k^T, h_k, z_k]^T.$$

b. State-Equation modeling

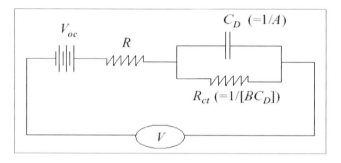

c. Electro-Circuit modeling (example)

그림 4-75 배터리 모델링의 예제

BMS에서는 배터리의 전압, 전류, 온도 및 기타 상태를 전기적인 신호로 측정한다. 전기화학적인 모델링을 사용하게 되면 측정변수가 화학적인 단위, 즉 농도, 몰(mole), 산도(Ph), 전기전도도와 같이 다른 측정단위를 사용하게 되어야 하기 때문에 전기적인 변환이 어려워서 사용이 쉽지 않다.

전기회로 모델링 방법은 일반적으로 가장 많이 사용된다. 주로 저항성 부하나 일정한 부하전류가 소모되는 정밀도를 크게 요하지 않는 응용분야에 쉽게 적용이 가능하다. 하지만 소모 전류의 동적특성(dynamic)이 매우 빠르게 변화하는 응용 분야에서는 모델

오차가 심하고 원하는 정밀도를 유지하기가 어렵다. 예를 들어 모터를 구동하는 인버터에서는 이 모델은 사용이 어렵다.

전기자동차와 같이 모터구동을 하기 위한 BMS의 소프트웨어 개발에는 상태방정식 모델을 많이 사용한다. 이 방법은 모든 전기측정 신호를 수학적인 단위, 즉 미분방정식이나 이산방정식(difference equation)으로 표현한다. 시스템 차수(order)를 증가시킴으로서 원하는 정밀도를 유지할 수 있다. 그러나 시스템 차수가 증가할수록 미분방정식을 풀기위한 연산시간과 필요한 재원(resource)가 기하급수적으로 증가하기 때문에 시스템 가격이나 자원유지(resource allocation)면에서 큰 부담이 되기 때문에 시스템 차수와 정밀도와의 타협(trade-off)이 필요하다.

상태방정식 모델을 구축하기 위해서는 먼저 모델링 변수(modeling variable)의 정의가 필요하다. 아래와 같이 배터리 모델링 변수를 정의한다.

- 단자 전압(Terminal voltage) V_t : 배터리 전극에서 측정한 전압, 직접 측정 가능

- 내부 저항(internal resistance) R_t : 전류의 크기에 따라서 단자 전압이 달라지는 현상을 설명하기 위해 도입한 Ohmic 저항. 직접 측정 불가능

- 공칭 용량(Nominal Capacitance) Cn : 셀의 최대 저장가능한 에너지(용량:Ah)를 커패시터로 환산한 값이다. 이론적인 계산식에서는 상수값으로 결정되나 실제 셀에서는 여러 가지 요인들로 인하여 (온도, 충/방전 전류, 충전량, 감퇴율(Degradation factor)에 의해서, 비선형으로 나타난다. 이것은 공칭용량 Cn이 상수가 아니고 저장된 에너지에 따라 변하는 값으로 고려해야 한다. 따라서 선형모델링이 불가능하기 때문에 비선형 모델링이나 구간 선형화 모델 사용하는 것이 가장 정확한 방법이나, SOC를 계산할 때 기본 상수값으로 사용한다. 직접 측정 불가능하지만 수학적인 방법으로 계산한다. 셀에 저장된 에너지는 완전충전(100% SOC)에서 완전방전(0% SOC)까지 OCV (Open Circuit Voltage) 차이를 말하며 수학적인 표현식은 다음과 같이 표현된다.

$$E_C = \frac{1}{2}C_n V_C^2 = \frac{1}{2}C_n(V_{100\% SOC}^2 - V_{0\% SOC}^2)$$

$$C_n = \frac{Rated(Amp \cdot \sec) \cdot V_{100\% \, SOC}}{\frac{1}{2}(V^2_{100\% \, SOC} - V^2_{0\% \, SOC})}$$

(4-11)

- 개방전압 (OCV : Open Circuit Voltage)은 셀에 충/방전 전류가 없는 상태에서 측정한 단자 전압을 말하며 최후 충/방전 전류가 인가된 후 0.5 ~ 1 시간 정도 후에 측정한 값을 의미한다. OCV는 셀의 충방전 상태를 알려주는 가장 기본적인 베이스 (index)로 전류가 흐르는 상태인 On-line에서는 직접 측정이 불가능하나, 전류가 0인 상태로 30분 정도 방치하면 측정 단자전압이 OCV이므로 직접 측정이 가능. OCV는 공칭 용량에 충전된 에너지 값에 대비하여 선형으로 나타나야 하나, 이는 일반적인 경우이고, 셀의 화학 조성, 첨가 물질의 차이로 비선형으로 나타나는 경우도 많이 있다.

- 충전양 (SOC : State-of-Charge)은 공칭용량 Cn 대비 남아 있는 용량으로 정의되며, 남은 용량은 상온에서 C/30 의 비율로 완전방전까지 얻을 수 있는 Ah 로 규정한다. 직접 측정이 안되기 때문에 간접적인 방법에 의해서 추정되어야만 한다. 배터리 관리의 가장 중요한 요소 중의 하나이고 수학적인 표현식은 다음과 같다.

$$z(t) = z(0) + \int_0^t \frac{\eta \cdot i(\tau)}{C_n} d\tau$$

(4-12)

$z(t)$ = Cell SOC

$i(t)$ = instantaneous cell current
(positive for charging, negative for discharging)

C_n = cell nominal capacity

η_i = Coulombic efficiency
(0 for discharge, 1 for charging)

SOC는 계산에 의해서 얻을 수 있지만 공칭용량이 상수가 아니므로, 다른 방법에 의해서 얻는다. 가장 대표적인 방법이 SOC-OCV 그래프를 기준으로 이용하는 것이다. 충방전 테스트에 의해서 SOC-OCV를 측정한 후 이것을 기준으로 정한다. 그림에 리튬 이온 전지의 온도변화에 대한 그래프를 표시하였다.

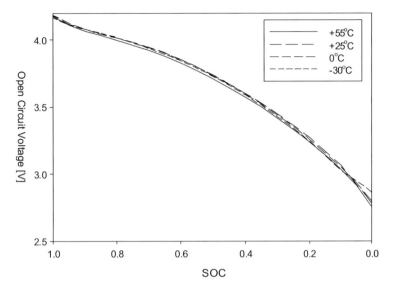

그림 4-76 리튬 폴리머 배터리의 SOC-OCV 그래프

- Relaxation effect란 배터리에 충/방전을 하게 되면 전압이 여기(excite)되고 시간이 지나면서 안정 상태로 찾아들어간다. 충/방전시에 발생하는 전해액의 농도차가 확산에 의해 균일화(equalization) 되는 과정으로 생각할 수 있다. 크게 단기와 장기로 나누어지는데, 단기효과(short term relaxation effect)는 충/방전기간이 짧거나, 종료 후 1~10분 이내에 나타나는 전압 현상이고, 장기효과(long term relaxation effect)는 충/방전 종료 후 10분 ~1시간 동안에 나타나는 전압현상으로 구분한다. 만약 한번이라도 충/방전이 가해지면 아무리 오랜 시간이 지나도 충/방전 전의 원래 상태로 돌아가지 않는다. 이것은 제어공학에서 이야기하는 상태변수(state variable)와 동일한 특정을 가지고 있기 때문에, 모델링에서 상태변수로 사용된다. 장기효과를 나타내기 위해서 1개의 상태변수를 사용하고, 단기효과도 표현하기 위해서 또 하나의 상태변수를 사용한다. 만약 더욱 정밀한 배터리 모델을 구축하고자 할 경우에 2개 이상의 상태변수를 사용하기도 한다. 그림 4-77에 충방전 전류에 따른 relaxation 효과를 표시하였다.

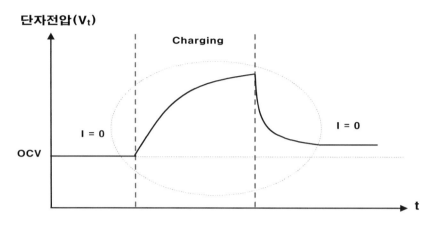

그림 4-77 충방전 전류에 따른 relaxation 효과

- 히스테리시스(Hysteresis effect) 효과란 배터리 단자 전압이 동일 충전량 (SOC)에서
  충전과 방전시 다르게 나오는 것을 말한다. 단자전압 차이는 선형적으로 비례하지
  않고 충전량에 따라 달라지고 배터리 종류, 물성, 조성비, 첨가물질, 온도 등 동작환
  경에 따라 달라진다. 회로나 상태방정식으로는 근본원리를 설명하기 어려운 문제점
  이 있다. (전기화학적으로는 가능하나 회로나 수학적으로는 명쾌하지 않음) 일반적
  으로는 충전과 방전의 평균값을 이용하여 표현하며 모델링 변수 즉 상태변수로는
  고려하지 않는다. 그러나 충방전율(rate)가 매우 높아서 보다 정밀한 배터리 모델이
  필요한 경우 히스테리시스 효과를 상태변수로 설정한 연구논문도 보고되고 있다.

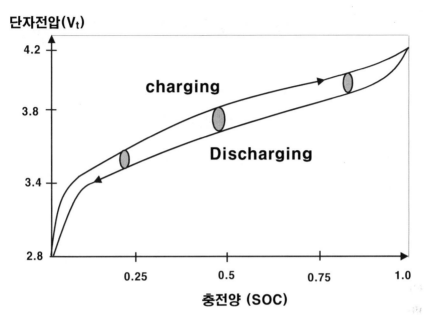

그림 4-78 SOC 변동분에 의한 Hysteresis effect 그래프

4.5 상태공간 표현식을 이용한 배터리 수학적 모델링

상태공간 표현식은 다음과 같이 정의된다.

- 상태변수(State Variable) : 시스템 변수 중에서 동적 특성을 내재한 선형 독립인 변수

- 상태벡터(State Vector) : 상태 변수가 원소인 벡터

- 상태공간(State Space) : 상태 벡터로 이루어진 n 차원의 공간

- 상태방정식(State equation) : n 개의 상태변수가 포함된 n 개의 1차 연립 미분 방정식

- 출력방정식(Output equation): 상태변수와 입력의 선형결합으로 이루어지는 출력 방정식

- 상태공간표현식 (State space representation) : 상태방정식 + 출력방정식

선형 결합(Linear combination) : $S = K_n x_n + K_{n-1} x_{n-1} + \cdots + K_1 x_1$

선형 독립(Linear independence) : 모든 변수가 다른 변수들의 선형 결합으로 표시되지 않으면 이 변수들은 선형독립이라 한다.

ex) Given x_1, x_2, x_3, if $x_2 = 2x_1 + 5x_3$,

Then x_2 is linearly dependent(종속) on x_1 and x_3

■ 상태공간 표현식

$$\dot{x} = Ax + Bu$$
$$y = Cx + Du \tag{4-13}$$

x : 상태벡터(state vector)

$\dot{x}$: 상태벡터의 미분

y : 출력 벡터

u : 입력 또는 제어 벡터

A : 시스템행렬(System matrix)

B : 입력행렬(Input matrix)

C : 출력행렬(Output matrix)

D : 순방향 이득행렬 (feedforward matrix)

배터리 상태 정의

- 만충전(Fully charged) : C/30 정도의 전류로 충전하여 배터리 전압이 V= V_h 에 도달한 상태를 의미. 일반적으로 리튬 폴리머 전지는 상온(25도)에서 V_h=4.2v 임.

- 완전방전(Fully Discharged) : C/30 정도의 전류로 방전하여 배터리 전압이 V= V_l 에 도달한 상태를 의미. 일반적으로 고출력 리튬 폴리머 전지는 상온(25도)에서 V_l=2.7V 임.

- 용량(Capacity) C_n : 상온에서 만충전 상태에서 방전하여 완전방전까지 최대한 얻어 낼 수 있는 Ampere-hours의 숫자로 정의.

- SOC를 이산 수학(Discrete-time equation)으로 표현하면 다음과 같다.

$$z_{k+1} = z_k + (\frac{\eta_i \cdot \Delta t}{C_n})i_k \tag{4-14}$$

SOC z_k 는 상태변수이고, 전류 i_k 는 입력이다. 다른 변수는 continuous-time에서 정의된 내용과 동일하다.

Battery 상태 방정식 모델 개발

앞에서 정의한 상태변수와 배터리 변수들을 이용하여 다양한 종류의 상태방정식 모델이 개발되었다. 상태변수를 몇 개를 선정하고 어떠한 상태들을 출력으로 선정하는 방법에 따라서 상태방정식 모델은 다음과 같이 분류된다.

(1) Combined Model

Combined model은 오직 하나의 상태변수를 가지고 있고 배터리 단자 전압을 출력으로 하고 배터리 전류를 입력으로 하는 상태방정식 모델이다. 모델차수(system order)는 1차 시스템이다. 아주 간단한 1차 시스템으로 계산양이 많지 않아 쉽게 상태변수를 계산해 낼 수 있지만 오차를 포함하고 있다는 단점이 있다. Combined Model의 상태공간 표현식은 다음과 같이 주어진다.

상태 변수 : SOC $x_k = z_k$ 입력 : i_k	$z_{k+1} = z_k + (\frac{\eta_i \cdot \Delta t}{C_n})i_k$ $y_k = K_0 - R i_k - \frac{K_1}{z_k} - K_2 z_k + K_3 \ln(z_k) + K_4 \ln(1 - z_k)$

$$(4\text{-}15)$$

Unknown parameters $(K_0, K_1, \ldots, K_4)$는 시스템 인식과정(system identification procedure)을 통해 얻어낼 수 있다. 예를 들어 셀 개수가 N 일때,

$$Y = [y_1, y_2, \ldots, y_N]^T$$

$$H = [h_1, h_2, \ldots, h_N]^T$$, H의 열은 $H = [h_1, h_2, \ldots, h_N]^T$ 로 주어진다.

$Y = H\theta$ 이고 $\theta^T = [K_0, R^+, R^-, K_1, K_2, K_3, K_4]$는 unknown parameter의 벡터가 된다. 최소자승이론(Least-Square Estimation theory)을 적용하면, 적용모델의 파라미터는 다음의 관계식에 의해서 얻어질 수 있다.

$$\theta = (H^T H)^{-1} H^T Y, \quad \text{H, Y : unknown matrices} \qquad (4\text{-}16)$$

(2) Simple Model

단순모델(Simple Model)도 SOC를 유일한 상태변수로 갖는 모델로, combined 모델과 동일하나 출력방정식을 $K_0, K_1, ..., K_4$ 대신에 $OCV(z_k)$ 로 변환하여 표현한 모델이다.

$$y_k = K_0 - \frac{K_1}{z_k} - K_2 z_k + K_3 \ln(z_k) + K_4 \ln(1 - z_k) + Ri_k$$
$$= f_n(z_k) + f_n(i_k) \tag{4-17}$$

$f_n(z_k) = OCV(z_k)$로 표현하면

$\quad y_k = OCV(z_k) + Ri_k$ 로 표현된다.

따라서 simple model의 상태공간 표현식은 다음과 같이 주어진다.

$$z_{k+1} = z_k + (\frac{\eta_i \cdot \Delta t}{C_n})i_k$$

$$y_k = OCV(z_k) + Ri_k \tag{4-18}$$

Unknown parameter는 R 이다. 충전저항과 방전저항이 다른 값을 가짐으로 전류방향에 따라서 $R = [R^+, R^-]$ 로 표시한다. 출력방정식을 행렬형식으로 표시하면

$$Y = [y_1 - OCV(z_1), y_2 - OCV(z_2), ..., y_N - OCV(z_N)]^T$$

$\quad h_j^T = [i_j^+, i_j^-]$ 라 정의하면 $H = [h_1, h_2, ..., h_N]^T$ 가 되어

$$Y = H\theta, \quad \theta^T = [R^+, R^-] \text{ 가 된다.} \tag{4-19}$$

최소자승이론(Least-Square Estimation theory)을 적용하여 $\theta = (H^T H)^{-1} H^T Y$ 를 얻을 수 있다. 그림 (a)에 Simple 모델로 얻어진 OCV값과 실제 셀 OCV와 비교하였다. 두 값이 거의 일치함을 알 수 있다. 그림 4-79(b)에 simple model을 등가회로로 나타내었다. R^+는 충전 저항이고, R^-는 방전 저항이다.

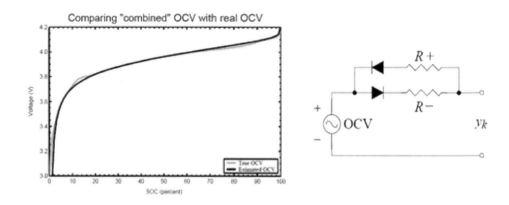

그림 4-79 Simple model 등가 회로

(3) Zero-state Hysteresis Model

Zero-state Hysteresis Model도 SOC를 유일한 상태변수로 갖는 모델이나, Simple 모델의 출력방정식에 히스테리시스값을 더한 모델이다. 히스테리시스 값은 정밀도를 높이기 위해 상수(constant)로 표현되지 않고 z_k에 따라 변하는 값으로 설정하였다. zero-state Hysteresis Model 방정식은 다음과 같이 주어진다.

$$
z_{k+1} = z_k + (\frac{\eta_i \cdot \Delta t}{C_n})i_k
$$

$$
y_k = OCV(z_k) + Ri_k + s_k M(z_k) \tag{4-20}
$$

where,

$$
s_k = \begin{cases} +1, & i_k > +\varepsilon \\ -1, & i_k < -\varepsilon \\ s_{k-1}, & |i_k| < \varepsilon \end{cases}
$$

$M(z_k)$: 충전과 방전 커브 전압차의 절반으로 정함. SOC에 따라 바뀜.

출력방정식을 행렬형식으로 표시하면

$$Y = [y_1 - OCV(z_1), y_2 - OCV(z_2),...,y_N - OCV(z_N)]^T$$

$$h_j^T = [i_j^+, i_j^-, s_j]$$ 라 정의하면 $H = [h_1, h_2,...,h_N]^T$ 가 되어

$$Y = H\theta, \quad \theta^T = [R^+, R^-, M]$$ 가 된다. (4-21)

최소자승이론(Least-Square Estimation theory)을 적용하여 $\theta = (H^T H)^{-1} H^T Y$ 를 얻을 수 있다. 이 모델은 simple 모델보다 좀 더 정밀한 모델로 출력의 오차를 감소시킬 수 있다. 그림 4-80에 충방전 곡선의 히스테리시스와 SOC 변동에 대한 히스테리시스 전압 변동분을 표시하였다.

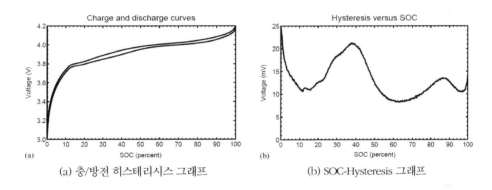

(a) 충/방전 히스테리시스 그래프   (b) SOC-Hysteresis 그래프

그림 4-80 영–상태 히스테리시스 모델

(4) One-state Hysteresis Model

One-state Hysteresis Model모델은 히스테리시스 현상을 상태변수로 보는 모델로 SOC 와 함께, 2개의 상태변수를 가진 2차 시스템 모델이다. 히스테리시스를 상태변수로 잡은 이유는 히스테리시스 레벨은 셀이 충전되거나 방전됨에 따라서 천천히 변하고, 충방전 전류의 부호가 바뀔때 히스테리시스의 값은 최대와 최소값 사이를 flipping 하게 된다. 이것을 수학적 표현식으로 나타내면 다음과 같다.

$$\frac{dh(z,t)}{dz} = \gamma \, \mathrm{sgn}(\dot{z})(M(z,\dot{z}) - h(z,t))$$ (4-22)

$M(z, \dot{z})$ = SOC와 △SOC함수로 이루어진 히스테리시스의 최대 분극함수

One-state Hysteresis Model의 상태공간 방정식은 다음과 같이 주어진다.

$$z_{k+1} = z_k + (\frac{\eta_i \cdot \Delta t}{C_n})i_k$$

$$h_{k+1} = F(i_k)h_k + (1 - F(i_k))M(z, \dot{z})$$

$$y_k = OCV(z_k) + Ri_k + h_k$$

$$where, \quad F(i_k) = \exp(-\left|\frac{\eta_i \cdot i_k \cdot \gamma \cdot \Delta t}{C_n}\right|) \tag{4-24}$$

행렬 형식으로 표현하면 최종 표현식은 다음으로 나타난다.

$$\begin{bmatrix} h_{k+1} \\ z_{k+1} \end{bmatrix} = \begin{bmatrix} F(i_k) & 0 \\ 0 & 1 \end{bmatrix}\begin{bmatrix} h_k \\ z_k \end{bmatrix} + \begin{bmatrix} 0 & 1-F(i_k) \\ -\dfrac{\eta_i \cdot \Delta t}{C_n} & 0 \end{bmatrix}\begin{bmatrix} i_k \\ M(z, \dot{z}) \end{bmatrix}$$

$$y_k = OCV(z_k) + Ri_k + h_k \tag{4-25}$$

(5) Enhanced Self-Correcting (ESC) Model

Enhanced Self-Correcting (ESC) 모델의 특징은 이전 모델들은 펄스 전류에 대한 시상수와 같은 중요한 요소에 대한 고려가 없었기 때문에 전기자동차와 같이 펄스형태의 전류가 흐르는 응용분야에서는 모델의 오차가 커지는 단점이 있었다. 따라서 relaxation effect에 대한 효과를 추가하여 ESC 모델을 완성하였다. 셀을 충방전이 없는 상태로 방치(rest)하면, 셀 전압은 OCV로 수렴한다. 시상수는 전류 i_k.에 대한 저역 통과 필터(low-pass filter)로 모델링이 가능하다.

출력 방정식은 다음과 같이 표현가능하다.

$$y_k = OCV(z_k) + h_k + filt(i_k) + Ri_k \qquad\qquad (4\text{-}26)$$

$$\underbrace{}_{fn(z_k)} \quad \underbrace{}_{fn(z_k,i_k)} \quad \underbrace{}_{fn(i_k)}$$

출력 방정식은 다음의 특징을 가지고 있다.

● Rest 기간이 지난 후에 y_k 는 개방전압 $OCV(z_k)$로 수렴한다.

● 일정 전류로 충방전시 y_k 는 $OCV(z_k) + Ri_k$ 로 수렴한다.

● SOC 와 히스테리시스는 출력 dc 값의 long term 효과에 기여한다.

● filter state 는 출력 dc 값의 short term 효과에 기여한다.

ESC Model의 $filt(i_k)$ 함수의 기능은

(1) 장시간의 rest 시간 후에, 이 출력은 0 으로 수렴함으로 필터 출력방정식을 $y_k = OCV(z_k) + h_k$ 설정하면, Linear filter에 의해 Low Pass Filter로 구현이 가능하다.

(2) 일정전류로 충/방전하는 동안 필터출력은 0 으로 수렴한다. 이 기능은 필터 출력방정식을 $y_k = OCV(z_k) + h_k + Ri_k$ 로 설정하면 되고, Zero dc gain을 가지는 linear filter에 의해 구현이 가능하다.

상태공간 표현식으로 구현된 $filt(i_k)$ 함수의 linear filter 는 다음과 같다.

$$\begin{aligned} f_{k+1} &= A_f f_k + B_f i_k \\ y_k^f &= G f_k \end{aligned} \qquad\qquad (4\text{-}27)$$

A_f 행렬의 고유치(eigenvalue)는 filter의 극점(pole)에 해당하며 안정(stable)하기 위해서는 $|eig(A_f)|_{\max} < 1$ 의 조건을 만족해야 한다. 위 조건을 만족시키는 A_f 를 간단하게 $A_f = diag(\alpha)$, $-1 < \alpha < 1$로 선정한다.

Zero dc gain 은 G matrix을 다음과 같이 선정하여 얻어내게 된다.

$$G(sI - A)^{-1} B = 0$$

$$G[diag(\frac{1}{1-\alpha_k})]B = 0$$

$$\sum_{k=1}^{n_f} \frac{g_k}{1-\alpha_k} = 0$$

$$B_f = [1 \quad \cdots \quad 1]^T$$

(4-28)

따라서 G matrix는 다음과 같이 계산된다.

$$g_{hf} = \sum_{k=1}^{n_f-1} \frac{g_k(1-\alpha_{nf})}{1-\alpha_k}$$

(4-29)

Full Self Correcting model의 상태 공간 표현식은 다음과 같이 표현된다.

$$\begin{bmatrix} f_{k+1} \\ h_{k+1} \\ z_{k+1} \end{bmatrix} = \begin{bmatrix} diag(\alpha) & 0 & 0 \\ 0 & F(i_k) & 0 \\ 0 & 0 & 1 \end{bmatrix} \begin{bmatrix} f_k \\ h_k \\ z_k \end{bmatrix} + \begin{bmatrix} 1 & 0 \\ 0 & 1-F(i_k) \\ -\frac{\eta_i \cdot \Delta t}{C_n} & 0 \end{bmatrix} \begin{bmatrix} i_k \\ M(z, \dot{z}) \end{bmatrix}$$

$$y_k = OCV(z_k) + Ri_k + h_k + Gf_k$$

(4-30)

ESC 모델은 가장 복잡하면서도 가장 정밀한 배터리 모델이다. 필터함수 f_k 차수를 1개만 선정할 경우 상태변수는 3차(f_1, h, z) 가 되고 2개로 선정하면 4차(f_1, f_2, h, z) 가된다. 만약 필터함수를 4개 선정하면 모델 전체 차수는 6차가 된다.

6개의 모델에 대한 온도변화에 대한 모델 오차를 정리하면 아래 그래프와 같다. 그림 4-81에서 알 수 있는 것처럼 ESC 모델이 가장 정확하지만, 모델의 차수가 그만큼 증가하기 때문에 시스템의 resource를 많이 소모하고, 계산량이 많아지게 된다.

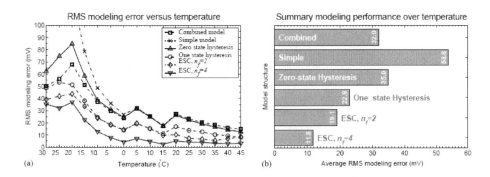

그림 4-81 모델별 온도변화에 대한 모델링 오차

배터리 충방전기(Cycler)를 이용하여 시험 전류 프로파일을 배터리에 인가한다. 매 시간 배터리의 전압과 전류를 측정하여 모델링 결과와 비교한다. 그림에 시험전류 프로파일을 나타내었다.

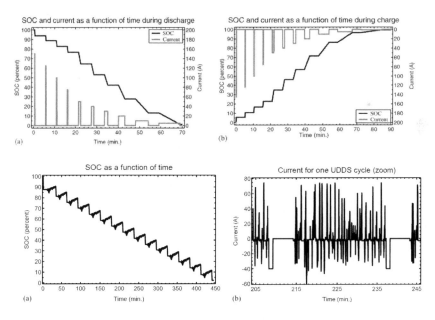

그림 4-82 전류시험 프로파일들

지금까지 설명한 모델들의 오차를 살펴보면 다음과 같다. 그림 4-83에서 보는 것처럼 모델 차수가 증가할수록 오차가 감소하는 것을 알 수 있다. 4-state ESC model이 2-state ESC model 보다 오차가 적지만 그 차이는 그리 크지 않다. 그러나 계산량과 시스템의 복잡성은 2배 이상 증가함으로 응용분야와 제약조건에 따라서 적절한 배터리 모델을 선정하여야 한다.

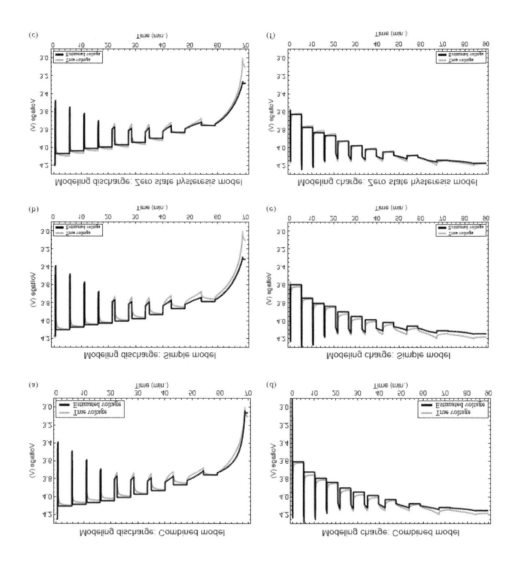

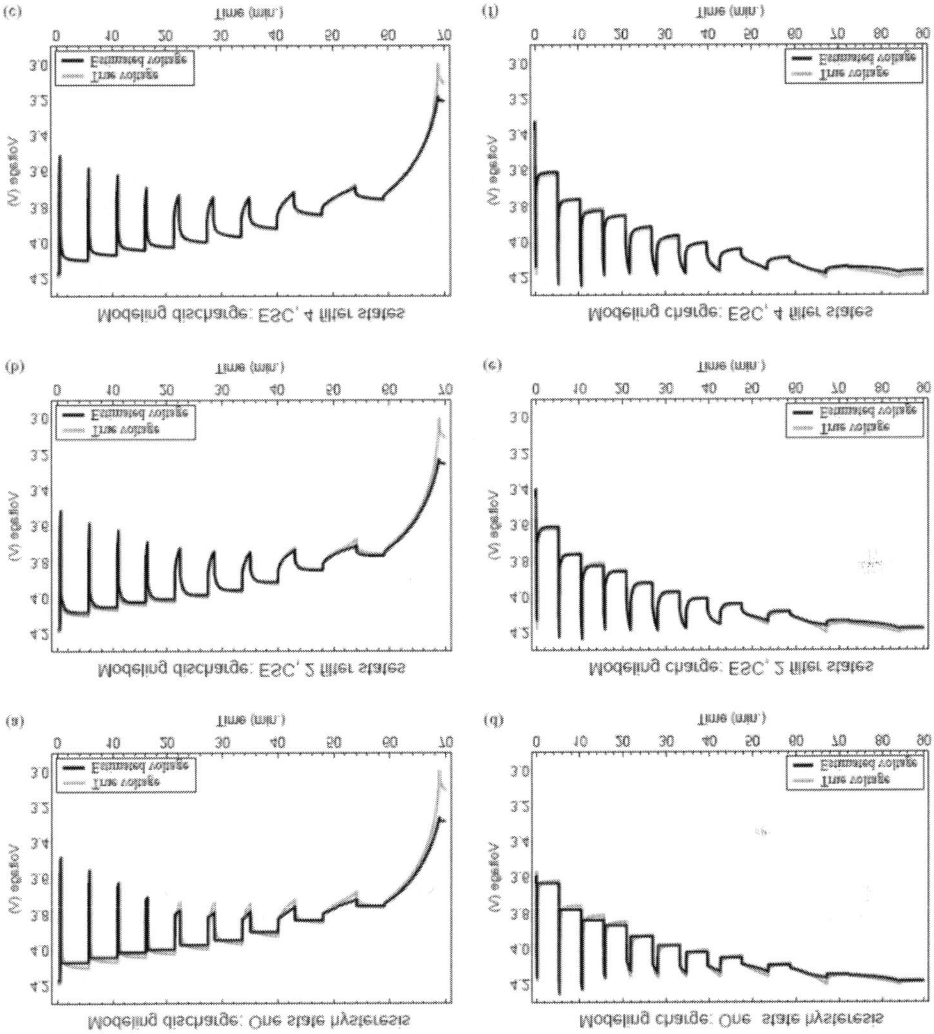
(c)
Time (min.)
Estimated voltage
True voltage
Voltage (V)
Modeling discharge: ESC, 4 filter states
(f)
Time (min.)
Estimated voltage
True voltage
Voltage (V)
Modeling charge: ESC, 4 filter states
(b)
Time (min.)
Estimated voltage
True voltage
Voltage (V)
Modeling discharge: ESC, 2 filter states
(e)
Time (min.)
Estimated voltage
True voltage
Voltage (V)
Modeling charge: ESC, 2 filter states
(a)
Time (min.)
Estimated voltage
True voltage
Voltage (V)
Modeling discharge: One state hysteresis
(d)
Time (min.)
Estimated voltage
True voltage
Voltage (V)
Modeling charge: One state hysteresis

그림 4-83 모델링 오차

신재생 에너지 변환공학

1판 1쇄. 발행 2014년 09월 30일
1판 3쇄 발행 2022년 02월 18일
저　　자 김일송
발 행 인 이범만
발 행 처 **21세기사** (제406-00015호)
　　　　경기도 파주시 산남로 72-16 (10882)
　　　　Tel. 031-942-7861　　　Fax. 031-942-7864
　　　　E-mail : 21cbook@naver.com
　　　　Home-page : www.21cbook.co.kr
　　　　ISBN 978-89-8468-528-4

정가 25,000원